超声波气体流量测量技术与应用研究

李跃忠　著

華中科技大學出版社
http://press.hust.edu.cn
中国·武汉

内 容 提 要

本书全面深入地探讨了超声波气体流量测量技术及其在流量计设计中的应用。从理论分析、系统建模、实验验证及应用实践等多个维度,详尽地介绍了超声波流量测量的基础原理和先进技术。

本书共分 8 章:第 1 章为绪论,概述超声波气体流量测量技术;第 2 章为超声波流量测量原理与建模;第 3 章为超声波流量计结构设计;第 4 章为多声道超声波气体流量测量机理建模与仿真研究;第 5 章为超声波流量测量高精度测时技术研究;第 6 章为超声波信号处理技术研究;第 7 章为多声道气体超声波流量计的实验与校准;第 8 章为超声波燃气表的实验与校准。

本书不仅适合作为高等院校相关专业的教材使用,也可作为从事此领域研究与开发的科研人员和工程技术人员的参考资料和实用指南。

图书在版编目(CIP)数据

超声波气体流量测量技术与应用研究 / 李跃忠著. -- 武汉 :华中科技大学出版社,2024. 12.
ISBN 978-7-5772-1500-6

Ⅰ. TB937

中国国家版本馆 CIP 数据核字第 2024T4P110 号

超声波气体流量测量技术与应用研究

Chaoshengbo Qiti Liuliang Celiang Jishu yu Yingyong Yanjiu

李跃忠　著

策划编辑:徐晓琦
责任编辑:朱建丽
封面设计:原色设计
责任校对:刘小雨
责任监印:曾　婷
出版发行:华中科技大学出版社(中国·武汉)　　电话:(027)81321913
　　　　　武汉市东湖新技术开发区华工科技园　　邮编:430223
录　　排:武汉市洪山区佳年华文印部
印　　刷:武汉科源印刷设计有限公司
开　　本:710mm×1000mm　1/16
印　　张:14.25
字　　数:268 千字
版　　次:2024 年 12 月第 1 版第 1 次印刷
定　　价:78.00 元

前言

采用非接触式测量方式的超声波流量计在气体、液体和蒸汽的体积流量测量中具有独特的优势，在工业界应用已有30多年的历史。在油气、天然气、煤气等气体输送和分配过程中，其流量测量和计量精度直接影响输送和分配企业的经济效益。然而，在气体超声波流量计和天然气超声波流量计（以下简称超声波燃气表）产品研发中，还有数学机理建模、结构优化设计、高精度超声波传播时间测量技术、仪表系数修正等关键技术问题值得深入研究。

据此，本书基于科研项目的深入研究，全面探讨了超声波气体流量测量过程的关键技术。完善了数学机理的建模，实现了结构优化设计，研究了高精度超声波传播时间测量技术，并对仪表系数进行了修正。研制了超声波发射与接收电路、高精度计时电路，完成了系统程序的设计、流量测量不确定度分析等超声波气体流量测量的关键技术研究内容。研制了多声道超声波流量计及高精度超声波燃气表，并完成了校准实验和数据分析。为提升超声波流量测量技术提供了全面的理论支持和实用方案。

本书得到了“电子科学与技术”江西省“十四五”一流学科建设项目、国家自然科学基金项目（61663001）、江西省科技厅重点研发计划（20212BBE53033）的资助。本书是著者在近10年来开展超声波流量测量技术研究科研项目积累的资料基础上撰写而成的，参与所涉及项目的主要硕士研究生包括冯伦宇、曾令源、何亮、陈倩、任增强、张志君、李萌、刘建昌、祝飘霞、陈瑶等；此外，陈佳怡、胡浩等硕士研究生参与了资料整理与书稿校核工作。著者在撰写本书的过程中参考或引用了国内外一些专家学者的论文、论著，在此一并表示感谢。

此外，由于水平所限、时间仓促，书中疏漏之处在所难免，恳请读者批评指正。

著者

2024年10月28日

于东华理工大学机械与电子工程学院

目录

1

绪论

1.1 研究背景与意义

中国是世界上最大的能源消费国，其能源供应中煤炭占据重要地位，而这类非清洁能源的使用，致使中国在全球碳排放总量中的占比持续上升[1]。中国将持续采用多种措施来实现清洁能源转型，并计划在2060年前实现碳中和。天然气是减少碳排放、替代煤炭的理想化石能源之一，以北方的大部分地区为例，目前正在将供暖基础燃料从煤炭大规模转变为天然气。预计到2030年，中国的天然气在一次能源结构中的使用率将从2020年的8.4%增加到15%。随着天然气使用量的迅猛增长，其贸易结算的即时性与精确性变得日益重要[2]。天然气计量是国家和社会经济发展中的一项重要基础性工作，准确可靠的计量是推动我国天然气工业快速发展的重要保障[3]。天然气计量的计量过程相对复杂，因为它是一种压缩气体。为了精确测量这种流量变化较大的气体，需要综合考虑其成分、温度、压力等状态因素进行计算。因此需要对各个状态的数值进行准确测量，这就需要使用准确的气体流量计量装置。

近年来，气体超声波流量计越来越多地用于天然气贸易计量与城市燃气计量[4-10]，并逐渐被认可是一种极具竞争力且可实现的替代传统气体流量计量技术。本书对几种常用气体流量计的特性进行对比，如表1.1所示。在传统气体流量计不适用的场景，气体超声波流量计展现了明显的技术优势与成本效益。传统的机械式气体流量计依赖机械运动部件来完成流量测量，但这些部件会引发一系列问题。机械部件通常会阻碍气体的流动并导致压力损失，也会随着时间的推移而老化，计量结果会产生较大误差，因此需要维修和更换机械部件。超声波流量计（也称为超声流量计）不涉及机械运动部件，因此可以使用很长时间且不产生压力损失,可用于双向测量,几乎不需要维护。该类型流量计在非常低的流速下也可以准确测量,同时还具有低功耗特性,因此在需要更换电池之前可以持续使用数年时间。

表 1.1 常用气体流量计的特性对比

评价指标	差压式流量计	涡街流量计	涡轮流量计	腰轮流量计	超声波流量计
量程比	3∶1	20∶1	50∶1	20∶1	100∶1
管径/mm	50～800	50～300	10～500	50～600	25～1600
压损	很大	较小	较小	较小	无
低流速测量	较难	较难	可以	很难	较难
涡流灵敏度	很敏感	很敏感	较敏感	不敏感	不敏感
测量介质	气、液	气、液	气、液	气、液	气、液
可测双向流	否	否	否	否	是
可管道清洗	否	否	否	是	是

气体超声波流量计具有非介入式测量气体流量的特点,是气体流量测量中最合适的一种流量计量手段,尤其是在天然气和城市燃气等易燃易爆气体流量的测量中具有独到的优势。为了最大化发挥气体超声波流量计的优势,科研人员研究了多声道超声波流量测量方法,使之适合大管径气体流速、流量的测量,通过对各个声道超声波流速测量值的数字积分,加权求和得到多声道超声波气体流量测量值,从而克服由流速分布引起的系数修正问题,进而提高流量测量精度。在普通燃气计量仪表市场中,由于膜式燃气表压损较大、安装复杂、智能化程度低,逐渐被市场淘汰;超声波燃气表具有测量精度高、非接触式测量、零压损、无测量介质限制等特性,超声波燃气表逐渐成为燃气计量仪表市场的主力。

1.2 国内外发展趋势与研究现状分析

1.2.1 国内外发展趋势

1928 年,德国人成功研制第一台超声波流量计并获得专利[11]。1958 年,Herdrich 等人发明折射式探头安装方法,进一步消除了管壁混响引起的相位畸变,为外夹式超声波流量计提供了理论依据[12]。1959 年,Satomura 发明了一种使用多普勒技术的超声波流量计,它专门为分析血液流速而设计。进入 19 世纪 70 年代后,得益于集成电路和锁相环技术的进步,新一代超声波流量计已经能够克服以往的精度低、响应慢、稳定性差和可靠性差等缺陷,技术人员开发出有实用价值的超声波流量计[13]。19 世纪 90 年代后，随着超声波流量测量技术发展的转折点——时差法技术的出现是超声波流量测量技术的重要转折点，该技术在水流量测量领域迅速普及。近三十年来，微电子技术的快速发展带动微控制器的性能显著提升，为实施更复杂、更高效的数字信号处理技术提供了可能。多种超声波压电换能器的性能也得到快速发展，基于多种流体力学领域的研究，气体超声波流量计和超声波燃气表的发展显现出了强大的技术优势和快速发展的势头。

我国使用天然气的主要用户有居民生活用气、企业生产用气和工业用气等[14]，天然气利用情况分为城市居民生活用天然气、工业燃料、天然气发电和天然气化学工业四类[15]。按照国家《GB 55009—2021 燃气工程项目规范》的规定，输配管道应根据工作压力分级分为七个等级[16]，并应符合如表 1.2 所示的压力值。燃气门站计量燃气一般采用涡轮气体流量计、孔板气体流量计、气体超声波流量计，很多工业与商业用户燃气计量选择气体腰轮流量计、涡轮气体流量计与气体超声波流量计[17]；居民用气计量选择更加多样，一般采用膜式气体流量计、小口径气体腰轮流量计或气体超声波流量计。其中，气体超声波流量计拥有高精度、宽量程比、便于维护等优点，被普遍应用于天然气管网中。但是，气体超声波流量计也有局限性，如易受到阀门与整流器所产生的噪声影响，换能器表面也容易污染，测量时出现难以预估的状况并导致精度与稳定性降低。随着高精度超声波换能器、微处理器和锂电池技术的发展，气体超声波流量计的待解决的技术难题有望逐步解决，推动气体超声波流量计的成熟、应用。

表 1.2 输配管道压力分级

名　　称	最高工作压力/MPa
超高压	$4.0<P$
高压	$1.6<P\leqslant4.0$
次高压	$0.4<P\leqslant1.6$
中压	$0.01<P\leqslant0.4$
低压	$P\leqslant0.01$

1.2.2 超声波流量计的应用

1. 超声波流量计

超声波流量计是近年来发展最为迅速的流量计之一，它是根据检测流体流动时对超声波束的作用，通过测量超声波传播时间差值，来获得流体流速以及体积流量的仪表[18-20]。超声波流量计在大管径流量测量方面有突出的优势。按照测量原理，在封闭管道中使用的超声波流量测量法包括[21]：① 时差法；② 波束偏移法;③ 相关法;④ 多普勒效应法;⑤ 噪声法。

20 世纪 90 年代起,超声波流量计被引入气体流量的测量领域,凭借其非接触式测量、计量稳定可靠、量程比大、无压损、安装方便等优势,气体超声波流量计迅速获得用户青睐,被广泛应用到煤气、天然气、油气等气体的流量测量中。

相对于其他流量计而言,超声波流量计具有下列主要特点。

(1) 解决了大管径、大流量及各类明渠、暗渠流量测量困难的问题。因为一般流量计随着管径的增大会带来制造和运输上的困难,有不少流量计只适用于圆形管道,而且造价高、能耗大、安装不方便。这些问题在超声波流量计上均可避免,流量测量仪表的性能价格比得到了提高。

(2) 对介质要求不严格。超声波流量计不仅可以测量液体、气体,也可以用于双相介质(主要是应用多普勒法)流体流量的测量;由于利用超声波测量原理可制成非接触式测量仪表,它不会破坏流体流场,没有压力损失,并且可以测量强腐蚀性、非导电性、放射性的流体流量,这是其他类型流量计难以做到的。

(3) 超声波流量计受被测流体的温度、压力、密度、黏度等参数的影响小,测量准确度高,尤其是多声道气体超声波流量计,其测量精度可达±0.15%。

(4) 超声波流量计的测量量程比大,一般可达 20∶1。

2. 多声道气体超声波流量计

在气体超声波流量计中,有单声道和多声道之分,其测量原理都是利用超声波传播的时差法来测量气体流量的[18-20]。大于等于两个声道的超声波流量计称为多声道超声波流量计,常有双声道、三声道、四声道、五声道、六声道超声波流量计;目前国内研制的多声道气体超声波流量计的声道数为四声道。多声道超声波流量计主要解决单声道超声波流量计流速修正系数不确定性大的问题[22]。在荷兰 Instromet 公司研发的多声道超声波流量计的测量数据处理中,通过使用积分技术来提高流速修正系数的精度[23]。单声道超声波流量计的测量精度为±1.0%,三声道超声波流量计的测量精度为±0.4%,五声道超声波流量计的测量精度为±0.3%。多声道超声波流量计主要特点如下[24]。

(1) 测量精度高:多声道超声波流量计是通过对流速分布和面积积分的二重积分计算出的流量,因此不受雷诺数影响,可获得高准确度和高重复性。

(2) 低流速性好:多声道超声波流量计可在较复杂的流态下得到较高的准确度,解决了低流速区不能精确计量的问题。

(3) 压力损失小:多声道超声波流量计无驱动部件,无突出部分,压力损失最小,生产维护成本最低。

(4) 不断流在线安装:多声道超声波流量计解决了不能停产施工或因断流停产带来的损失问题,无须设旁路管,降低施工及维修成本。

(5) 适用范围广：多声道超声波流量计的测量宽度覆盖了 DN25～DN15000 mm 的管道，明渠测量宽度可达 30 m，而河川测量宽度更可扩展到 150 m。

(6) 测量流速范围大：流速范围可达 0.03～30 m/s。

(7) 最小的上下游直管道：普通流量计通常要求上游直管道长度为 $5D$，下游直管道长度为 $2D$，而多声道超声波流量计对安装环境无特殊要求，最大限度地降低施工成本和满足现场要求。

(8) 双向计量：多声道超声波流量计能实现双向流量测量。

(9) 干式标定(间接标定)技术：多声道超声波流量计有效克服了大管径流量计无法进行实际流量标定的问题，并显著降低了标定成本。

目前，我国用于天然气贸易计量的高精度多声道气体超声波流量计还依赖进口[25]，进口产品具有精度和稳定性指标高的特点，可以长期稳定应用于测量环境，如艾默生 Emerson 四声道流量计的流速测量范围可达 30 m^3/s，修正后测量精度可达±0.2%，重复性误差小于 0.1%，但其价格昂贵；上海中核维思仪器仪表股份有限公司作为国内代表企业，其四声道气体超声波流量计的流速测量范围宽广，最宽可达 30 m^3/s[26]，测量精度可达±0.50%，且重复性误差小于±0.1%，虽然与国外产品仍有一定的差距，但价格较低。可以看出，国产气体超声波流量计还需要进一步研究与发展，但因价格较低，具有广阔的市场前景。

3. 超声波燃气表

超声波燃气表的核心在于其利用超声波在气体中传播速度受气体流速影响的物理特性[27]，通过精确测量超声波传感器发射与接收超声波的时间差(时差法)，间接计算出气体流速，并进一步得出气体流量。

测量范围与精度：超声波燃气表具有更宽的测量范围和更高的测量精度，能够适应不同流量需求，确保计量的准确性。

安全性与可靠性：无机械运动部件的设计，减少了故障率和维护成本，同时提高了使用的安全性。

扩展性与智能化：通过与物联网技术的深度融合，实现了远程监控、数据实时传输等功能，有效提升了燃气管理的智能化水平。

1.2.3 国内外研究现状

20 世纪 80 年代，随着半导体制造工艺、微电子技术、集成电路技术等理论的相继完善，以美国、德国为代表的国家在换能器制作工艺上取得重大突破，该关键测量器件的研制为超声波在流量测量的工程应用方面打下了坚实的基础。紧接着，国内外研究人员在换能器激励方式、超声波测量原理机制、气体流速分布理论、多对换能器布置方式、回波信号处理方法等关键领域开展研究[28]，超声波流量计与超声波燃气表得以快速发展，并逐渐应用于各个领域。气体超声波流量计在天然气计量领域占领了大量市场份额，促使相关测量标准的规范化。1998 年，美国天然气协会制定了 A. G. A9 号文件《用多声道超声流量计测量天然气流量》[19]；2007 年，国家质量监督检验检疫总局颁布了《JJG 1030—2007 超声流量计检定规程》[29]；2022 年，国家市场监督管理总局发布了《JJG 1190—2022 超声波燃气表检定规程》[30]，众多文件的实施为超声波燃气表的发展推波助澜。

我国早期的超声波流量计普遍来源于进口，随着天然气贸易之间的频繁往来，对超声波流量计与超声波燃气表的测量范围、测量精度、重复性、功耗等因素提出更严格的要求，国内各研发机构相继投入到气体超声波流量计的研究中。目前，国内技术相对成熟的公司包括上海中核维思仪器仪表股份有限公司、天信仪表集团有限公司、浙江威星智能仪表股份有限公司、大连搏声仪表有限公司、苏州三泰测控技术有限公司等，以上海中核维思仪器仪表股份有限公司生产的 CL 系列多声道气体超声波流量计为例，在管道直径为 DN50～DN700、流体速度为 0.1～30 m/s 的条件下，可达到精度 0.5 级、重复性误差小于 0.1%的优越指标。除此之外，浙江大学、合肥工业大学、华中科技大学、西安交通大学等国内高校在压电换能器一致性、多声道结构布置与数据融合算法、管道流场分布、回波噪声信号处理、渡越时间检测方法等领域投入大量研究，我国自研的超声波流量计与超声波燃气表凭借稳定性能好、价格低廉等优势逐步占领国内市场。

超声波流量测量利用超声波信号在流体介质传播时的特性改变量为计量基准，进一步得出气体流速与流量值。目前，国内常用的超声波流量计工作原理主要分为时差法、频差法、相关法和多普勒法，用时差法研究超声波流量计是本书的研究重点，研究依据为超声波信号在管道内同一路径顺、逆流传播的时间差。然而，面对不同的应用场景，如何确保时差法气体超声波流量计的高效性与准确性是当前面临的巨大难题[31]。压电换能器安装效应、流体分布适应性、噪声信号干扰等问题严重影响超声流量测量仪表的性能指标，需要投入大量时间与精力探索。以下针对相关技术进行国内外研究现状分析。

1. 压电换能器一致性研究

压电材料的各向异性特征及换能器制作工艺的不同造成了压电换能器性能之间的差异，这一现象使得顺、逆流两种情况下接收换能器输出的信号幅值、相位、波形差异过大，在特征波选取时容易出现跳波等问题，难以准确定位回波信号到达时刻，因此在超声波流量计量过程中需要综合考量压电换能器的稳态特性和暂态特性，根据一致性评估结果实现换能器配对。针对这一要求，国内外大量学者在换能器各项参数的测定与性能匹配方面投入了大量研究。

2009 年，天津大学聂建华提出了用最大值法对换能器进行筛选，配对成功的换能器输出的波形、相位与幅值一致性较高[32]。2015 年，F. J. Arnold 等学者提出了一种针对压电换能器的自适应工作频率动态校准算法，该算法解决了压电换能器阻抗特性受声载荷变化的问题[33]。2016 年，N. Ghasemi 等学者为提高压电换能器能量转换性能，提出了一种检测超声波换能器工况谐振频率并相应调整工作频率的方法，提高了能量转换效率[34]。2017 年，哈尔滨工业大学刘春龙对压电换能器信号传输模型进行了建模，并以此为基础使用形态特征法建立一致性评判标准[35]。2021 年，M. Passoni 等学者设计并开发了一种模拟前端控制系统，通过施加不同偏置电压改变内应力来控制压电换能器的谐振频率，完成多对压电换能器的匹配[36]。2023 年，兰州理工大学王刚等学者对已优化的压电换能器 BVD 模型设计了 4 种匹配网络，分析其性能，并得到了最优参数与拓扑网络[37]。

2020 年 8 月，日本松下公司研发了一种高精度超声波传感器，可以用于氢气的流量测量，能够在高湿环境下实时测量氢气的流速和浓度，成为该领域的首例。同年，艾默生公司发布了 Daniel T-200 钛外壳传感器，成为气体超声波流量计产品线的新成员。通过运用金属 3D 打印技术，Daniel T-200 显著提升了超声波流量计在贸易交接应用中的声学性能，进而大幅增强了其可靠性、稳定性和安全性。在超声波流量计领域中的主要公司包括巴杰米特公司、贝克休斯公司、艾默生公司、恩德斯豪斯公司、福尔曼公司、富士电机有限公司、霍尼韦尔国际公司、科隆公司、西门子股份有限公司和斯派莎克公司。其中，恩德斯豪斯公司、艾默生公司和西门子股份有限公司分别在 2020 年、2019 年和 2018 年推出了采用新型压电超声波换能器的新型超声波流量计[38]。

浙江大学陈思对压电换能器的动态性能进行了仿真研究[39]；哈尔滨工程大学张雨研发了一种换能器幅相一致性测试系统[40]；合肥工业大学张伦研制了一种面向耐高压换能器的低功耗气体超声波流量变送器[41]，对中高压管道中应用流量变送器进行了实践；杭州瑞利超声科技有限公司推出一种一致性好、灵敏度高的超声波探头[42]。

2. 流场速度分布校正研究

气体超声波流量计能否准确测量在很大程度上取决于管道内介质流速分布的情况[43]，介质流速直接影响超声波流场与传播路径[44]，针对以上情况，国内外大批学者开展了大量研究，其研究主要集中在以下两方面。

一方面，为了实现在流量测量管道中流场速度的均匀分布，通常会在测量管道之前添加整流器，从物理层面解决流速紊乱问题。2013 年，H. Zhao 等学者研究了多声道气体超声波流量计在双弯头管道是否配置 Spearman 整流器两种情况下的性能，实验表明整流器在抑制流速分布旋流比与不对称比方面效果显著，仪表经校准后满足 0.5% 的测量精度要求[45]。2018 年，Guoyu Chen 等学者对

Etoile 整流器在涡轮机下游的整流性能方面进行了研究，并在此基础上设计出了改进八角星形整流器，实验结果表明，当增加的叶片与管道横截面中心的距离为 0.3D 时，该整流器性能最佳[46]。2019 年，宁波大学金超等学者优化了超声波流量计矩形流道设计参数，结果表明，整流片数量与长度的合理增加有助于流速修正系数的稳定，减小了后期拟合曲线所引起的流量计算误差，为研制非圆形测量管道的高精度超声波流量计提供新的解决方案[47]。2021 年，电子科技大学厉胜男分别就 Etoile 整流器、Laws 整流器对管道流场的整流效果进行了分析，并根据存在的不足之处提出了一种新型的空心叶片结构整流器，验证了新型整流器对改善管道内流场的有效性[48]。2022 年，Lei Li 等学者探讨了不同长宽比的矩形流道对雷诺数取值和气体流速分布的影响，并在 10∶1 长宽比矩形流道的基础上设计了一种新型整流器，仿真结果表明，该新型整流器能有效抑制流场畸变现象[49]。

另一方面则从流量计算过程入手，通过数值模拟仿真超声波流量计内部的流场分布，实现了流速修正系数的合理计算，以此提高超声波流量计的测量精度。2014 年，Huichao Zhao 等学者借助 CFD 数值仿真研究了方管双声道超声波流量有关问题，着重讨论了直管长度、声路位置与安装角度对仪表性能的影响，并基于对单弯管、T 形管内流场的分析，完成了雷诺修正系数拟合[50]。2016 年，A. Weissenbrunner 等学者就双弯头管道造成流速扰动问题进行了深入探究，提出了广义多项式混沌展开法，并评估了流量计安装角度与上游管道距离，为其对流量测量系统误差和测量不确定度做出了贡献，并结合 CFD 数值仿真计算出了超声波流量计的雷诺修正系数[51]。2020 年，S. F. Mousavi 等学者考虑了流速分布对流量计内部超声波传播的影响，使用半三维仿真技术计算不同入口流速对应的雷诺修正系数，最终仿真结果与验证流速点的雷诺修正系数具有一致性[52]。2021 年，宁波大学何明昊等学者研究了矩形流道的雷诺修正系数与雷诺数之间的关联性，在层流状态下，这种关系受温度因素的调控，展现出线性的负向变化趋势；而当处于湍流状态时，两者之间的关系则变得非线性，具体表现为雷诺修正系数随雷诺数增加而大幅降低直至趋于稳定[53]。

3. 回波渡越时间检测方法

超声波信号从发射换能器传播到接收换能器所需的时间为渡越时间（TOF），然而随着气体流速和环境压力的变化，超声波的传播路径、信号幅值也会发生一定程度的偏移，且伴随着介质声阻抗大回波信号能量衰减严重，声学噪声和电学噪声干扰叠加在回波信号上，难以区分有用信号与噪声信号，上述现象增加了回波信号到达时间定位的困难。渡越时间是基于时差法的超声波流量计量的关键参数，直接影响了后续流量检定的精度，为确定回波信号的准确到达时刻，进一步计算其传播时间，稳定特征点的选取显得尤为重要[54]。为此，国内外学者就回波信号处理方法展开了大量研究，根据其工作原理可大致分为以下两类：基于回波信号归一化幅值特性的阈值法与基于回波能量包络曲线特性的峰值点拟合法。

阈值的设定是回波信号特征点选取的关键，经大量学者研究表明回波信号归一化幅值具有一致性，正是这一特性为阈值法的发展提供了更多可能。2014 年，Weihua Li 等学者提出了一种用于渡越时间测量的双阈值法，有效抑制回波信号中的噪声，应用该法的气体超声波流量计样机在 50～700 m^3/h 的流量范围内，最大示值误差和最大重复性误差分别为 1.16%和 0.65%[55]。2015 年，合肥工业大学汪伟等学者提出了一种创新的回波信号技术，该技术是一种基于可变阈值过零检测的回波信号处理方法，利用最大峰值与其他峰值之间比例关系实现了阈值的动态调整，该法在以 DSP 和 FPGA 为核心的气体超声波流量计系统上得以验证，标定结果表明该系统达到了国标 1.0 级精度等级要求[56]。2017 年，为了克服双阈值方法中可能出现的时间周期波动问题，Z. Fang 等学者提出了一种新的方法，该方法依赖于相似性评估来设定双阈值。通过衡量相邻回波信号相似性确定了自适应函数，保证每次测量获得的 TOF 为同一过零点，成功消除了不同工况下的传播时间周期性误差[57]。2021 年，D. Zheng 等学者提出了一种基于特征峰群的渡越时间计算方法，提取回波信号最大的 6 个峰值，确定这 6 个最大峰值中的第一个峰值点为特征点，在信号幅值和包络随流量变化而变化时该点均为 3 号峰值点，标定试验结果表明，应用该法的流量计在 1～35 m/s 的流速范围内，可实现 1%以内的测量误差[58]。2022 年，中国计量大学马也驰等学者提出了一种基于回波信号相似度的动态阈值法，通过标准工况与实际工况回波信号上升段峰值的相似度判断，实现动态阈值电压的选取，从而精确捕捉回波信号到达时间，实验结果表明，根据该法设计的气体超声波流量计符合国标 1.0 级精度等级要求[59]。2023 年，东华理工大学冯伦宇等学者提出了一种基于静态峰值分布的超声波回波信号检测方法，判断静态参考波峰与动态回波信号波峰的对应关系，以此确定特征点，经检定对比实验表明，应用该回波信号检测方法的双声道气体超声波流量计满足国标 1.0 级精度等级要求，其效果明显优于普通阈值法[60]。

另一特征点确定方法围绕回波信号包络曲线特性展开，合肥工业大学徐科军教授团队就这一特性投入大量研究。2015 年，沈子文等学者提出了一种基于能量变化率的气体超声波流量计信号处理方法，以回波信号过零点横坐标为基准点，得到与回波信号基准点对应的能量变化率曲线标记点，两个区分度最大的相邻标记点均值为合理阈值，实验结果表明，基于该法研制的气体超声波流量计满足国标 1.0 级精度等级的相关要求[61]。2018 年，Lei Tian 等学者研究了回波能量与回波能量梯度的关系，得到了最佳回波能量点的范围，选择范围内满足条件的 4 个能量峰值点进行拟合，确定拟合直线上的能量值相对应的回波能量点为特征点，经检定验证了该数字信号处理方法的有效性[62]。2018 年,Bo Liu 等学者从回波能量累积的视角出发,探究了回波能量的梯度变化,并据此提出了一种新的信号处理方法,该方法基于回波能量的积分计算,通过标准积累能量与实时积累能量的数值关系确定特征点位置,该数字信号处理方法在 FPGA 和 DSP 的双核数字系统中实时实现,验证了该数字信号处理方法的有效性[63]。2019 年,张伦等学者提出一种基于超声回波信号包络曲线拟合的信号处理方法,研究显示,回波信号包络曲线上升段和包络曲线下降段中间部分的变化率维持恒定,故对回波信号包络曲线上升段与下降段近似在一条直线上的峰值分别进行拟合,寻找这两条拟合直线的交点即特征点,实验证明,应用该法的气体超声波流量计达到国标 1.0 级精度等级要求[64]。2022 年,马杰等学者提出一种基于超声回波能量峰值点拟合的信号处理方法,取回波信号包络曲线上升段相邻峰值点斜率最大 4 条直线的右端点进行最小二乘拟合,拟合直线与 x 轴的交点即为特征点,根据此法设计的双声道气体超声波流量计性能符合国标 1.0 级精度等级要求[65]。

4. 不同计时电路形式的超声波流量计

2016 年,宁波大学王森等学者研制了基于外部计时芯片 TDC-GP22 和高精度的 AGA8-92D 压缩因子计算模型的气体超声波流量计,并研究了温压补偿算法,以提高流量转换精度[66]。2017 年,东华理工大学李跃忠与辽宁航宇星物联仪表有限公司合作,研制了基于 TDC7200 与 TDC1000 的超声波燃气表[67]。2019 年,合肥工业大学穆立彬研制了基于 DSP 与 FPGA 双核架构的双声道气体超声波流量计,并研究了基于回波包络曲线拟合的气体超声波流量计信号处理方法[68],该法极大地拓宽了流量测量范围。2020 年,电子科技大学周胜阳研制了一款基于 C8051F960 单片机与 GP22 计时电路的低功耗气体超声波流量计[69]。2020 年以来,东华理工大学李跃忠课题组一直采用 MSP430FR6047 作为高精度计时电路,完成了多声道气体超声波流量计的研制[70-72]。

当前,国内气体流量计行业的主导企业有金卡智能集团股份有限公司、天信仪表集团有限公司、杭州思筑智能设备有限公司等,这些企业不仅设立了各自的研发中心,还积极与高校开展合作,在依托国内已有技术的基础上,通过引进、学习、消化国外先进技术,不断创新。因此,虽然国内气体流量计行业水平与国外先进水平还存在一些差距,但也正在努力创新、逐步向国际先进水平靠拢。

1.3 研究的方法和内容

随着技术的发展,我国对高性能超声波流量计的市场需求日益增加,尤其是在提高测量精度和仪表可靠性方面。本书采用 Prandtl 的流速分布经验公式、光滑管的 Prandtl 方程和粗糙管的 Colebrook 方程相结合的方法来研究高精度超声波流量测量数学模型。本书对超声波流量计的结构设计和仿真进行了深入研究，采用 Gauss-Legendre、Chebyshev 和 Tailored 等经典声道布置方案进行精确声场建模。针对实际测量中流场的复杂性，采用多声道结构方法，研究基于 Gauss-Legendre 和 Gauss-Yacobi 数值积分法优化声道分布的不同效果。研究几种超声波时间测量芯片及其应用，关注不同芯片在超声波流量测量技术中的集成与性能分析。

超声波气体流量测量技术一般利用超声波信号在气体中的传播时间差来确定流速。气体超声波流量计通常在管道两侧安装发射器和接收器，超声波信号在气体流动的作用下，顺流和逆流方向的传播时间会有所不同，从而计算出气体的流速和流量。在实际应用中，气体流速分布的不均匀性会影响超声波流量计的测量精度。本书探索了多种数字积分方法，旨在解决流速分布不均匀所带来的系数修正问题。鉴于当前流速修正系数的计算主要依据经验公式，因此本课题采用理论分析与数字仿真研究相结合的方法，完成了流速修正系数的理论计算。同时，采用高斯积分方法完成了流量测量管段结构分析，进而提高了气体超声波流量测量的理论水平，为气体超声波流量计和超声波燃气表的研制打下坚实基础。

本书还深入探讨了超声波信号处理中的关键技术环节，包括超声波发射与接收电路的设计、回波信号检测与特征点定位、传播时间差的数据处理，以及改进卡尔曼滤波算法与结合快速傅里叶变换（FFT）和插值算法的频率估计算法研究。这些技术改进和优化措施为提升超声波流量计的测量精度和稳定性提供了有力支持。

2

超声波流量测量原理与建模

气体超声波流量计是指安装在流动气体的管道上，并用超声波原理测量气体流量的流量计[73]。单声道气体超声波流量计指仅配备一个声道的设备，有两个或两个以上声道的气体超声波流量计称为多声道气体超声波流量计。气体超声波流量计测量流速的基本原理是：通过测量超声波在气体介质中的传播时间来计算气体流体的流速、流量、密度等核心参数。本章主要分析时差法超声波流量测量工作原理和影响流量测量的因素，并对如何提高流量测量精度做出仿真研究，为研究多声道超声波气体流量测量方法与机理建模做准备工作。

2.1 时差法超声波气体流量测量工作原理分析

时差法超声波气体流量测量方法是在气体的相同行程内，用顺流和逆流传播的两个超声波信号的传播时间差来确定沿声道的气体平均流速所进行的气体流量测量方法[74][75]。超声波在流动的气体介质里传播时，其速度会随着气体流速的变化而变化。具体而言，超声波的传播速度与气体流速呈同向变化：气体流速变大时，同向传播的超声波速度也随之加快；反之，若气体流速增大且与超声波传播方向相反，则超声波速度会相应减慢。

2.1.1 超声波管道流量传感器的基本结构

如图 2.1 所示，在管道的一侧或两侧嵌入安装两个既能发射也能接收超声波脉冲的超声波换能器（简称为探头或换能器），在发射和接收的两个超声波换能器间的超声波信号的实际路径称为声道，由此，一对换能器就构成一个声道。换能器与流体介质之间用一个透声膜或一段声导管壁隔开[76]。在单声道超声波流量计中，两个超声波换能器之间的波导线与设备轴线形成相交。

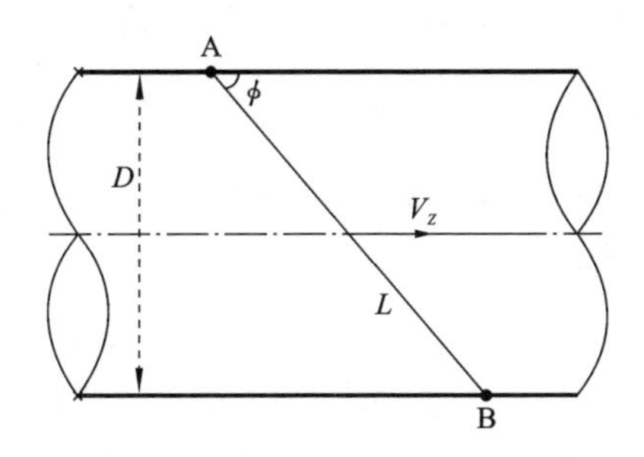

图 2.1 时差法超声波流量测量原理示意图

如图 2.1 所示，管道直径为 D，管道两侧嵌入安装的 A、B 两个换能器端面之间的直线长度为声道长度 L（也称为声程 L），其与直径 D 之间的关系为

$$L=\frac{D}{\sin\phi} \tag{2.1}$$

式中：ϕ 为声道的倾斜角，是声道与管道轴线间的夹角。声道的倾斜角，也就是超声波的入射角。

入射角 ϕ 既受流体中的声速影响，也受声楔和管壁材料中的声速影响。然而，一般固体材料的声速随温度变化而变化的量比气体材料的声速随温度变化而变化的量小，在温度变化不大时，声楔和管壁材料对测量精度的影响可以忽略不计；但在温度变化范围大的情况下，必须对声楔和管壁材料中声速的大幅度变化进行修正。入射角为 30°的换能器，由于透射率较大，能量损失小，激励电压小，该换能器适用于不便使用交流电源的手持式超声波流量计。入射角为 45°的换能器，其透射率较小，但可增大换能器晶片尺寸，提高激励电压，适用于固定式或可以使用交流电源的超声波流量计[77]。

2.1.2 时差法超声波气体流量测量工作原理

时差法超声波气体流量测量技术，是通过测量超声波在气体介质中顺流与逆流传播所需时间的差异，来求出沿声道和轴线构成的平面上的轴向平均流速 V_z 的方法。

超声波在顺流和逆流方向历经时间不同，顺流时间为[78]

$$t_D=\frac{L}{C+V_z\cos\phi} \tag{2.2}$$

逆流时间为

$$t_U=\frac{L}{C-V_z\cos\phi} \tag{2.3}$$

式中：C 为超声波在静止被测流体中的流速，即声速；V_z 为超声波导线与轴线构成的平面上，流体沿轴线方向的平均流速，也称为面平均流速。

在不考虑声速受管道内环境影响下，面平均流速方程为

$$V_z=\frac{L}{2\cos\phi}\cdot\frac{t_U-t_D}{t_D t_U} \tag{2.4}$$

通过测量得到顺流超声波历经时间 t_D 和逆流超声波历经时间 t_U，计算得到逆流和顺流超声波历经时间差值

$$\Delta t=t_U-t_D \tag{2.5}$$

利用时差法可以测出一个声道的面平均流速，再根据不同声道的平均流速，用相应的算法可以计算出垂直于整个截面上的平均流速，该流速又称为体平均流速 V。

通过测量逆流和顺流超声波历经时间差值并计算得到管道内流体(体)平均流速 V 的流速测量方法，称为时差法超声波流量测量方法。应用时差法超声波流量测量方法来测量管道内流体流量的流量计称为时差法超声波流量计。

时差法超声波流量计声道上的面平均流速与管道内的体平均流速之间的关系为

$$K=\frac{V}{V_z} \tag{2.6}$$

式中：K 称为流速修正系数。流速修正系数通过在流量计测量管段内的速度分布剖面数学模型导出。

根据管道内气体流态导出流速修正系数，即可由式(2.4)和式(2.6)得到管道内气体平均流速为

$$V=KV_z \tag{2.7}$$

通过式(2.7)换算成体积流量为

$$q_v=AV \tag{2.8}$$

式中：A 为管道的横截面积。

体积流量经压力、温度补偿后，可得质量流量为

$$q_m=\rho_0\frac{P}{P_0}\cdot\frac{T_0}{T}\cdot\frac{1}{Z}\cdot q_v \tag{2.9}$$

式中：Z 为气体压缩系数；P_0、P 分别为标准状态和实际状态下的压力参数；T_0、T 分别为标准状态和实际状态下的温度值；ρ_0 为标准状态下气体介质的密度。

获取流速后可以计算出一定时间内、一定直径管道内流过的流量。在 1 h 内流过管道的流量 F[79] 为

$$F=\frac{3.6\times10^3\pi VD^2}{4}=3.6\times10^3\pi D^3\left(\frac{1}{t_D}-\frac{1}{t_U}\right)\frac{1}{\sin(2\phi)} \tag{2.10}$$

2.1.3 多声道超声波气体流量测量基本工作原理

气体超声波流量计有单声道和多声道之分，都是基于时差法原理进行超声波

流量测量。目前国外同类产品中声道最多的可达 6 个声道。在多声道超声波流量计中,V_i 代表的是第 i 声道上的面平均流速,它是通过测量顺流超声波历经时间和逆流超声波历经时间,并由此得到时间差,从而计算得出的面平均流速。

根据各个声道的面平均流速与流速修正系数的关系,可以估计得到管道内气体的体平均流速公式

$$V = \sum_{i=1}^{N} W_i V_i \tag{2.11}$$

式中:W_i 为不同声道的权重系数,其值取决于所采用的积分算法。

$$q_{\mathrm{v}} = A \sum_{i=1}^{N} W_i V_i \tag{2.12}$$

理论上应该是声道数越多精度越高,但是根据以往的实践经验证明,在横截面声道数达到 4 以后,继续增加声道数对精度的贡献很小,而制造成本却增加很多。

2.2 超声波气体流量测量的影响因素分析

根据气体超声波流量计的流速、流量计算公式,流速或流量与测量管道的几何参数、流速修正系数(或权重系数)、超声波传播时间测量值等几个方面有关系。以下从这几个方面分析其影响因素。

2.2.1 流速修正系数的修正与测量精度的提高

在上述时差法气体超声波流量计中,研究的是理想状态下沿管道截面平均分布的面平均流速。在实际情况下,由于管道截面上流体流速分布不均匀,计算得出的流速实际上是通过测量的超声波传播时间差值得到的沿超声波传播方向与轴线方向上的面平均流速,最后计算出来的体积流量势必会产生误差,为了保证测量精度需要确定两者之间的关系,利用流体力学原理来修正实际流速测量值,即在用体积流量计测量时引入流量修正系数 K[80]。

由于管道内流体流动状态的复杂性,得到的流速分布也具有其复杂性[81],目前研究仅限于理想状况下的管道流速分布,即在光滑管道中的层流下和充分发展湍流下的流速分布。层流和湍流是管道内流体的两种基本流动状态,层流是指流体质点无横向运动,只考虑轴向的运动;湍流是流体质点既有轴向的运动,也有横向的运动。根据管道内流体流动状态的不同,流体特性不一样,也就得到不同的流速分布[82]。流体的流动特性受管道内平均流速、运动黏度和管径的共同影响,而雷诺数 Re 则是评价流动状态的一个重要指标。当 $Re<2300$ 时,为层流状态;当 $Re>4000$ 时,为湍流状态。$Re=2300$ 通常作为流体从层流到湍流的临界值。当 $Re>2300$ 时,流体开始向湍流状态过渡时,过渡状态一般也作为湍流状态

处理。

在层流状态下，可用管道内流速在半径方向的平方关系表示，其流速分布规律[83]公式为

$$V_r = V_m\left[1-\left(\frac{r}{R}\right)^2\right] \tag{2.13}$$

式中：V_r 为离管道轴心线距离为 r 处的面平均流速；r 为与管道轴心线的径向距离；R 为管道半径；V_m 为管道轴心线处的最大面平均流速。

由式(2.13)可知，在层流状态下，流速分布曲线为沿管道轴线对称的抛物线型分布，在管道轴线上的流速为流速最大值 V_m。

在湍流状态下，可用管道内流速在半径方向上的指数关系表示，其流速分布规律公式为

$$V_r = V_m\left(1-\frac{r}{R}\right)^{1/n} \tag{2.14}$$

式中：n 为随 Re 变化而变化的系数。

式(2.14)表示的曲线是以管道轴线对称的指数曲线。与层流相比，在相同的平均流速下，在靠近管壁位置湍流状态下的流速比层流状态下的要大，靠近管道轴线上的流速比层流状态下的要小。此外，层流的流速分布与 Re 无关，而湍流的流速分布随 Re 变化而变化。

考虑到气体流速沿管道直径的不均匀分布，需添加一个修正系数 K 进行调整。根据流体力学理论，当雷诺数 Re 在某一范围内时，K 为定值，在标定过程中确定 K 的值。由上述分析可知，流量计测量得到的流速值是超声波流量测量的面平均流速 V_z，即超声波导线与轴线构成的平面上，流体沿轴线方向的平均流速。气体超声波流量计主要是测量沿声道上流体的平均流速，又称为体平均流速 V，要计算出通过管道的流量，还必须了解 V 与 V_z 之间的关系。

在气体管道内充分发展湍流的条件下，K 的经验值为

$$K = 1.119 - 0.011\lg Re \tag{2.15}$$

在工程实际应用中，可以把湍流状态下的 V 与 V_z 之间的关系用以下经验公式[22]表示：

$$V = [1+0.01\sqrt{6.25+431Re^{-0.237}}]V_z = KV_z, \quad Re > 10^5 \tag{2.16}$$

$$V = [1.119-0.011\lg Re]V_z = KV_z, \quad Re < 10^5 \tag{2.17}$$

上述对流速修正系数 K 的讨论是基于安装环境较理想的情况下，即考虑测量管道前后所需足够长的直管道条件下的超声波换能器的安装位置。如果测量管道前后的直管道不够长，管道内的流速分布将变得复杂，难以用特定的数学表达式来描述流速分布规律，也就难以求解 K 值，进而使得测量误差也变大[84]。有文献报道，为了保证超声波流量计的测量精度，在管道布置和安装时上游直管道的

长度一般需要大于 $10D$，下游直管道的长度需要大于 $5D$；如果在上游有泵、阀门等流量干扰因素存在，直管道的长度至少需要大于 $30D$。

考虑温度对流速修正系数的影响，由式(2.2)、式(2.3)和式(2.5)，可以得到超声波历经时间差为

$$\Delta t = t_U - t_D = \frac{2LV_z^2\cos^2\phi(r)}{V_z^2\cos^2\phi(r) - C^2} \tag{2.18}$$

流速、流量的计算均由顺流时间 t_D、逆流时间 t_U 和时间差 Δt 决定，从式(2.2)、式(2.3)和式(2.18)可知，顺流时间 t_D、逆流时间 t_U 和时间差 Δt 与声速 C 均有关，而声速随温度的变化而变化，由此产生的测量误差比较大，必须进行修正。

当温度为 T 时，被测流体的声速为

$$C = C_{20}(1 + bT) \tag{2.19}$$

式中：C_{20} 为 $T=0$ ℃时的声速值；b 为被测流体的声速温度系数。

随着计算机的广泛应用，对声速修正比较简单，在键盘上输入温度值，按式(2.19)求出 C 代入流量公式即可。

2.2.2　超声波信号对流量测量的影响

在超声波流量计中，流体流动信息都是通过超声波信号在流体中传播的时间或路径变化而获得的，因此超声波流量计设计的关键内容之一是超声波信号的产生与识别，超声波信号在流体中的传播质量直接影响超声波信号是否可以准确接收，从而影响传播时间的精确测量。因此，要求超声波信号的传播质量至少能够满足接收电路和信号识别与处理算法的要求。

1981 年，Sanderson 和 Hemp 对超声波流量计的信号检测与处理做了总结，直至现在依然应用他们提出的有关声时测量的基本信号处理方法。他们将超声波流量计的信号处理方法划分为时域分析和频域分析两个范畴。根据行程时间与超声波脉冲周期的关系或声道长度与声波波长的关系来选择具体采用哪一种方法。在时域处理方法中，使用单脉冲传输时间测量法和相关峰值位移法。在单脉冲传输时间测量法中，先检测接收脉冲，后估计其到达时间。实际上在采用单脉冲实际测量法时，大多数会在接收到的回波信号中识别出一个或几个预先确定的过零点。设定接收回波信号的某个电压值作为信号到达的标志值，与过零检测同时进行，在到达事先设定的电压标志值后，紧接着检测其后的第一个过零点。如图 2.2 所示，回波信号先检测预先设定的电压标志值 1 点，然后 1 点和 2 点间的过零点，则将其过零时刻作为信号的到达时刻。这是方法之一，也可以通过后续测量多个过零点来得到更精确的定位波形。

在过零点检测超声波传播时间的方法中，由于在一个回波信号周期内必须预先设定各个检测点，因此接收回波信号的质量就显得非常重要。而回波信号的形

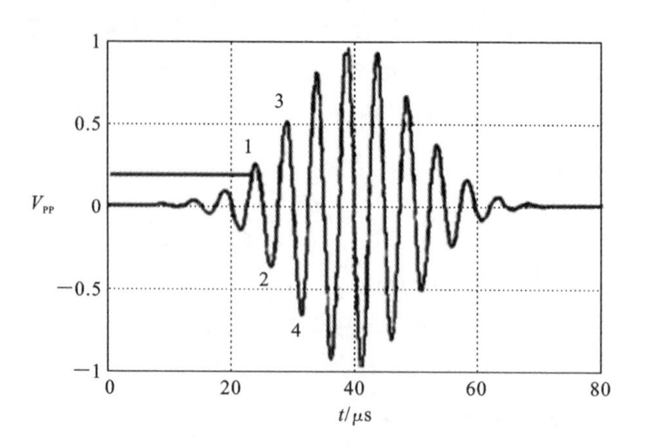

图 2.2 过零电平检测技术信号示意图

状是由其频谱决定的，如果超声波换能器的频带越宽，那么接收到的回波信号就越窄。因此在超声波流量计中，常选用的超声波换能器频带都较宽，目的是产生一个前沿轮廓清晰的回波信号，最终可以简化检测的过程[85]。

在气体流量测量中，超声波信号的传播过程和接收到的回波信号波形很难保持稳定。用于超声波液体流量计的方法(在超声波回波信号到达预置的门限电压后，再检测到第一个过零点为回波信号到达时刻的检测点)很难直接应用于气体流量测量中。在气体输送中，即使在同一个输送区间，也会有各种因素带来的压力波动，因此一般需要经历数次的升压和降压过程。超声波传播符合几何声学定理，在介质界面上的反射和透射中，其能量的变化取决于界面两边的不同介质的声阻抗特性。介质密度和介质中声速决定了声阻抗特性。对于气体介质来说，由于其具有可压缩特性，即在不同压力下其介质密度变化很大，超声波在气体中传播时，声压波动很大，其发射和接收的声能变化很大，最后接收到的回波信号容易失真。管道内介质存在温度梯度，会导致超声波信号的传播路径发生偏移，它也是影响信号幅值的一个因素。信号幅值的波动，可能导致在门限电压下检测不到回波信号，或检测到的回波信号处在不同的超声波回波周期，从而使得传播时间测量值也变得不确定了[86]。

采用自动增益控制(AGC)电路是解决因为信号幅值波动导致漏检或者误判的一种方法，在气体超声波流量计的二次仪表中设计 AGC 电路，可避免回波信号产生幅度波动。由于回波信号幅值的波动是超声波信号在传播过程中发生偏移引起的，因此让超声波始终落在同一个接收点上的渐变曲面反射方法也是解决方法中的一种[87]。另外，实际测量气体中存在的颗粒或液滴，会使信号散射或变弱，超声波换能器中存在的污染物也会削弱信号的发射[88]。因此我们常讨论时差法气体超声波流量计的应用场合为干净气体流量的测量。除了流动本身也会对波形产生影响外，任何导致信号失真的因素都会影响信号的形状。如果流体流速较高，不同流层间的剪切作用会把信号拉开，引起的不规则流态会改变信号的形状。超声波流量计的测量管道对外侧的声道会有一个边缘效应，小管径的超声波流量计也存在边缘效应，这种边缘效应也会改变超声波信号的形状。

如 CO_2 等气体，其组分接近临界条件，它也会衰减超声波信号中的某些频率成分，导致信号形状的改变[89]。环境噪声也可能会导致信号失真，影响流量的测量精度，比如来源于管道内气体的压降所引起的气载噪声、安装的阀门和调节阀引起压力的变化都是最常见的超声波噪声源。要想取得正常听觉上的无噪效果，只有把声能转换到较高频率(20 kHz 以上)才能达到这种效果。

综上所述，因超声波信号变形导致传播时间测量的误差和测量准确度的降低，其主要原因包括严重的湍流、超声声学噪声、测量管道内出现严重的密度梯度和超声波换能器受到污染。

2.2.3　测量时间对流量测量的影响

除了超声波回波信号质量问题引起的时间测量误差外，时间测量方法也是影响精度的重要因素之一。时间测量方法主要包括脉冲计数法和互相关法。脉冲计数法测量时间时，测量时间的分辨率是导致测时误差的直接因素。由于测时脉冲总是有宽度的，测时误差会出现在一个脉冲周期之间。互相关法通过计算两点之间传播信号的互相关性，得到两点信号的延迟时间。假设检测到一点超声波信号为 $x(t)$，经过延迟时间 τ 后传播到另一点的信号为 $y(t)$，通过两个信号的互相关计算就可以得到两者之间的延迟时间。互相关计算公式为

$$R_{xy}(\tau)=\int_{-\infty}^{+\infty}x(t)y(t+\tau)\mathrm{d}\tau \tag{2.20}$$

此外，在超声波流量计中，还存在因电缆、换能器、安装槽和电子元器件导致的时间延迟问题，这些时间延迟带来的误差都属于系统误差。这些误差可以通过延时测试、零流量校验修正、温度和压力补偿等措施来克服。

超声波信号在管道内的传播轨迹会因流速变化而发生变化，最终也引起时间测量值的不准确。管道内流体中，超声波传播轨迹并非直线，并且顺流、逆流的传播轨迹[90]也不同，可以用几何声学的声道曲线跟踪方法描述传播轨迹。根据 Boone 和 Vermaas 的推导，假定声速 C 为常数，声道曲线跟踪方程为

$$\begin{cases}\dfrac{\mathrm{d}x}{\mathrm{d}y}=C\times\cos\phi(r)+V_r\\[2ex]\dfrac{\mathrm{d}r}{\mathrm{d}t}=C\times\sin\phi(r)\\[2ex]\dfrac{\mathrm{d}\varphi(r)}{\mathrm{d}t}=-\cos^2\phi(r)\dfrac{\mathrm{d}V_r}{\mathrm{d}r}\end{cases} \tag{2.21}$$

式中：$\phi(r)$为管道内离轴心线 r 处的声道与轴线方向间的夹角；V_r 为管道内离轴心线 r 处声道与轴线截面上的面平均流速。

确定了传感器的位置就可以确定声道曲线了，由于 V_r 不是常数，所以声道呈曲线形式，声道夹角为非常数。雷诺数 Re 和马赫数 Ma 决定了声道的曲率，曲率会随着速度分布的改变和 Ma 的增加而变化。

管道中的马赫数定义为

$$Ma=\frac{V}{C} \tag{2.22}$$

式中：C 为声速；V 为管道内流体的体平均流速。当 $Ma<0.1$ 时，超声波传播轨迹近似为直线；Ma 越大，传播轨迹的弯曲程度也越大。

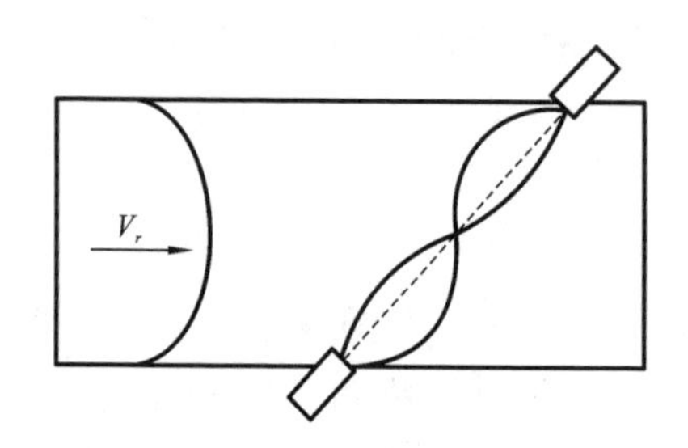

图 2.3 超声波在流动流体中的传播轨迹

由图 2.3 可见，当超声波在管道内流体中传播时，其顺、逆流传播路径不同，路径经过的路程也不同，从而导致测量时间不准确。从信号的角度来看，在发射和接收换能器上都存在能量损失，顺、逆流传播过程中也存在能量损失，传播轨迹弯曲程度越大，接收到的回波信号就越弱。如果超声波换能器发射角不准确，还可能在接收换能器上检测不到回波信号。

过零检测法是通过设置阈值电压触发后检测过零时刻点的，实际上是在信号到达后存在一个延时才开始检测的，这个延时带来的误差是一个系统误差。另外，当信号幅值发生波动变化时，由固定的阈值启动过零检测得到的起始时间就会发生变化。在管道内气体中传播的超声波信号如图 2.4 所示。当流体流速变大时，接收到的信号幅值会变小，这样二次仪表就可能导致检测到的传播时间也不一样。

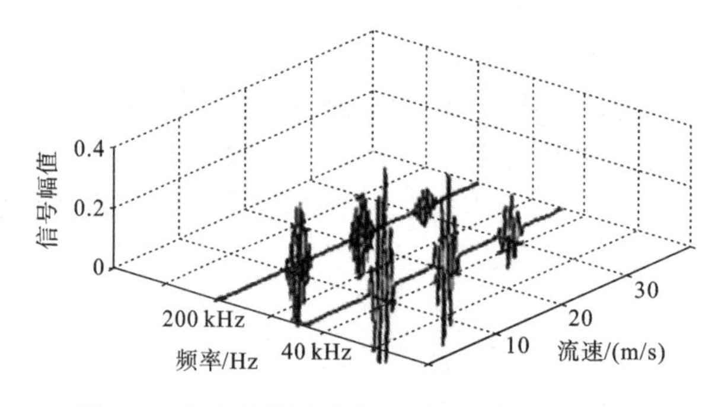

图 2.4 超声幅值随着流速的变化而发生的波动

2.2.4 复杂流场对流量测量的影响

使用时差法气体超声波流量计测量流量时需要知道气体通过管道流动的平均流速。理想状态下超声波流量计是在管道截面上同时测量无限多点的流体流速值，然后加权求和得到管道内流体的体平均流速。上述测量原理是考虑管道内流体工作在理想流动状况下，试验结果表明，在良好的流场环境中单声道超声波流量计计量精度可达 0.5%；但是如果将单声道超声波流量计安装在单一 90°弯管下游 19D 处，流量计测量误差会大于 4%；如果安装在下游 78D 处，那单声道超声波流量计测量误差又可达到 2%～2.2%。上述试验表明，非理想流场变化对测量和计量精度的影响巨大[91]。即使在超声波流量测量管道中布置多个声道，来获得整个流动截面的流速信息，依然存在流速信息的不完整性，也还会存在测量结果和实际流速之间的弱小差别，但比单声道超声波流量计的测量精度要优越得多，本书也将多声道测量方法作为解决这个问题的研究内容。因此在研制超声波流量计和实际使用流量计过程中，都需要重视安装位置对实际流场的影响，尽量使管道内流体在到达流量计入口时能保证充分发展的流动状态。因为流动状态决定了超声波流量计的测量和计量精度，而流动状态取决于很多因素，所以在研制和使用超声波流量计时，需要仔细考虑测量条件是否满足设计要求[92]。推荐使用的安装条件是超声波流量计安装的前置直管道长度不小于 10D，后置直管道长度不小于 5D。

安装效应的存在使得流体流动的稳定性难以达到。在直管道布置中的充分发展流动下，其流速剖面及流速分布可以由经验公式表示，因此只要保证安装条件，不管是在实验室还是条件相当的实际现场，超声波流量计的测量精度要求都容易达到。可是在工业现场存在各种干扰因素，超声波流量计实际测量误差会比流量计的额定测量误差要大[89]。管道内声道中的面平均流速 V_z 或 V_r 的测量值与管道内体平均流速 V 的计算值，都存在着测量不确定度。扰流影响是指 V_z 或 V_r 的测量不确定度。尽管可以使用流速修正系数 K 修正管道内体平均流速，但由于实际流动和设计的情况不相符，这样会给测量带来很大的误差。超声波检测换能器安装位置附近的焊接凸缘、法兰盘突起以及上游安装的泵、阀等都是流场的干扰因素，都会使流场的速度剖面发生较大的变化，从而使得流速修正系数出现较大误差，而达不到设计目标和要求。

在扰流中存在的径向速度分量是超声波流量测量的最重要影响因素，引起径向速度分量的主要原因是弯曲管道引起的二次流动。管道内流体在弯曲条件下流动时，由于存在离心力作用，流态就处于失稳定状态，这种失稳定问题称为迪安(Dean)稳定性问题[93]，产生迪安稳定性问题的弯管如图 2.5 所示。管道内轴向流

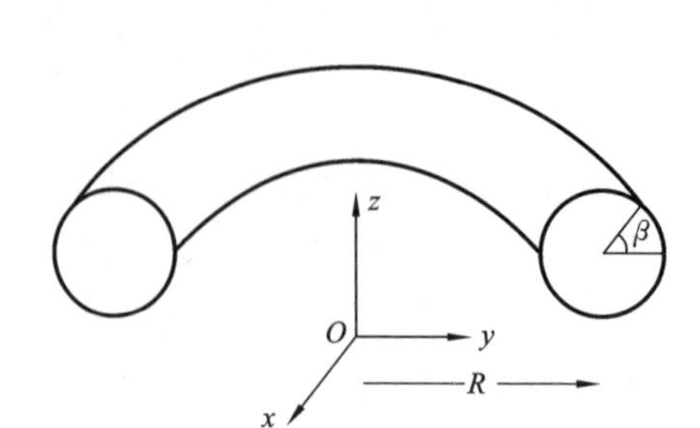

图 2.5 产生迪安稳定性问题的弯管

动称为一次流动，由弯管中产生的径向流动称为二次流动。产生二次流动的原因是弯管内、外侧的曲率不同，在内部流体微团运动时，离心力作用在管道截面后产生一个力场，这个力场就会推动流体微团产生径向的运动。二次流强度可以通过迪安数 D_n 来表示，即

$$D_n=\left(\frac{V_{\theta m}D}{\upsilon}\right)\left(\frac{D}{R}\right)^{1/2} \tag{2.23}$$

式中：$V_{\theta m}$ 为两壁面间的平均流速；D 为管道内径；υ 为运动黏度；R 为管道弯曲半径。流速越快，管道内弯曲半径 R 越小，产生的二次流强度就越大[94]。

2.2.5 安装效应与仪表壳体几何尺寸误差的影响

各种影响超声波流量计测量误差的因素中，最需要重视的是流场安装效应与信号时延问题，而在研制和使用过程中，存在管径、安装方位角的影响因素，也会影响流量测量精度[95]。在实际工业环境中由于安装效应的存在，流体流动是很难达到稳定的，流场中必然存在各种波动。引起的各种波动影响流量测量精度，前面已经进行了分析。

在测量过程中，已知超声波声程、超声波流量计管道壳体的横截面积必须是不变的。因为温度和应力的变化，管道横截面会发生相应的变化，也将引起流体流速分布的变化，进而导致不能准确地测量流速。测量误差与管道横截面积的误差成正比[96]。尤其对于气体介质存在可压缩性，因为温度和应力的变化，影响更为严重。

在研制过程中，难以按照实际现场的管道直径来布置换能器，但如果不能很准确地按直径位置安装超声波换能器，流量的测量精度也要受到影响。换能器的定位误差主要影响了超声波的传播声程 L。除了在研制中难以确定换能器安装位置外，测量管道壳体在温度变化下的热胀冷缩效应也将使得换能器距离发生微位移，从而引起换能器的定位误差。当超声波流量计测量管道管壁内表面存在沉积物时，管道横截面积变小，导致流体流速的增加，这样也会引起流量测量值的测量误差。文献[96]表明，在 300 mm 口径的超声波流量计中，管道内表面如果附着 0.4 mm 厚的沉积物，将为该超声波流量计带来±0.51%的测量误差。

2.3 高精度气体超声波流量计的仿真研究

在 2.2.1 节讨论了利用流速修正系数来提高超声波气体流量测量精度的方

法，所应用的式(2.15)和式(2.16)均为经验公式，流速修正系数 K 只与雷诺数 Re 有关。为了考虑管道内壁粗糙度的影响，以下根据光滑管的 Prandtl 方程和粗糙管的 Colebrook 关系式，通过 Matlab 进行计算和仿真 n 值的取值、光滑管道中充分湍流流态下的流速修正系数 K_C 随 Re 变化而变化的关系曲线和流速分布曲线，以便更精确地分析流量测量精度的影响因素。

2.3.1 高精度超声波气体流速公式的导出

根据 Prandtl 的流速修正经验公式[97]，为了考虑充分湍流状态下 V_r 随管道内轴心线对称，将式(2.13)和式(2.14)重写为

$$\begin{cases} V_r = V_m\left(1-\dfrac{r^2}{R^2}\right), & Re \leqslant 2300\text{ 时，层流状态} \\ V_r = V_m\left(1-\dfrac{|r|}{R}\right)^{1/n}, & Re \geqslant 4000\text{ 时，充分湍流状态} \end{cases} \tag{2.24}$$

式中：V_r 为流体距离轴心线 r 处的沿轴线方向的面平均流速；V_m 为流体在轴心线上的流速值(为 V_r 的最大值)；R 为测量管段的半径；n 为流速分布指数，它是管道内流体雷诺数 Re(雷诺数定义为 $Re=\dfrac{VD}{\mu}$，μ 为动力黏度)和管道壁粗糙度 K_r 的函数，按光滑管的 Prandtl 方程和粗糙管的 Colebrook 关系式[98][99]，有

$$\begin{cases} n = 2\lg\left(\dfrac{Re}{n}\right) - 0.8, & \text{光滑管} \\ n = 1.74 - 2\lg\left(\dfrac{K_r}{R} + 18.7\dfrac{n}{Re}\right), & \text{粗糙管} \end{cases} \tag{2.25}$$

根据平均流速的积分定义，写出 V_z 与 V_r 的关系式为

$$V_z = \frac{1}{L}\int_L V_r \mathrm{d}L \tag{2.26}$$

V 与 V_r 的关系式为

$$V = \frac{1}{S}\iint_S V_r \mathrm{d}S \tag{2.27}$$

由式(2.26)、式(2.27)可以推导出 V 与 V_z 的关系式为

$$\begin{cases} V = \dfrac{3}{4}V_z, & Re \leqslant 2300\text{ 时，层流状态} \\ V = \dfrac{2n}{(2n+1)}V_z, & Re \geqslant 4000\text{ 时，充分湍流状态} \end{cases} \tag{2.28}$$

再由式(2.25)、式(2.24)、式(2.23)和式(2.8)可以精确计算体积流量 q_v。

对于单声道气体超声波流量计而言，根据式(2.28)导出流速修正系数公式为

$$\begin{cases} K_h = 0.75, & Re \leqslant 2300\text{ 时，层流状态} \\ K_C = \dfrac{2n}{(2n+1)}, & Re \geqslant 4000\text{ 时，充分湍流状态} \end{cases} \tag{2.29}$$

式中：K_h 为层流状态下的流速修正系数；K_C 为光滑管道中充分湍流状态下的流速修正系数。介于层流和湍流之间的状态称为湍流状态处理。

2.3.2 n 值的计算

从式(2.25)知道，对于层流状态下的瞬时流速和体积流量的计算很方便完成，但对于充分湍流状态下，需要计算 n 值才能完成瞬时流速和体积流量的计算。由于大多数待测流体状态为充分湍流状态，因此我们要重点讨论 n 的计算及其对测量精度的影响[100]。

以一个管道管径 $D=200$ mm、$L=D\sqrt{2}$ mm($\phi=45°$)的超声流量传感器为例，管壁的粗糙度从新管到旧管的变化范围按 5 μm$\leqslant K_r\leqslant$30 μm 考虑，由式(2.25)计算出来的 n 值和 K_C 值，如表 2.1 所示。

表 2.1 流速分布指数 n 值

雷诺数 Re	n 值(光滑)	n 值($K_r=5$ μm)	n 值($K_r=30$ μm)	K_C(光滑)
4×10^3	5.00	5.00	4.99	0.909
1×10^4	5.69	5.68	5.67	0.919
1×10^5	7.46	7.42	7.30	0.937
1×10^6	9.27	9.06	8.42	0.949
2×10^6	9.82	9.46	8.58	0.952
3×10^6	10.14	9.66	8.64	0.953
4×10^6	10.37	9.78	8.68	0.954
5×10^6	10.55	9.86	8.70	0.955
1×10^7	11.11	10.06	8.74	0.957

在流量计算机中输入待测流态和雷诺数后，可以从表 2.1 中查出相应的 n 值。如果雷诺数介于表格中对应两雷诺数之间，可以通过插值计算的方法计算出相应的 n 值。

2.3.3 K_C 及其对测量精度的影响

大多数流体状态为充分湍流状态，因此考虑流速修正系数对流速和流量测量精度的影响，这里主要考虑 K_C 的影响。光滑管对应的 K_C 值如表 2.1 所示，根据式(2.25)和式(2.29)，由 Matlab 计算仿真得到的 K_C-Re 曲线，如图 2.6 所示。

从图 2.6 和表 2.1 可以看出，K_C 随 Re 变化而变化的范围小。雷诺数 Re 越大，K_C 随 Re 的变化越接近于线性。当 $Re\geqslant2\times10^6$ 时，若雷诺数增大 1×10^6，则

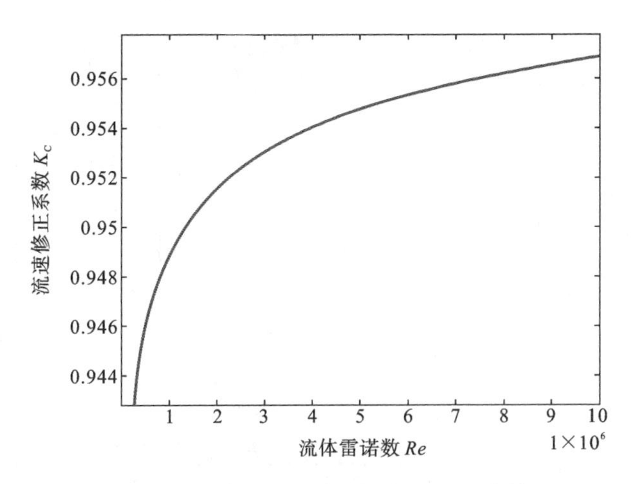

图 2.6 光滑管超声波流量计 K_C-Re 曲线

$\Delta K_C\leqslant0.1\%$。说明基于上述模型的超声波测量方法在测量 $Re\geqslant2\times10^6$ 的流体流量时，更具有其测量精度高的优越性。但在雷诺数较小时，K_C 的变化稍大，但比 n 值的变化要小得多，容易通过修正 K_C 的方法来保证测量的准确性和高测量精度。

2.3.4 流速分布曲线分析

假设流体流速 $V=10$ m/s，用对应雷诺数下的 n 值求得相应流速剖面轴向流速最大值 V_m，再根据式(2.25)和式(2.29)，通过 Matlab 计算仿真得出层流和湍流下雷诺数 Re 分别为 4×10^3、1×10^4、1×10^5、1×10^6、1×10^7 时的流速分布曲线(各条曲线依次从右往左分布)，如图 2.7 所示。

从图 2.7 中知道，雷诺数 Re 越小，V_m 越大。可从湍流流速分布曲线中看出，当 $r=0$ 时，$\mathrm{d}v/\mathrm{d}x\neq0$，不符合对称条件，这与很多学者对湍流流体作定性分析时的流速分布呈对称特性相矛盾，因此流速分布函数有待于更深入研究。不过，因为在其他位置的流速分布与实际值相符合，目前还基本应用式(2.24)作为湍流状态下的流速分布函数。

2.3.5 实验结果

利用上述模型设计的单声道超声波流量在 $D=200$ mm 管径流体(根据实验室现有条件选择水介质)流量实验中，得出测试数据如表 2.2 所示(每一次测量值是 30 个测量数据的平均值，在流量计算机中由程序自动完成)。根据式(2.8)和流量测量不确定度公式 $\dfrac{\mathrm{d}q_v}{Q}=\dfrac{q_v-Q}{Q}\times100\%$分析测量的精度。计算结果表明：当

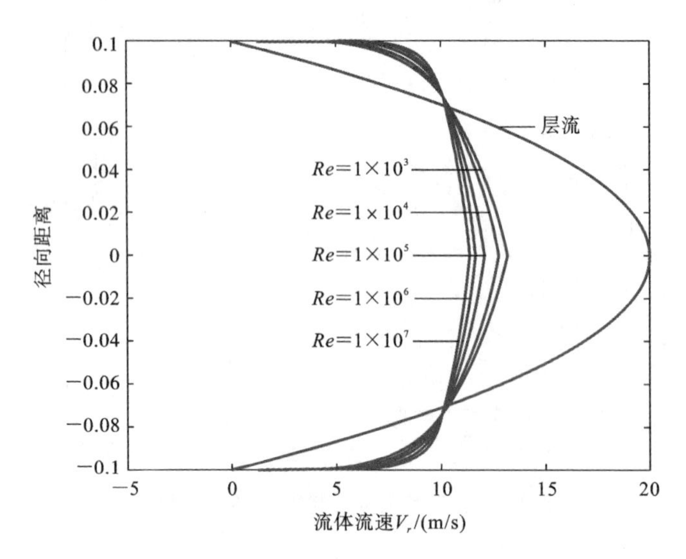

图 2.7 流速分布曲线

表 2.2 流体流速实验测试

仪表示值 /(%)	标准流速 /(m/s)	第一次测量值 /(m/s)	第二次测量值 /(m/s)	第三次测量值 /(m/s)
20	0.295	0.2830	0.3071	0.2997
40	0.437	0.4228	0.4481	0.4351
60	0.656	0.6439	0.6639	0.6584
80	0.853	0.8405	0.8639	0.8611
100	1.137	1.1251	1.1487	1.1386

处于低流速时，测量误差高达±5%；当流速大于示值的60%时，其测量误差为±1%。

2.3.6 仿真小结

从上述仿真与实验误差分析说明，模型的正确性能达到高精度工业测量水平。但实际测量情况比理想模型的测量不确定度要大。为了提高测量精度，减小测量不确定度，除了上述流速分布公式有待完善外，主要从以下两个方面着手研究更高精度超声波流量计，以超过测量精度为0.5%的超声波流量计量水平。

(1) 几何因素，从增长超声波声程考虑提高测量精度。在传感器设计中根据超声波换能器的布局来改变声程 L，当 L 增大时，t_U、t_D 也增大，这样提高了流量计测时精度[101]。图2.1为Z形安装，为单声道测量方法；V形安装为二声道测量方法[102]，在管道内壁需要安装一个光滑的反射板。对于小直径测量管道来说，采用N形或W形安装，其分别为三声道和四声道测量方法，来保证足够大的L值和测量时间，从而保证高测量精度。

(2) 流体状态因素，以上模型建立于平稳对称流态，通过修正K_C的方法来保证测量的准确度和精度。实际测量场合的流态很复杂，可能是脉动、涡流或间歇流等不平稳流。在传感器的结构上，采用多声道的结构方法，各个声道的测量值反映相应流层的流速分布情况。在多声道超声波流量传感器中，流速的计算公式为$V=\sum_{i=1}^{N}K_iV_{Zi}$，目前可通过高斯或高斯-雅可比加权积分求和的方法来计算流速。同时，研究自适应调整系数的加权积分求和新方法也颇具前景。在处理测量数据时，为克服不平稳流的影响，可采用数字滤波的办法。

2.4 互相关法超声波流量测量原理分析与建模

超声波流量计作为一种非接触式仪表，在许多工业领域都有着非常广泛的应用。超声波流量计有许多种测量方式，本章介绍互相关法在超声波流量计中的应用，也对互相关法进行研究和仿真。为了解决超声波流量计的测量精度，鉴于传统相位差法的测量方法容易受到噪声信号干扰，从而影响测量精度，因此提出以相位差法为基本测量方法，同时加入相关原理、插值算法和平均值算法，旨在增强其抗干扰能力，并进一步提高超声波流量计的测量精度[103]。

2.4.1 互相关法

变量之间的线性联系即可称为互相关。就确定性信号而言，两个变量之间存在明确的函数关系，彼此一一对应并确定。相比之下，两个随机变量之间并不总是具有这样确定的关系，但是如果这两个变量之间具有某种物理联系，那么通过大量的统计分析，就可以发现它们之间存在着虽不精确但能够相应表征其特性的近似关系[104]。互相关函数的定义和性质如下。

若设信号均值为零，则互相关函数的定义可以表示为

$$R(\tau)=\lim_{T\to\infty}\frac{1}{T}\int_0^T X(t)X(t\pm\tau)\mathrm{d}t \tag{2.30}$$

其与信号在t时刻和$t+\tau$时刻的值有关。图2.8中的$R(\tau)$是由图中$X(t)$通过互相关分析处理得到的。

2.4.2 互相关法在相位差法中的应用

图2.9所示为流体中顺流和逆流传播的时间差，可以采用相位差法来测量。

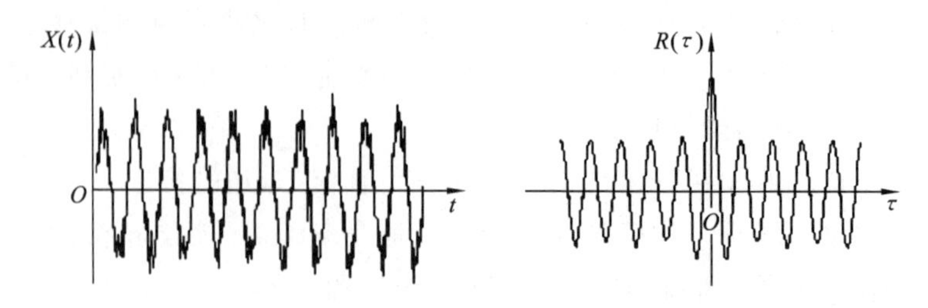

图 2.8 正弦加随机信号与正弦加随机信号的互相关函数

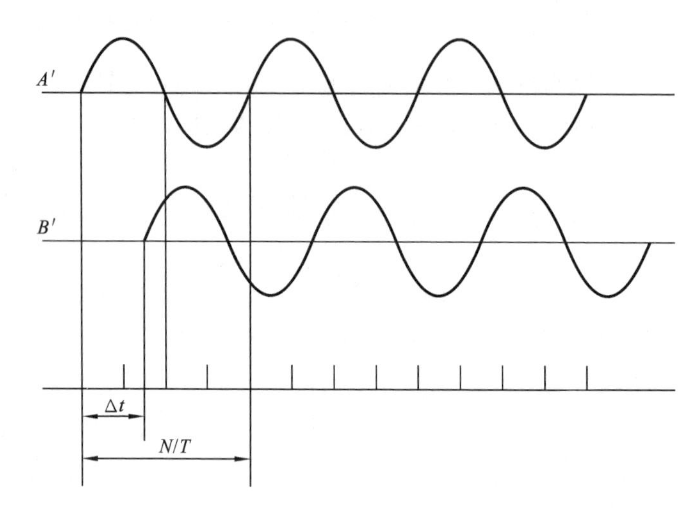

图 2.9 相位差测量示意图

相位差法测量的物理量是两组信号的相位差。当发射的是连续超声波脉冲,或周期较长的脉冲时,两组超声波接收探头的信号之间会产生相位差,其相位差反映了流体流速的大小。

相位差与时间差之间的关系为

$$\Delta\phi=2\pi f\Delta t \tag{2.31}$$

式中:$\Delta\phi$ 为相位差;f 为超声波频率;Δt 为顺流、逆流传播的时间差。

通过式(2.32)可以计算出流速为

$$v=\frac{c_0\Delta\phi}{2D\tan\theta\cdot2\pi f}=K_C\Delta t \tag{2.32}$$

式中:v 为流体的流速;D 为管道内径;c_0 为超声波在静止流体中的传播速度;K_C 为流速修正系数。

传统相位差法流量计在进行流量测量时,首先需要在每次测量时都要在顺流方向和逆流方向发射连续超声波脉冲信号(或一个长脉冲信号),再利用信号调理电路将两个同频被测信号整形为两个方波信号,其前后沿分别对应被测信号的正向过零点和负向过零点，最后再用填充计数法测量出这两个同频方波的前沿（或后延）的时间差，从而求出这两个被测信号之间的相位差。这种相位差法要求被测信号在过零点时刻的波形准确，若该被测信号受到干扰，将会改变被测信号前沿（或后沿）的位置，从而使测出的相位差产生误差，进而严重影响测量精度。然而，利用互相关法测量相位差则具有较高的抗干扰性，所以采用互相关法来测量相位差[105]。传统相位差法结构图为两组探头交叉发送超声波信号，如图 2.10(a) 所示，这种结构方式可能在信号传递过程中造成两组信号之间的干扰。为了避免这种干扰，故在结构上做出新的调整，如图 2.10(b) 所示为新型相位差法结构图，两组探头平行放置，如此便可避免超声波信号在传输过程中的信号干扰[106]。超声波发射器 A、B 分别输出引起调制作用的随机信号 $X(t)$、$Y(t)$，流体的随机流动噪声信号分别被接收器 A′、B′接收到。

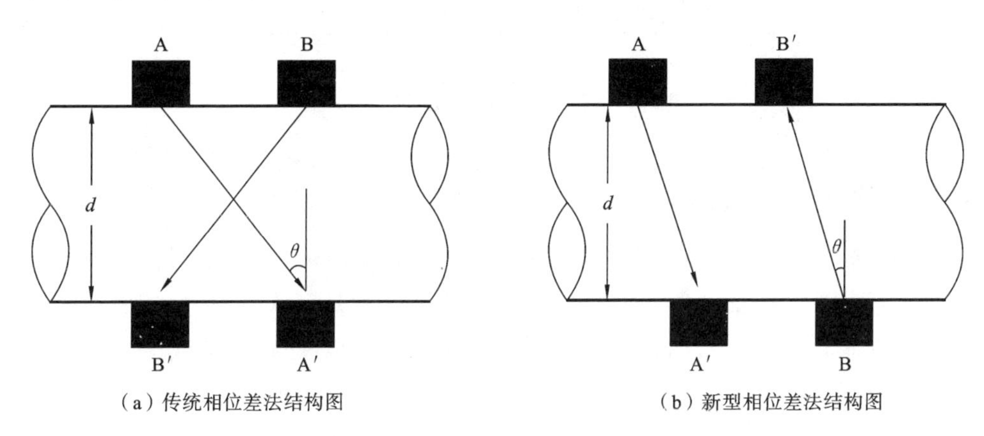

（a）传统相位差法结构图　　（b）新型相位差法结构图

图 2.10　两种测量方法结构图

其中，$Y(t)$ 是 $X(t)$ 的一个简单的延迟，可利用相关理论计算出这两个信号的互相关函数 $R_{xy}(\beta)$。具体算法如下式所示：

$$R_{xy}(\beta)=\lim_{T\to\infty}\frac{1}{T}\int_0^T X(t-\beta)Y(t)\mathrm{d}t \tag{2.33}$$

$X(t)$、$Y(t)$ 和互相关函数 $R_{xy}(\beta)$ 如图 2.11 所示。

如式(2.33)所示，当延时 $\beta\neq\Delta t$ 时，互相关函数 $R_{xy}(\beta)$ 的值很小；当延时 $\beta=\Delta t$ 时，两组信号重合，互相关函数 $R_{xy}(\beta)$ 达到最大。当测量两组信号的相位差时，对两组信号用高速 A/D 同时采样，通过模数转换，然后对两组信号作相关运算，当两组信号重合时，互相关函数 $R_{xy}(\beta)$ 达到最大。这时 Δt 既是两组信号的时差，也是两组信号的相位差。若直接进行相关处理，其时间分辨率仅为采样周期，分辨率不是很高；若要得到较高的时间分辨率和测量精度，可对这两组数字量进行插值，然后将插值后的两组数字量进行相关处理[107]。

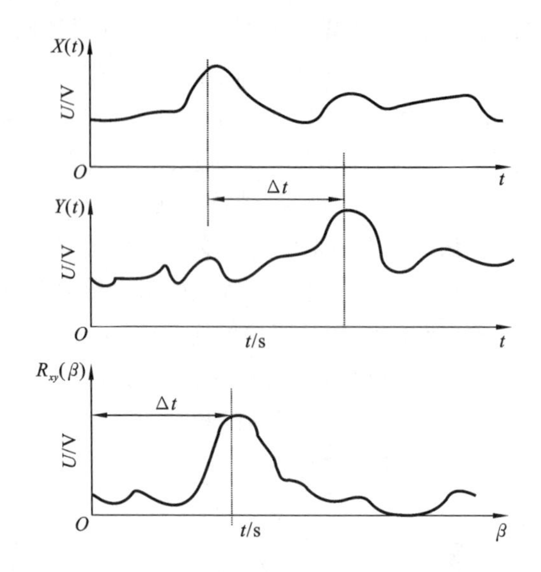

图 2.11　两路接收信号及互相关函数

2.4.3　插值原理

若将数字信号 $X(n)$的采样频率提高 L 倍，得到 $v(n)$，则需要对信号进行插值处理，具体原理如图 2.12 所示。常用的简单方法就是在 $X(n)$的每相邻的两个点之间补 $L-1$ 个 0，然后再对该信号经过低通滤波处理，即有公式如下：

$$v(n)=\begin{cases}x(n/L), & n=0,\pm L,\pm 2L,\cdots \\ 0, & n\text{ 为其他}\end{cases} \tag{2.34}$$

记 $X(n)$和 $v(n)$的 DFT 分别为 $X(e^{jw_x})$和 $V(e^{jw_y})$，由于

$$w_x=\frac{2\pi f}{f_y}=\frac{2\pi f}{Lf_x}=\frac{w_y}{L} \tag{2.35}$$

因此
$$V(e^{jw_y})=\sum_{n\to-\infty}^{\infty}v(n)e^{jnw_y}\sum_{n\to-\infty}^{\infty}\frac{xn}{L}e^{jnw_y} \tag{2.36}$$

若令 $z=e^{jw_y}$，则 $V(z)=x(z^L)$。

$w(x)$的周期为 2π，$w(y)$的周期为 $2\pi L$。公式(2.36)说明 $V(e^{jw_y})$是将原来的信号 $X(e^{jw_y})$做周期的压缩。由图 2.12(a)和图 2.12(b)可以看出插值后，在原 w_x 的一个周期内，$V(e^{jw_y})$变成了 L 个周期，多余的 $L-1$ 周期为 $X(e^{jw_x})$的映像，需要低通滤波去掉，其滤波器频域为

$$H(e^{jw_y})=\begin{cases}C, & |w_y|\leqslant\pi/L \\ 0, & \text{其他}\end{cases} \tag{2.37}$$

则
$$H(e^{jw_y})=H(e^{jw_y})X(e^{jw_x})=X(e^{jLw_y}),\quad |w_y|\leqslant\pi/L \tag{2.38}$$

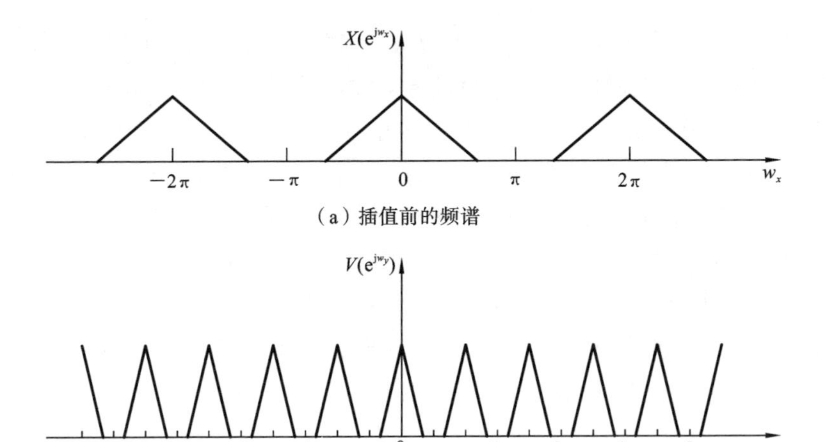

(a) 插值前的频谱

(b) 插值后的频谱

图 2.12 插值原理

因为

$$x_1(0)=\frac{1}{2\pi}\int_{-\pi}^{\pi}Y(e^{jw_y})dw_y=\frac{C}{2\pi}\int_{-\frac{\pi}{L}}^{\frac{\pi}{L}}X_1(e^{jLw_y})dw_y$$

$$=\frac{C}{L}\frac{1}{2\pi}\int_{-\frac{\pi}{L}}^{\frac{\pi}{L}}X_1(e^{jLw_x})dw_x=\frac{C}{L}x(0) \tag{2.39}$$

所以应取 $C=L$,保证 $y(0)=x(0)$。因此有

$$H(e^{jw_y})=\begin{cases}L, & |w_y|\leqslant\pi/L\\0, & \text{其他}\end{cases} \tag{2.40}$$

其算法流程图如图 2.13 所示。

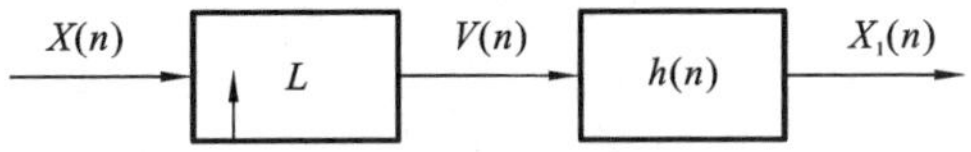

X(n) → [L↑] → V(n) → [h(n)] → $X_1(n)$

图 2.13 算法流程图

2.4.4 基于互相关法的超声波流量计在时差计算中的研究

1. 互相关法在时差计算中的应用

在超声波流量计的测量过程中,首先需要获取发射端和接收端的超声波信号。这些信号被采样并转化为离散的电压值点。计算流量时,需要使用 Matlab 进行互相关函数的运算,以确定这两个信号之间的时间差。互相关函数是描述两个信号相似度的函数,离散的互相关函数如下式所示:

$$R_{xy}(j)=\frac{1}{N}\sum_{i=1}^{N}x(i)y(i-j),\quad j=1,2,3,\cdots,N \tag{2.41}$$

发射端对超声波周期信号 $x(t)$进行采样，得到离散化的周期序列 $x(n)$；相应地，接收端也对超声波周期信号 $x(t)$进行采样，得到离散周期序列 $y(n)$。这个公式表明，互相关函数是通过将一个信号与另一个信号的移位版本相乘，然后累积相加，最后除以采样点数 N 的方式得到的。互相关计算考虑了所有可能的滞后情况，从最大负滞后到最大正滞后，因此由两个采样点数均为 N 的信号计算出的互相关函数将会有 $2N-1$ 个点。当采样所用时间为 100 μs、采样点数 N 为 10000 时，可以算出采样间隔为 0.01 μs，互相关计算后的序列的点数为 19999。该结果以原点为基准，采样间隔设定为 0.01 μs，横坐标的覆盖范围为从 −100 μs 到 +100 μs 的区间。互相关函数波形的峰值对应的采样点坐标，即为两个信号之间的时间延迟量。

2. Matlab 计算相关函数过程

对超声波信号完整采样 4 个周期，总采样时长为 100 μs，并获取了 10000 个采样点，据此计算相邻采样点之间的时间间隔就是 0.01 μs。采样得到的离散点信息以.DAT 文件的形式导入 Matlab，便于后续的分析与处理。在 Matlab 中，这些离散的采样点被连接成一个连续的波形，显示为一个正弦波信号。图 2.14(a)、图 2.14(b)显示的是超声波探头在发射端和接收端的信号。从图中可以看出，发射端和接收端的信号均包含 10000 个采样点，每一个采样点代表一个特定时间点的

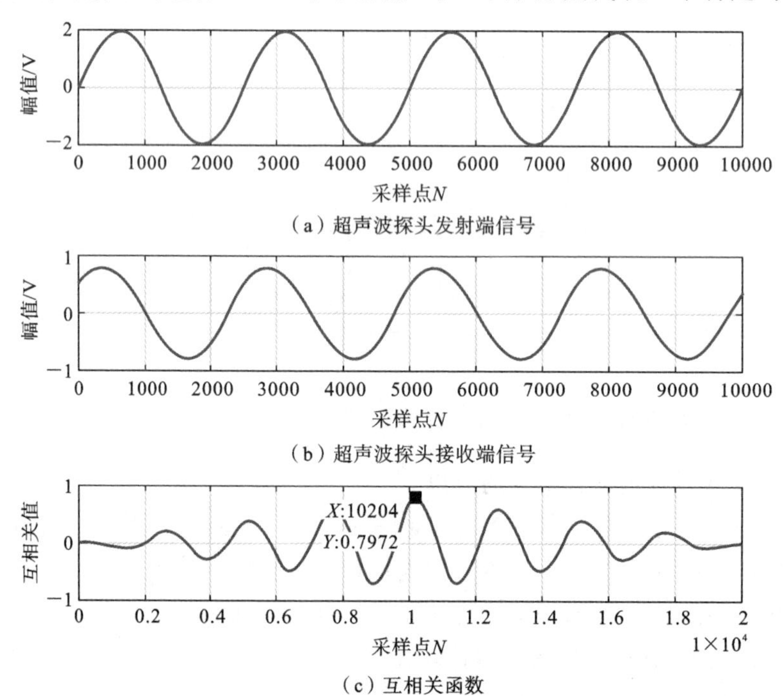

(a) 超声波探头发射端信号

(b) 超声波探头接收端信号

(c) 互相关函数

图 2.14 接收到的采样图形和互相关计算后的序列图

电压瞬时值。通过将这些点连接起来，可以重构原始信号的波形。虽然这些点能够大致连接成一个波形，但由于采样频率有限，可能无法完全重现原始信号的连续特性，因此在图中可能会看到一些波动。

超声波探头发射端信号如图 2.15(a)所示，超声波探头接收端信号如图 2.15(b)所示。这两个信号经过采样，得到两个包含 10000 个采样点的离散信号，通过 Matlab 进行互相关计算，生成由离散的点组成的互相关函数，将这些点连接起来，即可得到如图 2.15(c)所示的互相关函数曲线。由于互相关计算考虑了信号间所有可能的相位偏移，从最大负偏移到最大正偏移，结果生成了$(2N-1)$个点。对于两个均为 10000 个点的信号，互相关计算后的点数为 19999 个。这是因为考虑了两个信号从完全不重叠到完全重叠的所有情况。在互相关曲线中，互相关函数的最大值便是两个信号在某个特定时间偏移下的最大相似度。然而，项目课题的需求是不仅要找到信号最相似的点，还要通过计算互相关函数峰值的时间坐标，来获得两个信号最相似时的时间差。需要将图 2.14 中横坐标的点数换算成时间。在互相关计算后，生成的每个点之间的时间间隔仍然是 0.01 μs，因为互相关函数计算的结果也是基于相同的时间步长的。因此互相关计算横轴范围从 −100 μs 到 +100 μs。如图 2.15(c)所示，互相关函数峰值对应的时间是 2.04 μs。

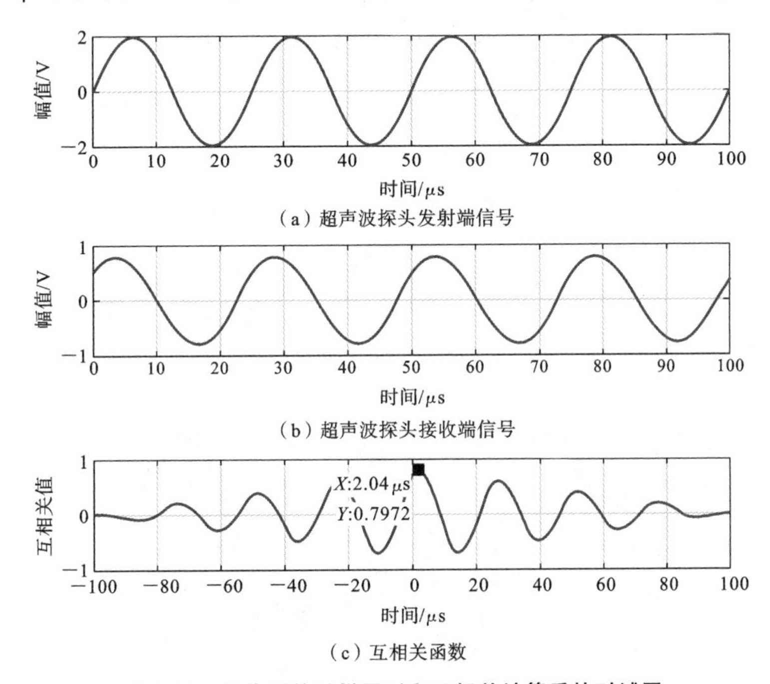

(a) 超声波探头发射端信号

(b) 超声波探头接收端信号

(c) 互相关函数

图 2.15 接收到的采样图形和互相关计算后的时域图

3. 采用互相关法仿真

使用 Matlab 仿真超声波生成的发射和接收信号，模拟实际情况中的延时效果。通过组合等振幅和振幅渐变的正弦波，生成了具有复杂特征的发射信号。发射和接收信号频率均为 40 kHz，并控制两个信号的延时为 6.60 μs。仿真生成的波形图如图 2.16 所示，信号前 3 个周期的振幅保持恒定，后 5 个周期振幅逐渐减小。图中实线曲线为发射信号，虚线曲线为接收信号。

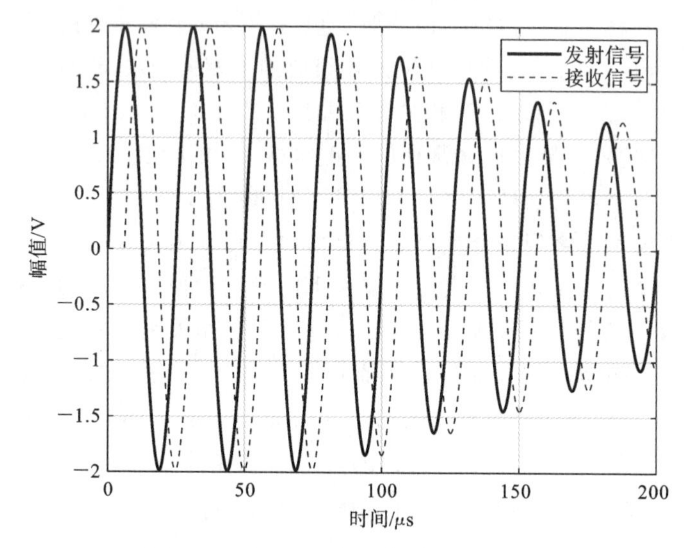

图 2.16　超声波发射与接收信号仿真图

对采样后的发射信号和接收信号进行互相关计算，图 2.17 所示为互相关计算仿真图，$N=-5$ 时，互相关函数值达到最大，即找到了两个信号相似度最高的点，其对应的时间是流量计算所需要的飞行时间差。

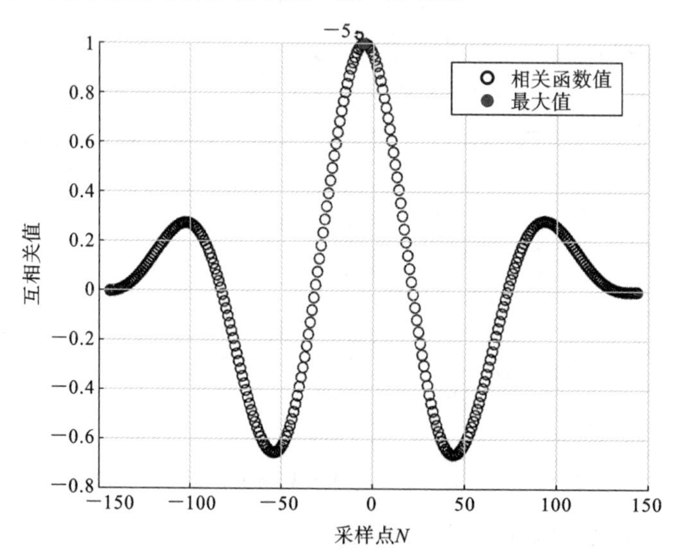

图 2.17　互相关计算仿真图

将图2.17中横坐标的点数换算成时间。因为发射和接收信号均采样145个点，互相关计算采样点数为2N－1个，即289。相邻采样点时间间隔为1.25 μs，则互相关计算时间范围为从－190 μs到＋190 μs。从图2.18互相关计算时差结果图可知，波峰对应的时间差为－6.60 μs，与设计的延时相等。

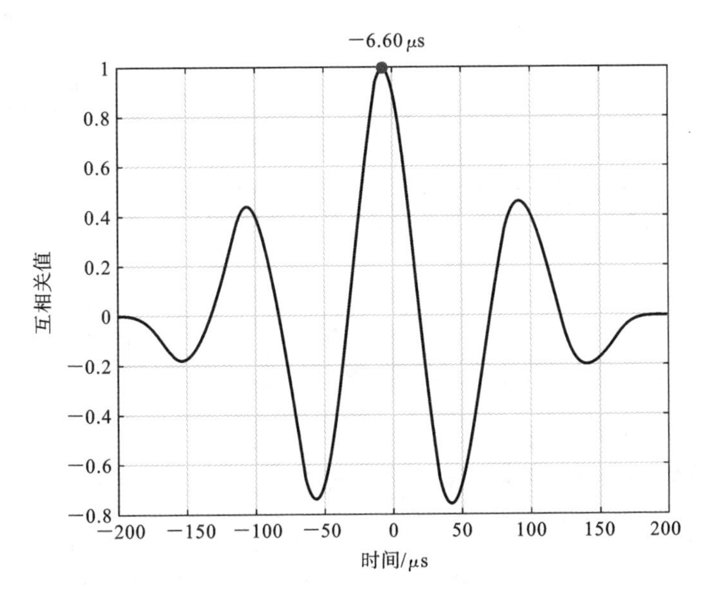

图2.18 互相关计算时差结果图

2.5 本章小结

本章研究了时差法气体超声波流量计的基本工作原理，从中分析了影响超声波气体流量测量精度的各种因素。作为多声道超声波气体流量测量方法研究的基础研究，主要完成了 n 值的计算和流速修正系数的计算与仿真工作，分析了 K_C 及其对测量精度的影响，为第3章的研究工作打下了基础。

3

超声波流量计结构设计

3.1 插入式超声波流量测量管道结构设计与仿真研究

3.1.1 插入式超声波流量测量管道结构设计

插入式超声波流量测量技术是一种较为高效、精确的流量测量方法，已被广泛应用于工业生产和科研中。对于其中的测量管道结构的设计与仿真研究，是确保测量准确性和系统整体稳定性的重要方法。插入式超声波流量测量管道结构设计与仿真研究涉及多个方面，包括流体动力学、超声波传播、结构力学等。通过合理的设计和精确的仿真，可以有效提升流量测量的准确性和系统的可靠性。

图 3.1 所示的是一种常用的插入式超声波流量计，其作用机理是在管道两侧安装一对超声波传感器，通过检测并计算超声波脉冲在流体顺流和逆流速度的差异实现对流量的精确测定。测量过程中，传感器以相向方式交替发射和接收超声波，信号在流体中顺流传播时要比在逆流传播快；而流体静止时，时间差为零。因此测量超声波在顺流和逆流中传播的时间，即可得到时差 t，根据 t 与流速 V 的关

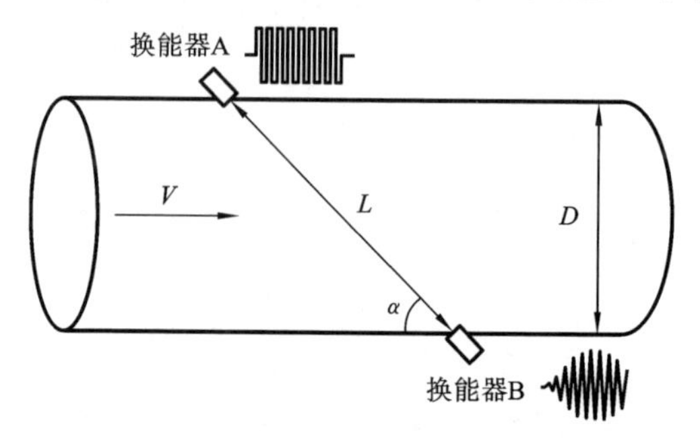

图 3.1　普通插入式超声波流量计

系，间接地测量出流体的平均流速，从而根据管道截面积计算出体积流量 Q。

流体通道设计要考虑流体流速和流量范围，其中管道设计需要更侧重于流体的流速范围，以确保流量测量的准确性。流体流速过高或过低最终都会影响超声波信号的传播特性。

管道尺寸即管道的内径需与被测管道的内径匹配，以减少对流体流动的扰动，从而避免影响最终测量效果。管道结构中的支撑结构应选择耐腐蚀、耐磨损的材料以延长使用寿命；同时需要合理设计，以保证其在高流速或高压力下的稳定性。超声波换能器需要根据应用需求选择合适的超声波换能器类型（如导波式或反射式），然后选择适当的位置安装超声波换能器，以确保超声波信号能够有效地穿过整个管道。

除了以上因素的影响，浙江大学的唐晓宇[108]等学者所做的研究还有：在 90°弯管和 180°弯管条件下，非理想流速分布对超声波流量计各个声道的影响，尤其是对流速测量和流量计精度的影响。张志君、祝飘霞[109]等学者在前人研究的基础上，利用 CFD 仿真技术对超声波换能器安装角度在 30°～60°之间的 7 个角度（每隔 5°）进行了仿真分析。结果表明：不同安装角度影响声道中凹槽部分的流速分布，同时分析了仿真流速与理想流速的相对误差，得到设计的 DN80 管径气体超声波流量计的最佳换能器安装角度为 50°。

3.1.2 插入式超声波流量测量管道仿真研究

仿真研究从流体动力学仿真、超声波传播仿真和结构力学仿真这三方面考虑。利用 CFD（计算流体力学）模型，可以对流体在管道内的流动进行仿真模拟，进而分析流速分布、湍流等因素对超声波信号传播的影响。在仿真过程中应检查流体中可能存在的涡流、气泡等，尽量避免对超声波测量的干扰。

本书以换能器不同安装角度对流速分布的影响为例，若管道的流量计的表体总长 $L=230$ mm，直径 $D=80$ mm。将换能器的安装角度设为 30°～60°，每隔 5°建立一个仿真模型，不同安装角度如图 3.2 所示。为了减少 ANSYS 软件进行仿真时计算机内存损耗和运算量，可以对气体超声波流量计的 CFD 模型进行一定简化，只考虑建立流量计的壳体内径和换能器的模型，其余暂且忽略。

几何模型分为三部分：前管道、气体超声波流量计、后管道。其中，前、后管道采用结构网格，中间气体超声波流量计采用四面体网格，在连接处采用 Interface 面连接，并对连接面的网格加密。其中出口和入口直管道采用结构网格为六面体网格，最大网格尺寸设置为 2，Spacing1（第一层边界层网格间距）的为 1.5，Ratio1（第一层边界层网格增长速度）的为 2，Spacing2（第二层边界层网格间距）的为 1.5，Ratio2（第二层边界层网格增长速度）的为 2。气体超声波流量计表体段最大

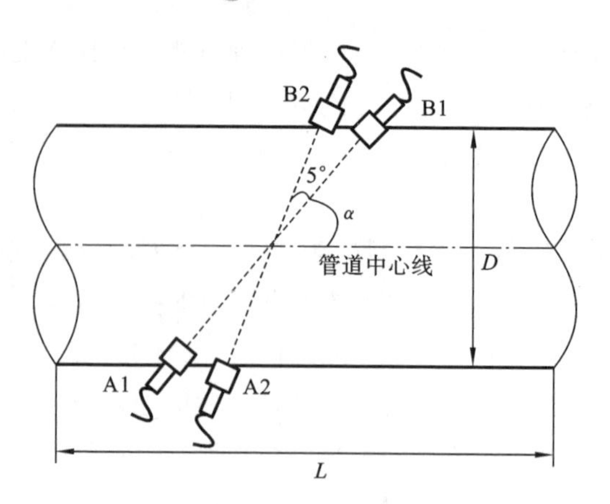

图 3.2　换能器不同安装角度示意图

网格尺寸为 5；对换能器的网格进行局部加密，最大网格尺寸为 1.5；对交界面网格进行局部加密，使网格尺寸保持为 2。由于靠近壁面的速度梯度较大，故采用了边界层网格，采用指数形式增长规律，Initial Height（初始高度）设置为 0.1，Height Ratio（边界层每层的比例）为 1.2，Number of Layers（边界层层数）为 3，Total Height（边界层总高度）为 0.7。最终得到网格总数量为 150 万左右。以 DN80 四声道换能器安装角度 50°为例，其网格划分结果图如图 3.3 所示。

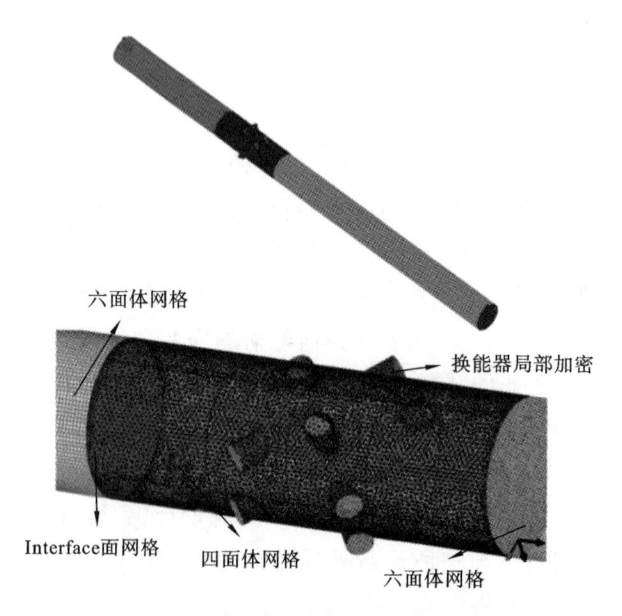

图 3.3　建模模型

为了能更好地了解不同安装角度下的管道内流体分布情况，以安装角度是 30°和 50°的两种情况为例，入口流速为 10 m/s 时一、三声道的速度云图如图 3.4

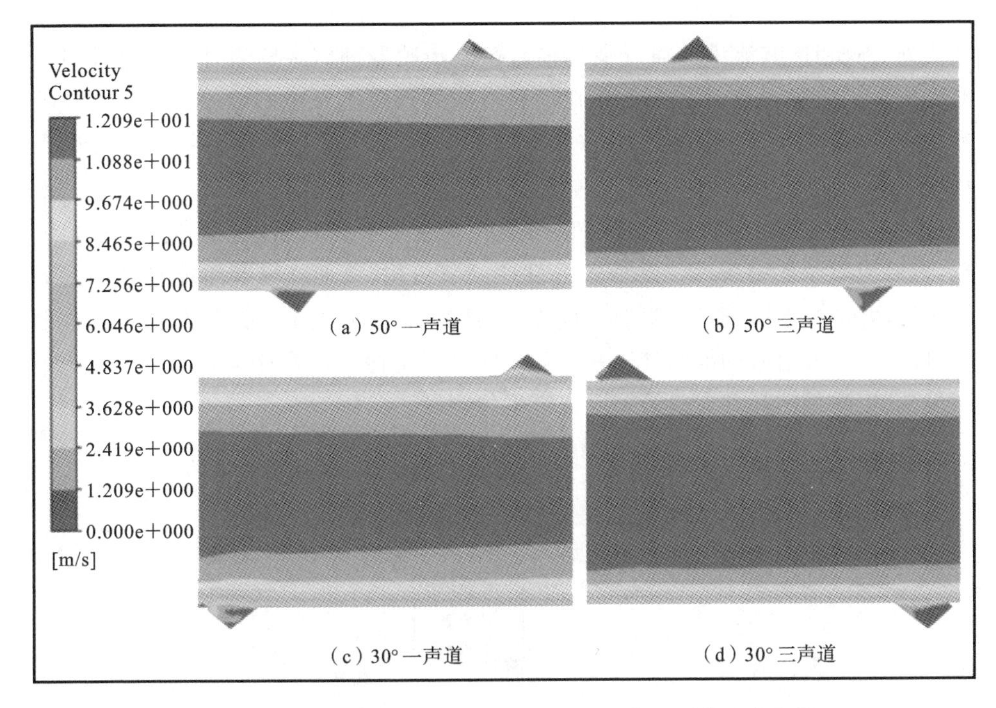

图 3.4 入口流速为 10 m/s,安装角度为 50°和 30°的速度云图

所示。

观察图 3.4 可以得到结论,不考虑换能器的凹槽结构,在 xy 平面上的流速分布以对称性为主,而且由这两种安装角度所表现出的情况可以发现,一声道的大流速区域都要小于三声道。值得注意的是,换能器凹槽部分的流速分布并不相同;如果凹槽内存在严重的流速波动,同样会对超声波信号的传播产生影响,从而导致流量测量的误差。从图 3.4 可以看出,安装角度为 50°和 30°时,一声道凹槽部分的流速波动明显大于三声道;而且安装角度为 30°的凹槽内产生旋涡的现象更加明显和严重,甚至在三声道的下游边角也有旋涡产生。而这些现象说明换能器安装角度不同,其凹槽部分的流速波动也不同。

3.2 外夹式超声波流量计结构与仿真研究

3.2.1 外夹式超声波流量计结构

外夹式超声波流量计属于非侵入式流量测量工具,广泛应用于各种管道流体流量的监测中。其主要优势在于无须切割或改动管道,从而减少了安装成本和维护难度。外夹式超声波流量计利用超声波信号在流体中的传播时间差来测量流速。

外夹式超声波流量计通过夹具将超声波传感器固定在管道外部。设计时需要确保夹具能稳固地夹紧在不同管径和材质的管道上。传感器通常包括发送器和接收器,需要合理配置它们的安装位置以优化超声波信号的传播路径和测量精度。

外夹式超声波流量计的支撑和固定装置通常选择耐腐蚀、耐高温的材料制造,以适应不同环境条件。此外还需设计调节机构,以便在安装时能够精确对齐传感器,并适应不同管径的管道。该传感器应设计高效的电气连接和信号处理系统,确保超声波信号的准确传输和处理。同时在功耗与热管理等方面持续优化电路设计,以降低功耗并有效管理系统产生的热量。

外夹式超声波流量计结构如图 3.5 所示。

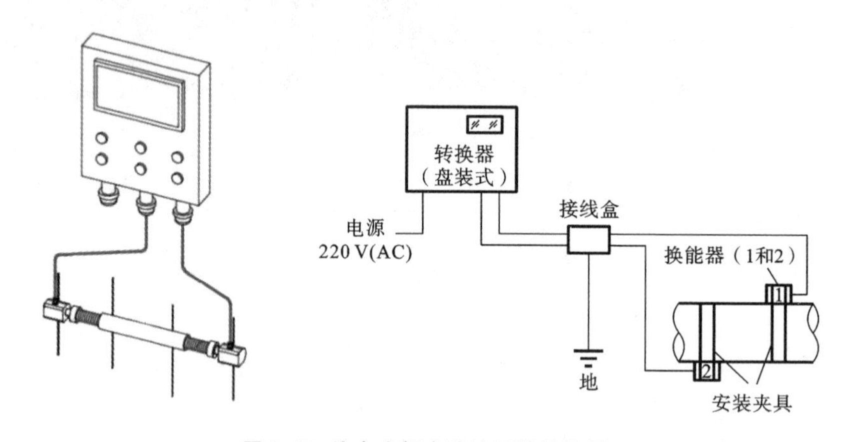

图 3.5　外夹式超声波流量计结构图

外夹式超声波流量计是流量计的一种,其检测探头无须接触管道内流动的介质,只需贴附在管道外表面上,就可以利用超声波技术来实现流体流速测量。

通常而言,标准的安装外夹式超声波流量计的方法是 V 形法,安装时要求两个检测探头水平对齐,并确保两个检测探头所形成的直线与管道轴线平行排列。而由于外夹式超声波流量计的两个检测探头是分开的,因此在将检测探头固定于管道上时,通常是分开固定的,所以往往无法精确地把控两个检测探头所形成的直线是否与管道的轴线相平行,因此会导致两个检测探头在安装后位置上存在一定的误差,影响检测精度。

3.2.2　外夹式超声波流量计仿真研究

外夹式超声波流量计的仿真研究涉及对该流量计的工作原理和性能进行建模和模拟,以优化其设计、提高测量准确性或评估其在不同工况下的表现。

应用数值模拟建模，建立流体流动、超声波传播的数学模型，包括流体动力学方程和声学方程。计算流体动力学即 CFD 工具对流体流动进行建模。这些工具可以模拟流体的湍流、流速分布等，对超声波的传播影响进行分析。在 CFD 的基础上，进行声学分析，模拟超声波信号的传播和反射。可以使用声学仿真软件（如 COMSOL Multiphysics 的声学模块）来完成。对超声波传感器的结构进行有限元分析（FEA），以了解其在不同工况下的性能表现。FEA 可以帮助分析传感器的热膨胀、振动等对测量结果的影响。在仿真中考虑传感器与管道的接触情况，以评估其对超声波传输的影响。

在实验室中使用流量测试台对流量进行实际测量，并将结果与仿真结果进行对比，以验证仿真模型的准确性。根据实验结果调整仿真模型的参数，以提高其预测精度。通过仿真优化传感器的位置、夹具设计和安装方式，以提高测量的准确性和稳定性。在仿真中模拟不同故障情况（如气泡、固体颗粒），评估其对流量计性能的影响。在实验过程中，需要考虑流体的物理性质（如温度、压力），因为这些性质会影响超声波的传播速度。此外，真实环境中的噪声和干扰可能影响超声波信号的质量，也需要通过仿真和实验来优化信号处理算法。

以 COMSOL Multiphysics 5.6 软件进行模型搭建与仿真分析为例，通过仿真可分析出不同角度、不同管道材料、不同管径、不同超声波频率和不同安装方式对超声波传播的影响[110]。超声波流量测量搭建模型示意图如图 3.6 所示，为了提高三维模型求解的计算效率，我们通常通过对称的方式来模拟一半通道来代表整个模型，在模型的构建过程中，需要考虑不同管道材料对超声波折射角度的影响，还应考虑在不同管径下两个换能器安装的不同水平位移距离等问题。

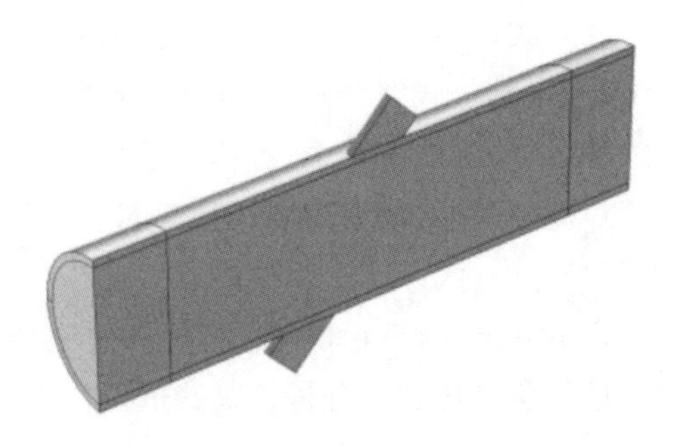

图 3.6 超声波流量测量模型搭建示意图

为了满足测量不同管径的普遍需求，在进行超声波流量测量时，我们应该采用不同工作频率的超声波换能器和不同的换能器安装方法。常用的安装方式包括 V 形、Z 形、N 形和 W 形等，为了研究不同换能器的安装方式对超声波传播信号的影响，进行相关研究是必要的。本书主要以 Z 形换能器安装方式的建模仿真为例来进行展示。

在 COMSOL Multiphysics 5.6 软件中,使用的“对流波动方程,时域显式”接口模块,在其默认情况下会将四次函数作为其公式构成的组成部分。其中对波动问题的求解,间断伽辽金法被证明是一种高效的方法。间断伽辽金法简化了大型模型中的网格划分问题,可以采用波长一半大小的自由四面体网格,最后求解整个模型。在实际的网格划分中,我们通常将网格单元大小设置为 1/2 波长和 2/3 波长之间的任意值,用来获得适当的空间分辨率。在利用时域显式求解模型时,时域显式方法的内部时间步进大小由 CFL 条件严格控制,因此,模型中最小的网格单元控制着时间步长,在设置自由四面体网格单元时要控制最大单元大小和最小单元大小。在 COMSOL Multiphysics 5.6 软件中,针对“对流波动方程”的时域显式接口,其内部时间步长是根据网格的精细程度以及物理特性自动进行选择的。图 3.7 所示为以 Z 形安装方式为例研究背景流速和声学时的网格划分。

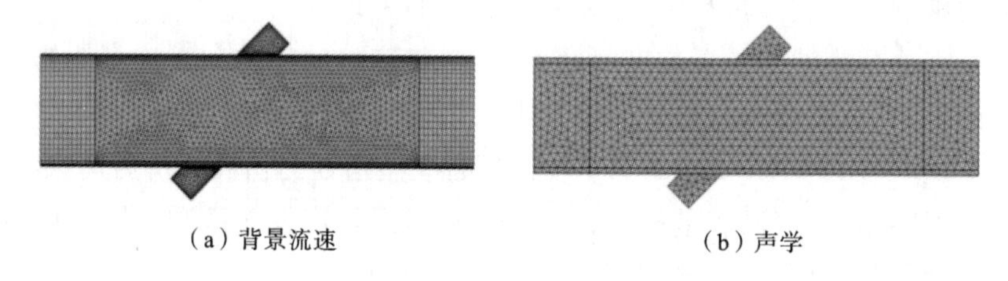

(a) 背景流速　　(b) 声学

图 3.7　不同研究背景流速和声学时的网格划分

在模型构建完成后需要设置物理场,其中,管道中的液体域设置为层流或湍流物理场,用来模拟实际使用过程中管道中的流体;管道中的液体域、管道和管道两侧的换能器设置为“对流波动方程,时域显式”物理场,用来模拟超声波的传播[110]。在“对流波动方程,时域显式”物理场设置中,管道两端被定义为声阻抗边界,以便截断计算。在层流或湍流的仿真中,流体入口位于左侧,流体出口位于右侧。管道下侧配备了超声波发射器,而上侧则为接收器。在发射器一端施加法向速度,用于发射超声波信号。

在使用 COMSOL Multiphysics 5.6 软件进行超声波流量测量仿真时,首先需要对管道内的流体状态进行建模仿真与分析。以管道外径 15 mm、管壁厚度 0.75 mm 的 PVC 管道为例,对其分别进行了层流和湍流的仿真。层流仿真使用了 COMSOL Multiphysics 5.6 软件中的“层流”模块进行物理场设置,湍流仿真则使用了“湍流,k-ω”模块进行设置。图 3.8 展示了层流和湍流条件下背景流速的幅度情况。

从图 3.8 可以看出,在层流状态下,管道内的各部分流速几乎一致,都接近于背景流体的平均流速。而根据图示,管道中心的颜色比较深是流速较高的表现。

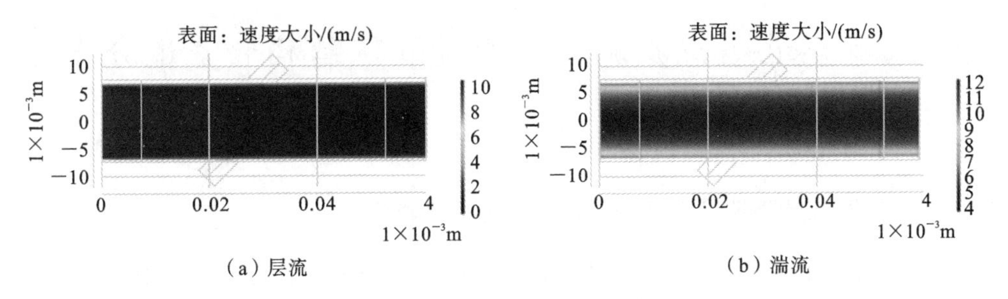

(a) 层流

(b) 湍流

图 3.8 不同流体状态下背景流速幅度情况

为了更清楚地展示管道中各部分的流速，选择了管道中的截线来绘制背景流速曲线，图 3.9 展示了层流和湍流状态下的背景流速曲线。

对管道外径为 15 mm、管壁厚度为 0.75 mm 的管道进行了仿真分析。使用“层流”模块的仿真结果如图 3.9(a)所示，可以看出层流状态仅在管道表面 5 mm 范围内存在流速过渡现象，而其他位置的流速均约为 10 m/s，这表明流体因管道摩擦在接近管壁处出现了流动滞后现象。相对地，使用“湍流，k-ω”模块的仿真结果如图 3.9(b)所示，可以看出在平均流速为 10 m/s 的条件下，管道壁附近流速约为 4.5 m/s，管道中心区域流速可达约 12.2 m/s，流速分布呈抛物线形。

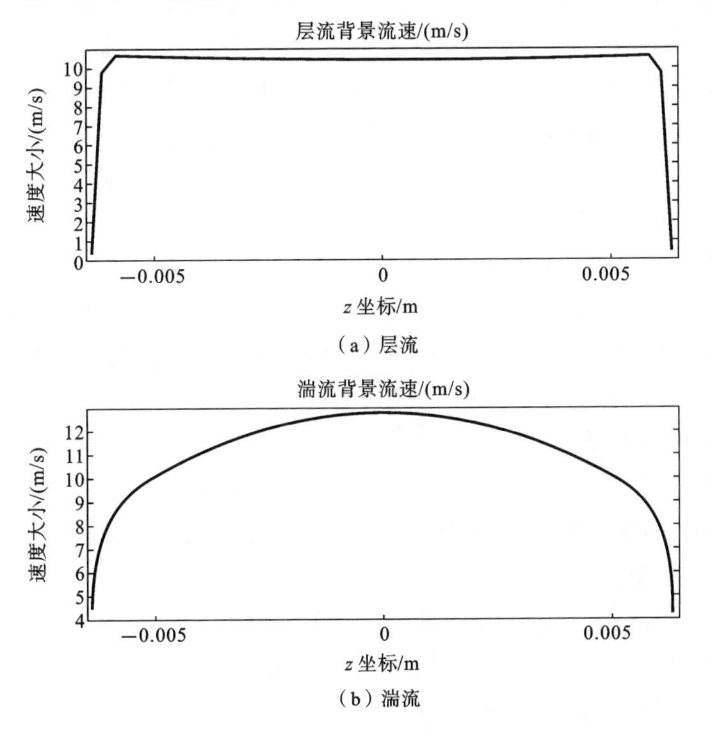

(a) 层流

(b) 湍流

图 3.9 不同流体状态下背景流速曲线

3.3 多声道超声波流量计测量管道结构和声道分布与仿真研究

3.3.1 多声道超声波流量计测量管道结构和声道分布

多声道超声波流量计是利用声波传播原理来测量流体流量的高精度仪器。相比单声道流量计，多声道设计通过多个声道来提高测量精度和响应速度。测量管道的结构设计是确保流量计性能的关键因素。

设计多声道超声波流量计的测量管道时，首先要考虑以下三个基本原则。

(1) 流体流动均匀性：管道设计应使得流体流动均匀，避免因局部湍流或流动不均造成的测量误差。

(2) 声波传播特性：管道设计应确保声波在整个管道内能够均匀传播，并减少因管道壁面或流体特性等因素引起的声波衰减或干扰声波传播。

(3) 传感器布置：声波发射器和接收器的位置和布局需要合理安排，以确保获得准确的测量数据。

管道的几何形状和尺寸对声波传播有直接影响。管径的选择应根据管道公称压力、介质最高压力、介质温度、流量范围、流量计的使用性能最佳为流量范围。较大的管径可以减少对流体流动的干扰，但也可能导致声波衰减。一般情况下，管径应根据流体的流量和流速进行合理选择。

管道的长度对流体的流动均匀性有重要影响。一般来说，管道长度应足够长，以确保流体能够充分稳定流动，减少入口和出口流动对测量的影响。

多声道超声波流量计的整体结构示意图如图 3.10 所示。

多声道气体超声波流量计外形尺寸如图 3.11 所示，其尺寸要求包括公称通径 DN(mm)、长度 L(mm)、高度 H(mm)、宽度 D(mm)、流通内径 Φd(mm)和螺丝孔 Φ-n。流量计采用法兰连接，法兰尺寸执行《GB/T 9124.1—2019 钢制管法兰 第 1 部分：PN 系列》。

该型多声道气体超声波流量计，采用高抗噪设计技术及内置三级板式整流器或其他结构内置整流器，超声波流量计的前直管道和后直管道需满足图 3.12、图 3.13 所示的要求。

单向气体超声波流量计(带内置整流器)，沿流体方向，前直管道长度≥5D，后直管道长度≥3D。单向气体超声波流量计(不带内置整流器)，沿流体方向，前直管道长度≥10D，后直管道长度≥5D。

双向气体超声波流量计(双向型不带内置整流器)，沿流体方向，建议前直管道

图 3.10 多声道超声波流量计的整体结构示意图

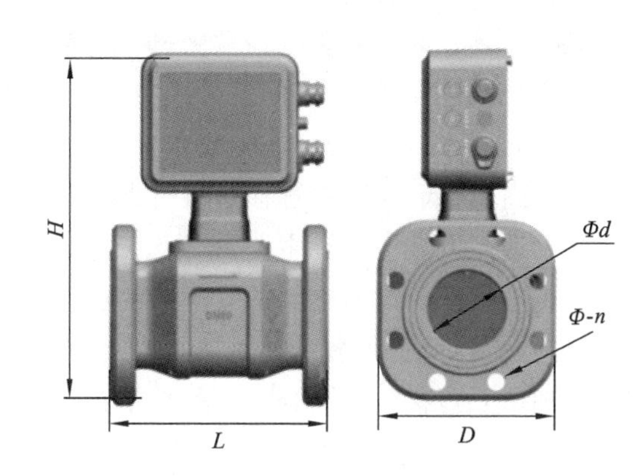

图 3.11 多声道气体超声波流量计(4 个声道)外形尺寸图

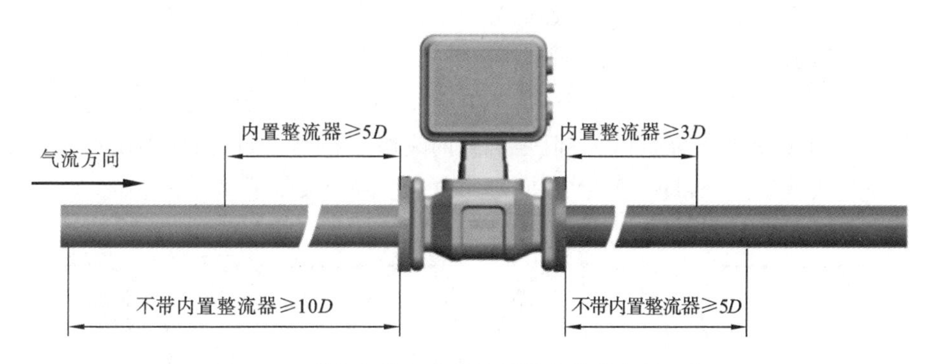

图 3.12 单向气体超声波流量计直管道安装示意图

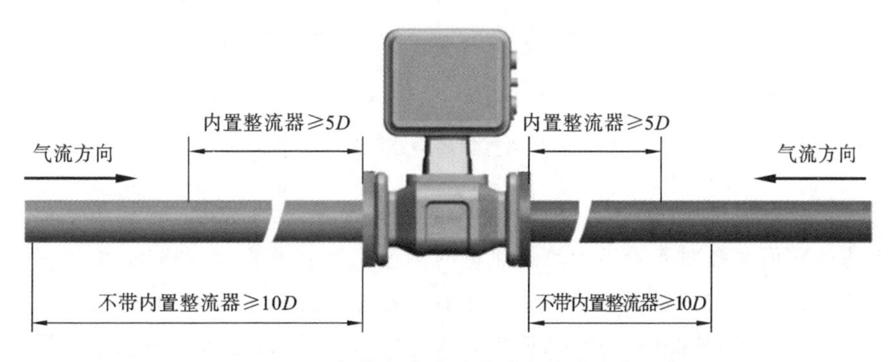

图 3.13 双向气体超声波流量计直管道安装示意图

长度≥10D,后直管道长度≥10D。双向气体超声波流量计(双向型内置整流器),沿流体方向,建议前直管道长度≥5D,后直管道长度≥5D。

除了外形结构尺寸方面的考量,测量管道的材料选择对声波传播及流体流动的影响也很重要。管道材料应具有低声波吸收特性，以减少声波在传播过程中因材料吸收而导致的信号衰减。常用材料包括不锈钢、特种塑料和合成材料。材料选用需要与流体介质兼容，防止材料在长期使用中出现腐蚀或反应。对于腐蚀性强的流体介质，通常选用不锈钢或合金等耐腐蚀材料。安装环境的各种因素如温度、湿度、高压、低压等，在选择材料时也需要加以考虑。

多声道超声波流量计主要由以下各部分组成：用于发射和接收超声波信号的超声波传感器，对称的、交叉的或环形的声道配置，将超声波传感器固定在管道上的管道适配器，负责处理从传感器接收到的超声波信号的信号处理单元。其中，信号处理单元包括放大器、滤波器、数字转换器等组件，用于将模拟信号转换为数字信号，并计算流速。

超声波换能器的声道在测量管道中的布置方式很多，主要包括平行布置方式、平行/交叉布置方式、交叉布置方式和网络布置方式，如图 3.14 所示。平行布置方式可以充分地反映管道中流速的分布情况；交叉布置方式可以通过对比交叉的两个声道流速情况来减小系统误差，因此这两种声道布置方式在实际中得到了广泛的应用。网络布置方式采用反射的方式增加了超声波的传播距离，能够充分地反映管道中的流速分布情况，但是信号的衰减也极为严重，因此多用在实验室环境下的实验研究。目前，国际上使用较多的是平行、交叉布置方式。

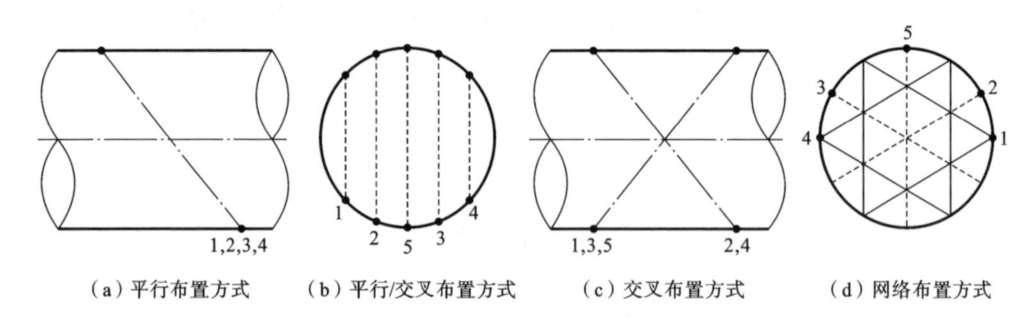

(a) 平行布置方式　(b) 平行/交叉布置方式　(c) 交叉布置方式　(d) 网络布置方式

图 3.14　多声道气体超声波流量计布置方式

无论选择何种布置方式，最终目的都是提高流量计的性能。声道位置以及每个声道的权值系数对于管道中流体流量的测量精度有着直接的影响，为了研究更优的声道的布局以及声道权值分配，许多学者对此进行了研究，并提出了一系列数据融合方法，如神经网络算法、遗传算法等，但这些新方法多停留在理论研究阶段。目前，比较常用的声道布局方案有高斯-勒让德、切比雪夫、Tailored 以及 OWICS 等声道布局方案，每一种方案的声道相对位置及其权值系数都是固定的，可以通过查表获得，在进行多声道气体流量测量时，这些布局方案都有较好的效果。

3.3.2 多声道超声波流量计仿真研究

多声道超声波流量计的测量管道声道仿真研究旨在优化流量计的设计和性能。流量计通过声波在流体中的传播来测量流量。传统的单声道流量计可能面临测量精度和响应速度的问题，多声道设计则通过增加多个声道（通常包括发射和接收传感器）来改进和解决这些问题。

在声道仿真研究中，首先需要建立流体和声波传播的数学模型。常用的模型包括声波传播方程和流体动力学方程，这些模型可以通过有限元分析（FEA）或计算流体动力学（CFD）进行数值求解。创建流量计的三维几何模型（包括管道和声道）时需考虑流体的物理性质和流动状态。根据实际应用设置流体入口、出口、管壁以及声道的边界条件。这些条件对仿真结果的准确性至关重要。对模型进行网格划分，将计算区域划分为小的单元，以提高数值计算的精度。使用仿真软件（如 ANSYS、COMSOL Multiphysics 等）进行计算，求解声波在流体中的传播特性及其与流体流动的耦合效应。分析仿真结果包括声波的传播路径、声速变化、流体速度分布等。通过对比不同声道设计的仿真结果，可以优化声道布局，提高测量精度和灵敏度。

管道内所测量气体组分的不同，将对流场的流动状态产生影响。本章将对不同气体组分在管道流动状态进行数值模拟，并分析其对流量系数的影响，从而对超声波流量计流量测量进行补偿。

1. 管道内流场分析

不同组分的流体，具有不同的物理特性，在相对稳定的外部环境下，管道内的流场流速分布很难用准确的数学模型来表示，通过分析管道内测量组分的变化，研究不同组分对流场的影响具有重要意义。

1）流体的物理特性

流体的物理特性包括流体的密度、黏性和流体流动的状态（用雷诺数来区别）。

（1）流体的密度。在均匀的流体介质中，单位体积的流体所具有的质量称为流体的密度，通常用 ρ 表示：

$$\rho = m/V \tag{3.1}$$

式中：ρ 为流体的密度（kg/m^3）；m 为流体的质量（kg）；V 为流体的体积（m^3）。

任何一种气体，因为其组分的不同，都有其特定的密度。在自然界中经常能遇到混合气体，空气、天然气都是混合气体。混合气体的密度可按照各个组分气体所占的体积百分比来计算，混合气体的密度公式如下：

$$\rho_m = \sum_{i=1}^{n} a_i \rho_i \tag{3.2}$$

式中：ρ_m 为管道内混合气体的密度；a_i 和 ρ_i 分别为混合气体的第 i 种组分所占的百分比和密度（$i=1,2,\cdots,n$）。

（2）流体的黏性。流体的黏性是指流体黏附于某种物体或物质的性质，呈现了管道内流体的内摩擦参数，流体的动力黏度计算表达式为

$$\mu=\frac{\tau}{\mathrm{d}u/\mathrm{d}y} \tag{3.3}$$

式中：μ 为管道内流体的动力黏度（Pa·s）；u 为管道内流体不同流层的流动速度（m/s）；y 为管道内不同流层之间的距离（m）；τ 为单位面积内流体的内摩擦力（Pa）。

在实际应用中，为了更加准确地对管道内流体的运动状态进行描述，通常用运动黏度来表示流体的流动状态。运动黏度的表达式为

$$v=\frac{\mu}{\rho} \tag{3.4}$$

式中：v 为管道内流体的运动黏度（m^2/s）。通过式（3.4），可以看出流体的运动黏度与流体的密度以及动力黏度有关。管道内测量介质组分不同，对应的运动黏度也会不同。

在自然界中，大多数气体都是混合气体，通常用 μ_m 表示管道内混合气体的动力黏度，其计算公式如下：

$$\mu_m=\frac{\sum_{i=1}^{n}a_iM_i^{1/2}\mu_i}{\sum_{i=1}^{n}a_iM_i^{1/2}} \tag{3.5}$$

式中：a_i 为管道内混合气体第 i 种组分气体所占的体积百分比；M_i 和 μ_i 分别为管道内混合气体第 i 种组分的摩尔质量和动力黏度（$i=1,2,\cdots,n$）。

（3）流体的雷诺数。理想的流体流动状态是指管道内气流的速度场在管道截面上的分布已经获得充分发展，管道内流场的流速分布分为层流和湍流两种状态，通常都是用雷诺数来区别流场的流动状态。针对本书所涉及的长直圆管，雷诺数 Re 的表达式为

$$Re=\frac{\rho Vd}{\mu} \tag{3.6}$$

通过式（3.6）可以看出，管道内雷诺数 Re 与管道流体的物理特性以及流体的流速有关。当 $Re<2300$ 时，流体流动受黏性控制，流动保持层流状态；随着 Re 增加，当 $Re>2300$ 时，黏性作用衰减，流体为湍流状态。

2）圆管内流速分布

圆管内流速分布包括充分发展的层流和湍流两种。

（1）圆管内充分发展的层流如图 3.15 所示。当管道内流体的流速较小时，雷

诺数 $Re<2300$，管道内的流体会分层流动，流体流动呈现层流状态。层流是一种相对比较稳定的流动状态，以长直圆管为例，管道内的流体达到稳定后，圆管内充分发展的层流的流速分布状态曲线呈现抛物线形，管道内的流体流速呈现两头小中间大的特征。

(2) 圆管内充分发展的湍流如图 3.16 所示。当管道内流体流速增大时，雷诺数 $Re>2300$，流体相互剧烈掺杂，管道内流动的气体充分发展后，流动状态呈现湍流状态。湍流的流动状态相对层流更为复杂，气体的流动也更加不规律，很难用严格的数学模型来进行表示，通常以经验估算的办法进行研究。

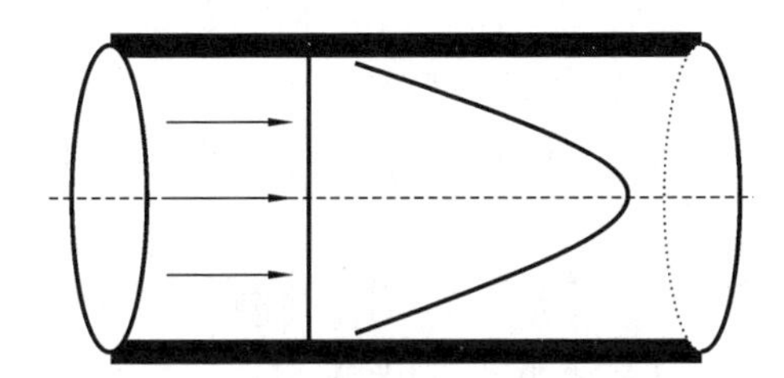

图 3.15　圆管内充分发展的层流

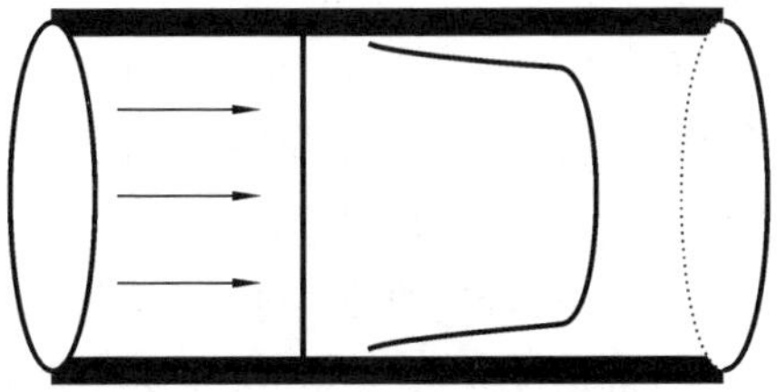

图 3.16　圆管内充分发展的湍流

2. CFD 数值模拟研究方法

为了研究不同气体成分下流场的变化，本节将针对安装在长直圆管上的 DN100 四声道超声波流量计进行 CFD 数值模拟研究，包括 CFD 模型选择、求解算法以及物理模型建立。

1) 计算流体力学原理

CFD 数值模拟利用计算机模拟时间和空间的流场状态，通过将整个计算域划分成一个个独立的离散点，构建流体力学相关计算模型，将离散点进行叠加计算，从而对流场状态进行计算求解，得到模拟的流场运动状态，并将流场的流动状态在计算机上显示出来。

计算流体力学的流体运动规律需要满足物理学中三大守恒定律，本书研究的对象是气体超声波流量计，在常温常压下，通常认为管道内的气体为不可压缩流体，其流动特性可以用质量守恒定律上的连续方程、动量守恒上的运动方程以及动力学第一定律的本构方程来描述。

$$\frac{\partial \rho}{\partial t}\frac{\partial}{\partial x_i}(\rho u_i)=0 \quad (\text{连续方程}) \tag{3.7}$$

$$\frac{\partial}{\partial t}(\rho u_i)+\frac{\partial}{\partial x_j}(\rho u_i u_j)=-\frac{\partial p}{\partial x_i}+\frac{\partial \tau_{ij}}{\partial x_j}+\rho_{\mathrm{g}} \quad (\text{运动方程}) \tag{3.8}$$

$$\tau_{ij}=\left[\mu\left(\frac{\partial u_i}{\partial x_j}+\frac{\partial u_j}{\partial x_i}\right)\right]-\frac{2}{3}\mu\frac{u_i}{x_j}\delta_{ij} \quad (\text{本构方程}) \tag{3.9}$$

式(3.7)、式(3.8)、式(3.9)中：ρ 为管道内流体的密度；p 为管道内流体受到的静态压力；u 为管道内流体的流动速度；ρ_g 为管道内流体受到的重力；μ 为管道内流体的动力黏度；τ_{ij} 为管道内流体的黏性应力张量，i、j 均为张量下标；δ_{ij} 为克罗内克符号，$\delta_{ij}=\begin{cases}0, & i\neq j\\ 1, & i=j\end{cases}$。

2）应用过程

CFD 应用过程主要包括 ICEM 模型建立和 Fluent 计算求解两个过程。

ICEM 模型建立主要包括建立几何模型、划分块/网格、合并网格、检查网格质量、定义边界、导出网格。通过在 ICEM CFD 建立 DN100 气体超声波流量计以及管道配件相对应的几何模型，划分块并且建立包含四面体和六面体的混合网格。CFD 数值模型结果的准确性，在于网格划分的质量，因此需要对本书所建立的混合网格进行检查，保证网格质量。最后定义混合网格相应的边界，导出 ICEM 中所建立的混合网格模型。

Fluent 计算求解主要包括导入网格模型、定义求解模型、设置材料及边界条件、初始化设置、迭代计算以及后处理。Fluent 计算求解是 CFD 数值模拟的关键阶段，第一，需要将 ICEM 中划分的计算域网格导入 Fluent 计算软件，并且再一次检查网格质量，选择正确的尺寸后，选择求解器，包括控制方程、运动方程等；第二，设置流体物理特性，如流体的密度、黏度等相关参数，定义计算域边界条件；第三，对整个计算域进行初始化，并且设置步长进行迭代计算；第四，进行后处理，得到仿真计算的结果。具体应用过程如图 3.17 所示。

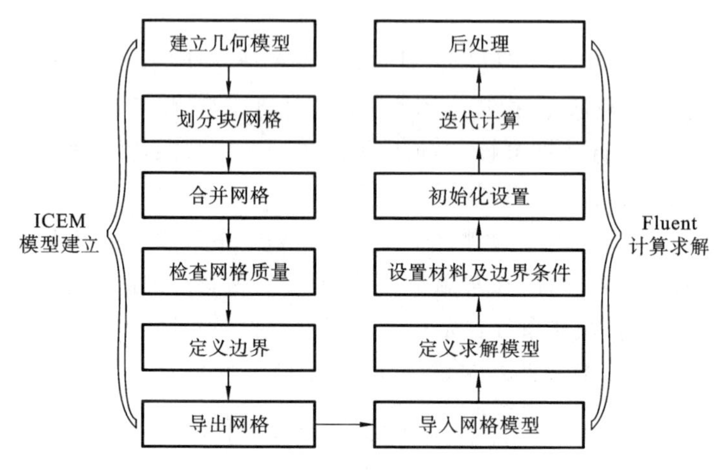

图 3.17　CFD 应用过程

为了使仿真的结果更加准确，需要根据实际的 DN100 四声道气体超声波流量计样机进行物理模型的建立。

本书运用 ICEM CFD 对 DN100 四声道气体超声波流量计及其管道配件进行

物理模型的建立,超声波流量计壳体长度为 290 mm,壳体内径为 100 mm,超声波换能器采用平行交叉的布置方式,安装角度为 45°,其物理模型如图 3.18 所示。

图 3.18 DN100 四声道气体超声波流量计壳体模型

根据《GB/T 18604—2023 用气体超声流量计测量天然气流量》中的规定,气体超声波流量计安装在管道上,为了使管道内流动的气体能够充分发展,保证流场的相对稳定性,气流的进口方向需要安装 10D 以上的长直圆管,气流的出口方向需要安装 5D 以上的长直圆管。为了能够更好地反映出管道内流场的变化,本书所建立的几何模型满足前 10D 后 5D 的标准,其几何模型如图 3.19 所示。

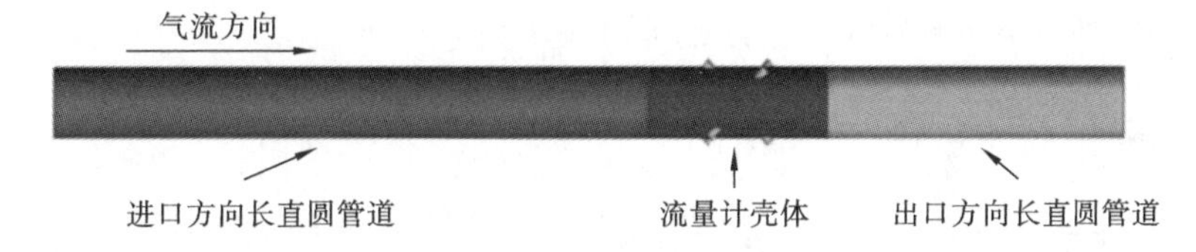

图 3.19 计算域几何模型

几何模型建立完成之后,需要进行网格的划分,如图 3.20 所示。由于本书管道以及流量计壳体本身结构的复杂性,本书先划分块,将管道和流量计壳体分割,并且建立混合网格。其中进口方向长直圆管道和出口方向长直圆管道采用六面体网格,超声波流量计壳体因为其结构相对比较复杂,故采用四面体网格。为了保证网格的质量,同时对超声波换能器部分进行局部加密。通过网格合并,完成混合网格建立,最终的网格总数量为 500 万左右。

图 3.20 网格划分示意图

在实际工程应用中,管道内气体的流动大多为湍流状态,因此可采用湍流模型进行分析。Fluent 计算软件中包含多种湍流模型,其中标准的 k-ε 模型是湍流模型中最常见、应用最广泛的一种模型,该模型具有较强的稳定性、较好的经济性以及计算结果准确等优点。

本书针对的是相对纯洁的气体在长直圆管内的运动状态模拟，管道内流体流动状态相对比较简单，因此本书选用标准的 k-ε 模型对气体超声波流量计及其长直圆管道内流场进行数值模拟。

标准的 k-ε 模型是一个半经验公式，其中耗散率 ε 的表达式为

$$\varepsilon=\frac{\mu}{\rho}\left(\frac{\partial u_i'}{\partial x_k}\right)\left(\frac{\partial u_i'}{\partial x_k}\right) \tag{3.10}$$

式中：ρ 为管道内流体的密度；μ 为管道内流体的动力黏度。

湍流黏度 μ_t 的表达式为

$$\mu_t=\rho C_\mu \frac{k^2}{\varepsilon} \tag{3.11}$$

式中：C_μ 为常数，$C_\mu=0.09$。

因此标准的 k-ε 模型的传输方程可以表示为

$$\frac{\partial}{\partial t}(\rho k)+\frac{\partial}{\partial x_i}(\rho k u_i)=\frac{\partial}{\partial x_j}\left[\left(\mu+\frac{\mu_t}{\sigma_k}\right)\frac{\partial k}{\partial x_j}\right]+G_k+G_b-\rho\varepsilon-Y_M+S_k \tag{3.12}$$

$$\frac{\partial}{\partial t}(\rho\varepsilon)+\frac{\partial}{\partial x_i}(\rho\varepsilon u_i)=\frac{\partial}{\partial x_j}\left[\left(\mu+\frac{\mu_t}{\sigma_\varepsilon}\right)\frac{\partial k}{\partial x_i}\right]+C_{1\varepsilon}\frac{\varepsilon}{k}(G_k+G_{3\varepsilon}G_b)-C_{2\varepsilon}\rho\frac{\varepsilon^2}{k}+S_\varepsilon \tag{3.13}$$

式(3.12)、(3.13)中：Y_M 为管道内可压缩湍流脉动膨胀对耗散率的影响；G_b 为管道内因为浮力引起的湍动能 k 的产生项；G_k 为管道内层流速度梯度引起的湍动能 k 的产生项；$C_{1\varepsilon}$、$C_{2\varepsilon}$、$G_{3\varepsilon}$ 均为经验常数，在 Fluent 计算软件中，$C_{1\varepsilon}=1.44$，$C_{2\varepsilon}=1.92$，$G_{3\varepsilon}=0.09$，$\sigma_\varepsilon=1.3$，$\sigma_k=1.0$；σ_ε 和 σ_k 分别为湍流能量和湍流速度脉动耗散率的可靠性修正参数，由软件直接得出；μ 为流体的动力黏度(Pa·s)；x_i、x_j 均为坐标分量(m)。

湍流计算模型确定后，需要在入口处定义湍流参数，本文设计的仿真为长直圆管中气体充分发展的模型，湍流强度 I 的计算公式为

$$I=0.16(Re_D)^{-1/8} \tag{3.14}$$

式中：Re_D 为长直圆管的雷诺数。

为了保证仿真结果的准确性和一致性，本书默认的仿真环境为常温常压下，DN100 四声道气体超声波流量计，管道的直径为 100 mm，流体的介质分别为空气和天然气。

本书设计的流量计流量测量范围为 5～700 m^3/h，根据国家计量检定规程规定，同时为了使仪表更加准确，本书将对 q_{min}、$4q_{min}$、$8q_{min}$、q_t、$0.25q_{max}$、$0.4q_{max}$、$0.75q_{max}$ 和 q_{max}所在的流量点进行流量检定实验，即检定流量点 5 m^3/h、20 m^3/h、40 m^3/h、70 m^3/h、175 m^3/h、280 m^3/h、525 m^3/h 和 700 m^3/h。

本书将针对上述流量点进行数值模拟，通过式(3.14)分别计算出空气介质、天然气介质下，不同流速对应的湍流参数，综合数据分别如表3.1、表3.2所示。

表3.1 空气介质下不同流速对应的湍流参数

流量点/(m^3/h)	5	20	40	70	175	280	525	700
流速/(m/s)	0.18	0.70	1.41	2.47	6.19	9.90	18.57	24.75
管道直径/m	0.1	0.1	0.1	0.1	0.1	0.1	0.1	0.1
雷诺数(Re)	1232	4792	9652	16909	42375	67774	127127	169435
湍流强度/(%)	6.57	5.54	5.08	4.74	4.22	3.98	3.68	3.55

表3.2 天然气介质下不同流速对应的湍流参数

流量点/(m^3/h)	5	20	40	70	175	280	525	700
流速/(m/s)	0.18	0.70	1.41	2.47	6.19	9.90	18.57	24.75
管道直径/m	0.1	0.1	0.1	0.1	0.1	0.1	0.1	0.1
雷诺数(Re)	1428	5556	11192	19605	49133	78582	147401	196455
湍流强度/(%)	6.44	5.43	4.98	4.64	4.15	3.91	3.61	3.48

通过表3.1和表3.2可以看出，在相同的外部环境下，随着管道内气体流速增大，管道内气体的雷诺数也不断增大，湍流强度却不断下降。当管道内流速和管道直径相同时，气体组分将发生改变，管道内流场状态也将发生变化。在常温常压下，空气的密度和动力黏度比天然气的密度与动力黏度高，空气介质下流场的雷诺数较天然气介质下要低，但是湍流强度却要略高。求解算法的选取是CFD数值模拟的关键步骤，选择合适的求解算法，将更加快速有效地得到计算结果。表3.3所示为不同求解算法对比。

表3.3 不同求解算法对比

求解算法	SIMPLE算法	SIMPLEC算法	PISO算法
计算原理	压力修正	压力修正	压力隐式算子分割
计算过程	猜测-修正	猜测-修正	预测-修正-再修正
计算量	小	较大	大
适用环境	稳态	稳态	瞬态

SIMPLE算法基于压力-速度耦合求解的方法来求解流场，对于本书所针对的稳态下气体超声波流量计内部的流场问题，选用该求解算法能够快速有效地达到收敛，完成流场的计算。

3. 不同气体组分对流量测量的影响

在前面几节的基础上，本节将对空气介质和天然气介质超声波流量计进行数值模拟，两种气体的组分和主要物理参数已经在前两小节给出。在对 DN100 管径下进行 CFD 数值模拟计算时，将气体组分分别设置成空气和天然气，流速依次为 5 m^3/h、20 m^3/h、40 m^3/h、70 m^3/h、175 m^3/h、280 m^3/h、525 m^3/h 和 700 m^3/h。不同气体组分、不同流速圆管截面流速分布图如图 3.21～图 3.28 所示。

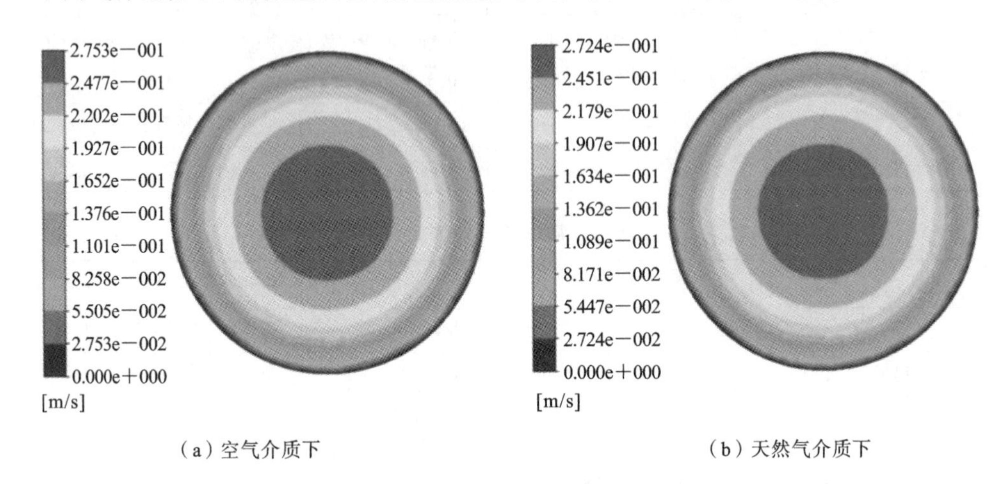

(a) 空气介质下　　(b) 天然气介质下

图 3.21　不同气体组分 5 m^3/h 圆管截面流速分布图

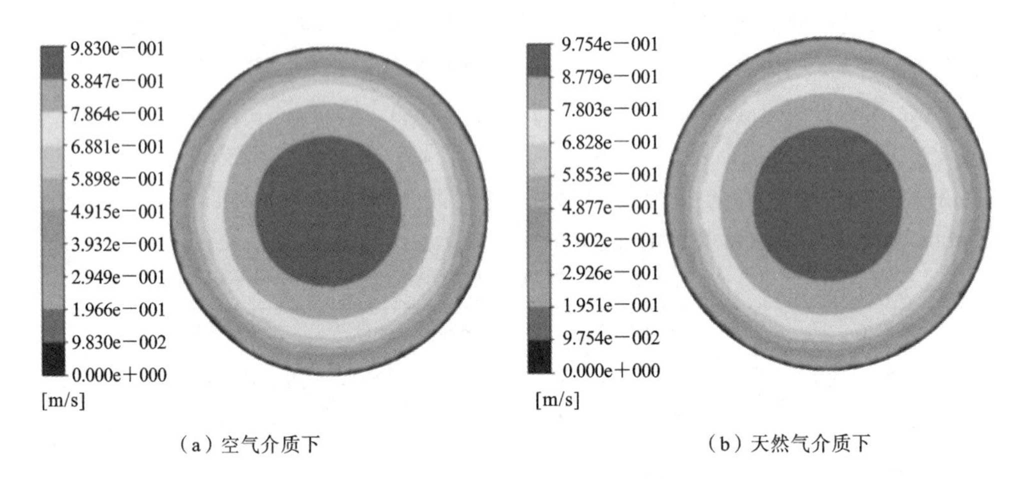

(a) 空气介质下　　(b) 天然气介质下

图 3.22　不同气体成分 20 m^3/h 圆管截面流速分布图

由仿真结果可以看出，在管道内的混合气体充分发展并且稳定后，在同一个圆管中，不同截面上的流速分布基本一致，且管道内气体的流速分布呈中心对称。气体流动的速度在圆管的轴心处最大，越靠近管壁气体的速度越小，最终气体流速趋近于零。分别将空气和天然气下圆管中心处的最高流速进行提取，计算空气和天然气下最高流速的流速差以及流速差百分比，如表 3.4 所示。

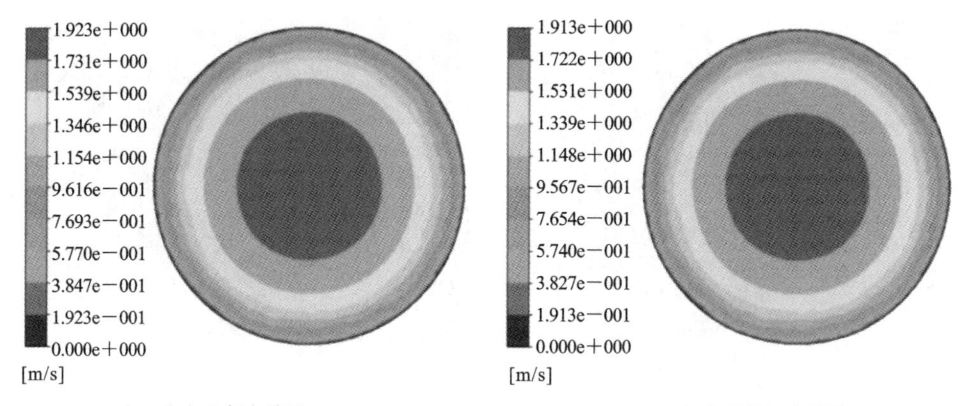

（a）空气介质下　　（b）天然气介质下

图 3.23　不同气体组分 40 m^3/h **圆管截面流速分布图**

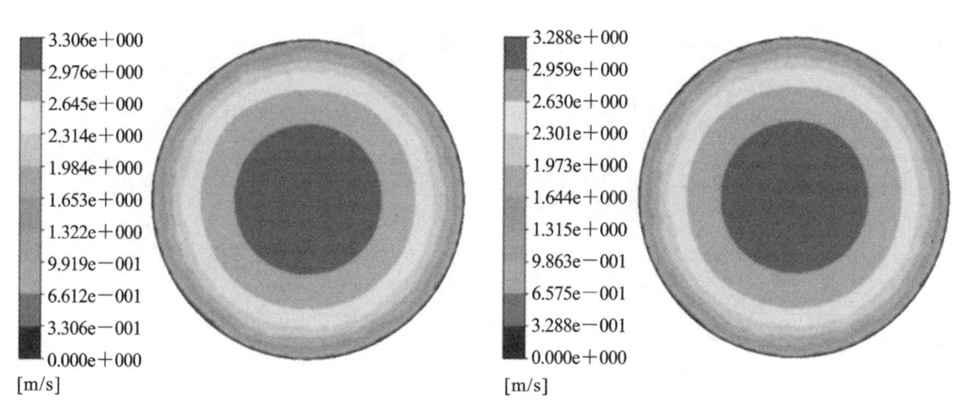

（a）空气介质下　　（b）天然气介质下

图 3.24　不同气体组分 70 m^3/h **圆管截面流速分布图**

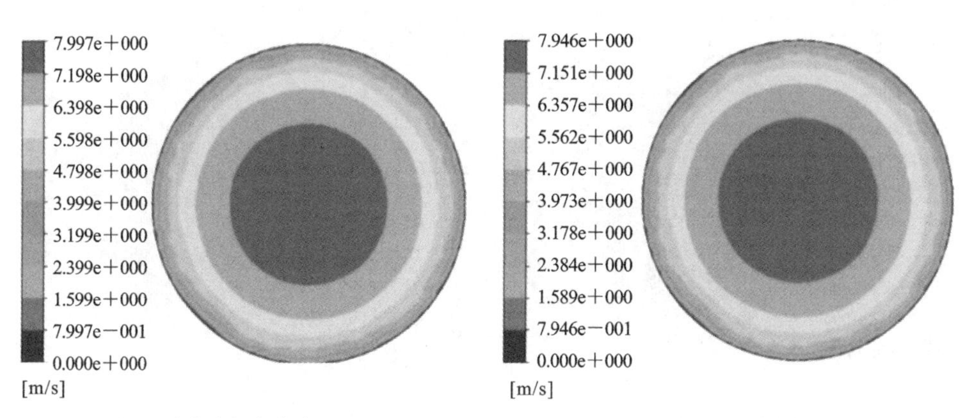

（a）空气介质下　　（b）天然气介质下

图 3.25　不同气体组分 175 m^3/h **圆管截面流速分布图**

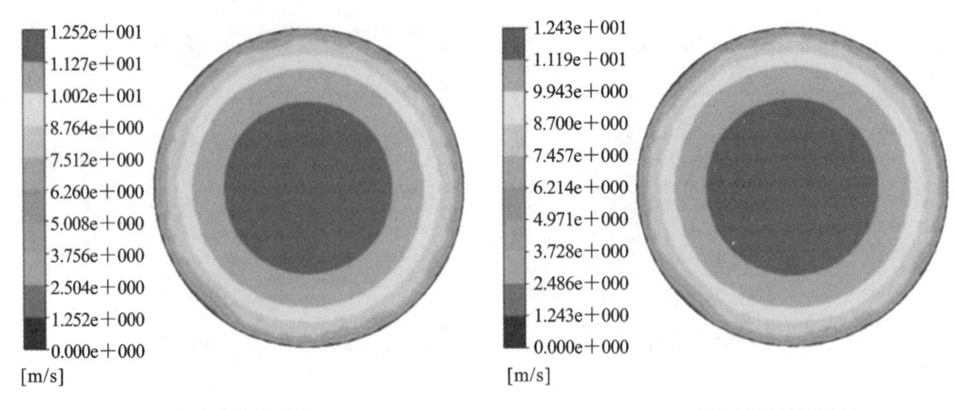

（a）空气介质下　　（b）天然气介质下

图 3.26　不同气体组分 280 m^3/h 圆管截面流速分布图

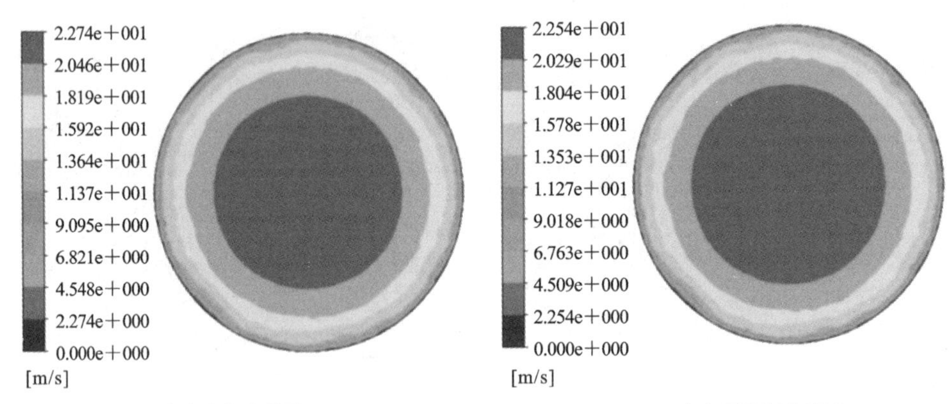

（a）空气介质下　　（b）天然气介质下

图 3.27　不同气体组分 525 m^3/h 圆管截面流速分布图

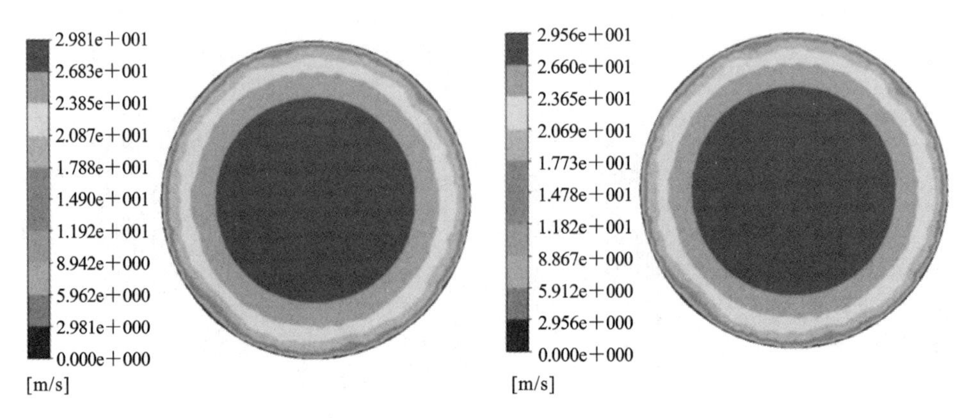

（a）空气介质下　　（b）天然气介质下

图 3.28　不同气体组分 700 m^3/h 圆管截面流速分布图

表 3.4 空气、天然气最高流速差及流速差百分比

流量点 /(m^3/h)	空气最高流速 /(m/s)	天然气最高流速 /(m/s)	流速差 /(m/s)	流速差百分比 /(%)
5	0.275	0.272	0.003	1.1
20	0.983	0.975	0.008	0.8
40	1.923	1.913	0.01	0.5
70	3.306	3.288	0.018	0.5
175	7.997	7.946	0.051	0.64
280	12.52	12.43	0.09	0.7
525	22.74	22.54	0.2	0.8
700	29.81	29.56	0.25	0.8

从表 3.4 可以看出，相同流量点下，管道内气体组分发生变化，管道内流速分布图也会发生改变，管道中心处的最高流速也有所差别。其中，在 5 m^3/h 时，空气和天然气下的中心点流速差百分比达到 1.1%；随着流量点的升高，空气和天然气下最高流速差百分比下降。

3.4 超声波燃气表结构设计与仿真研究

3.4.1 流速分布研究

由于管道内流体的流速分布情况直接影响了超声波信号的传播路径，流速分布不均匀导致超声波信号在管道内传播受到不同程度散射和衰减的影响，导致接收回波信号信噪比低、幅值衰减严重等现象的发生，故确保管道内部气体流速分布均匀是实现超声波燃气表测量精度要求的前提。一般情况下，流体在流动过程受黏性力的影响可产生两种基本流态（层流与湍流），流态与流体运动黏度、流体特性、管道参数等因素有关，这两种流态常通过雷诺数（Re）来区分[111]。

当 $Re \leqslant 2300$ 时流体为层流状态，此时黏性力对流体质点的影响大于惯性力，流态较为稳定且无扰流现象，仅存在轴向分速度，流速分布均匀，呈抛物线状，流速在靠近圆管壁面较小并沿管道中心方向逐渐增大，其流速剖面如图 3.29 所示。

圆管内各点流速仅与该点与管道轴线的距离 r 相关，其速度分布规律可表示为

$$v_r = v_m \left[1 - \left(\frac{r}{R} \right)^2 \right] \tag{3.15}$$

式中：v_r 为与管道轴线距离为 r 处的流速；v_m 为管道轴线处流速，是整个截面里的最大流速；R 为管道半径。

线平均流速和面平均流速之间的关系可分别用 v_m 表示为

$$v=\frac{2\int_0^R v_r\mathrm{d}r}{2R}=\frac{\int_0^R v_m\left[1-\left(\frac{r}{R}\right)^2\right]\mathrm{d}r}{R}=\frac{2}{3}v_m \tag{3.16}$$

$$v_S=\frac{\int_S v_r\mathrm{d}S}{S}=\frac{\int_0^R 2\pi r v_m\left[1-\left(\frac{r}{R}\right)^2\right]\mathrm{d}r}{\pi R^2}=\frac{1}{2}v_m \tag{3.17}$$

联立式(3.16)和式(3.17)求解，得到雷诺修正系数，可表示为

$$k=\frac{v_S}{v}=\frac{3}{4} \tag{3.18}$$

当 $Re\geqslant4000$ 时，流体为湍流状态，此时惯性力对流体质点的影响更加显著，流态较为紊乱，轴向分速度与纵向分速度同时存在，流速分布不均匀且湍流阻力增大，流速剖面如图 3.30 所示。

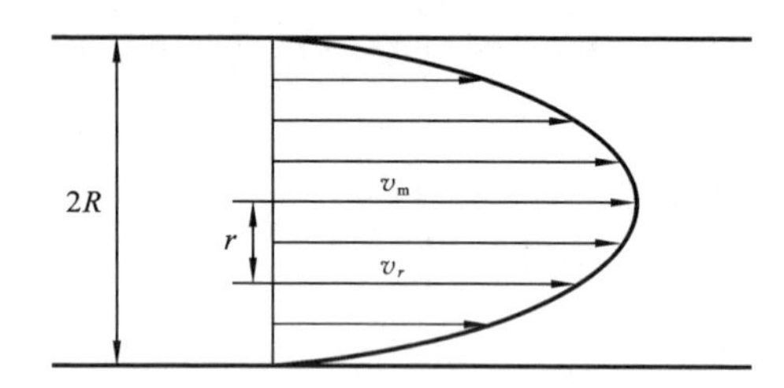

图 3.29 圆管内层流速度分布

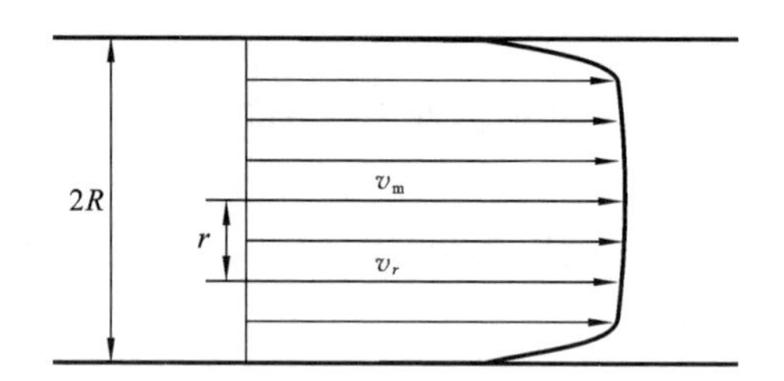

图 3.30 圆管内湍流速度分布

湍流的传播过程缺乏相关理论与具体的分析方法，为进一步推进研究，学者常用幂级数来近似计算湍流状态下圆管内的流速分布，可表示为

$$v_r=v_m\left(1-\frac{r}{R}\right)^{1/n} \tag{3.19}$$

式中：n 的取值与管道表面粗糙度和雷诺数有关，理想状态下管道内壁光滑则 n 与 Re 关系可由普朗特公式表示为

$$n=2\lg\frac{Re}{n}-0.8 \tag{3.20}$$

即在雷诺数已知的情况下，可计算得到 n 的值，从而确定如图 3.30 所示的湍流速度分布曲线，线平均流速和面平均流速之间的关系可分别用 v_m 表示为

$$v=\frac{2\int_0^R v_r\mathrm{d}r}{2R}=\frac{\int_0^R v_m\left(1-\frac{r}{R}\right)^{1/n}\mathrm{d}r}{R}=\frac{n}{n+1}v_m \tag{3.21}$$

$$v_S=\frac{\int_S v_r \mathrm{d}S}{S}=\frac{\int_0^R 2\pi r v_m\left(1-\frac{r}{R}\right)^{1/n}\mathrm{d}r}{\pi R^2}=\frac{2n^2}{(2n+1)(n+1)}v_m \quad (3.22)$$

联立式(3.21)和式(3.22)求解，得到雷诺修正系数与 n 的关系式为

$$k=\frac{v_S}{v}=\frac{2n}{2n+1} \quad (3.23)$$

在充分发展的湍流管道内，雷诺修正系数与 Re 的关系可表示为

$$k=\begin{cases}1.119-0.011\lg Re, & Re<10^5\\ 1+0.01\sqrt{6.25+431Re^{-0.237}}, & Re>10^5\end{cases} \quad (3.24)$$

上述公式的讨论均建立在无其他干扰因素且测量管道前后有足够长的直管道条件下进行的，然而在实际工程应用中换能器的安装方式、上游阀门、测量管道前后存在弯管等因素均会对内部流速分布造成偏差，难以应用在实际测量过程中，因此针对流道内部的流速均匀分布研究十分重要[112]。

3.4.2 超声波燃气表结构设计

超声波燃气表是一种利用超声波技术测量燃气流量的设备。其结构设计和仿真研究涉及多个方面，包括传感器设计、流体动力学、声学传播等。一个完整的超声波燃气表包括流道、换能器、测量电路等。该系统在现有流道、换能器基础上做测量电路与程序设计。

超声波燃气表通常包括发射器和接收器两个换能器。设计时需要考虑换能器的频率、功率和工作温度范围，以适应不同燃气的特性。换能器的安装位置对测量结果有重要影响。通常，发射器和接收器应对称布置在管道的不同位置，以确保超声波信号的传播路径尽可能均匀。

设计燃气表的流体通道时，需确保管道内径适配燃气流量范围。管道内表面应光滑，减少对流体流动的干扰。可能需要设计流量调节装置以确保流体流速在可测量范围内，避免流速过快或过慢对测量的影响。

考虑到工作环境的复杂性，外壳材料应侧重选择耐腐蚀、耐高温的材料，如不锈钢或工程塑料，以保护内部电子组件和换能器。同时设计可靠的固定机制以保证燃气表在高压工作条件下的稳定性。固定装置需考虑管道的安装空间和环境条件。

在电气与信号处理方面，设计高效的电气连接系统对确保信号的稳定传输和处理至关重要。这包括超声波信号的接收、处理和计算。为了将超声波传输时间差转换为流量数据，需要设计相应的算法。

超声波燃气表的测量精度与多个因素相关，包括传感器的质量、环境温度、气体流速、气体的成分和压力等。其中超声波燃气表的测量精度与流速分布有很强

的关联性，故要求流体在测量管道内的分布能充分反映流道截面的流速。除此之外在超声波燃气表流道结构设计方面还应着重考虑以下因素：

(1) 流速变换时超声波信号幅值在流道中的衰减情况；

(2) 超声波信号受流体流速变化应尽可能显著，以提高系统测量分辨率；

(3) 流体通过测量管道的瞬时流速须满足系统全量程测量要求。

综合考虑以上因素，通过 SpaceClaim 软件对本书设计的超声波燃气表流道模型进行设计与建模，模型如图 3.31 所示。其中燃气表流道设计由两部分组成。与燃气管道对接部分采用圆形管道，其尺寸与膜式燃气表相同；考虑到超声波信号的反射效果与流速分布校正的实现，流速测量部分采用矩形流道结构，其内部安装三块整流片，整流片有利于流体流速的均匀分布，同时矩形流道内径的减小使得在相同进口流速条件下，矩形流道内瞬时流速变快，渡越时间差增加，能提高超声波燃气表流量测量分辨率。针对压电换能器的安装方式，为保证超声波燃气表小流量点测量精度需延长传播声程，而声程的增加会造成信号传播过程中能量的损耗，故从系统测量精度与信号衰减程度两方面权衡，采用 V 形安装结构，其中两个换能器关于整流片长边中位线对称。

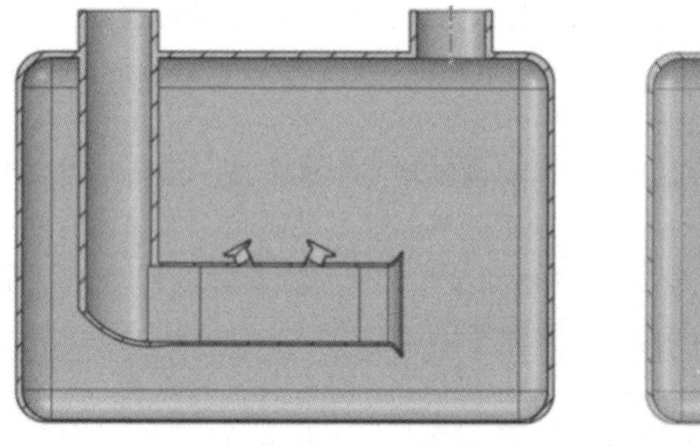
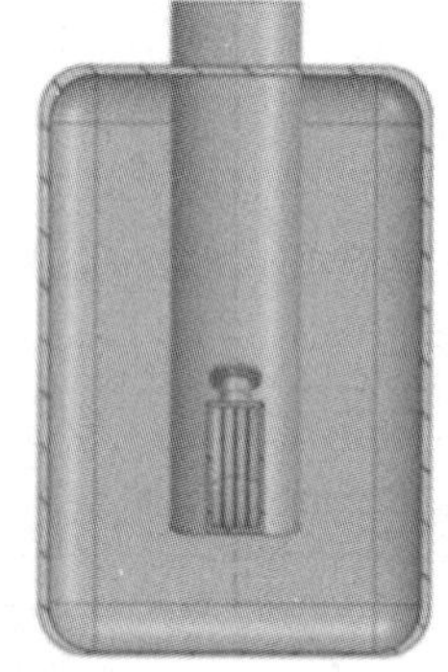

图 3.31 超声波燃气表流道模型图

在进行流体动力学仿真之前，需对超声波燃气表流道模型执行前处理操作，完成模型的修复简化后得到实体，以提取模型内部流体区域并划分网格，网格划分的质量直接决定了后期仿真结果的可靠性与稳定性。本书使用 Fluent 水密工作流执行上述流程，设置生成面网格的尺寸范围为 0.1～4 mm，采用 2 层间隙填充层数，对实体边界施加临近探测，划分的面网格最大偏斜度为 0.69，说明网格质量良好，在此基础上使用六面体-多面体填充体网格，对流体区域添加边界层，最终体网格的正交质量达到 0.15，结合网格无关性实验确定模型的网格数在 120 万左右，体网格分布情况如图 3.32 所示。

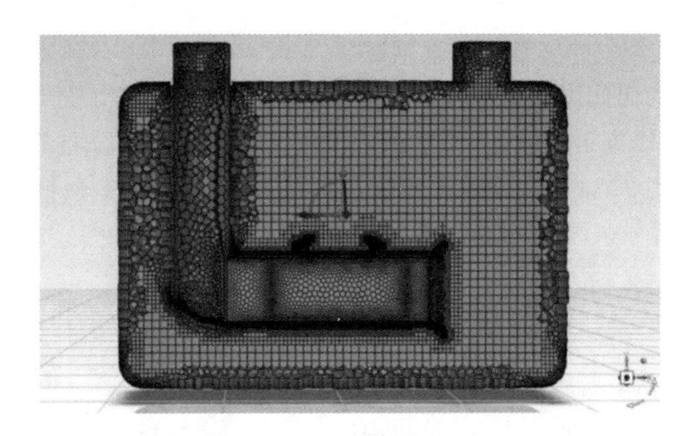

图 3.32 超声波燃气表流体模拟体网格分布

3.4.3 超声波燃气表仿真研究

根据《JJG 1190—2022 超声波燃气表检定规程》要求，本书设计的 G2.5 型超声波燃气表最大流量点 q_{max}、分界流量点 q_t 与最小流量点 q_{min} 依次为 4 m³/h、0.4 m³/h 与 0.025 m³/h，考虑到在全流量测量范围内流道对流场变化的适应性，选取 0.025 m³/h、0.4 m³/h、1.6 m³/h、2.8 m³/h 与 4 m³/h 这 5 个流量点进行数值仿真实验，进气口半径 $R=14$ mm，则由下式得到不同流量点对应的进气口速度值。

$$v_S=\frac{q}{3600\times A} \tag{3.25}$$

求解式(3.25)得到进气口流速分别为 0.0113 m/s、0.1805 m/s、0.7222 m/s、1.2638 m/s 与 1.8054 m/s。在内流场模型边界条件设置方面，几何实体中的材料为空气，其密度和黏度分别为 1.225 kg/m³ 与 1.789×10^{-5} kg·s/m；进气口为速度入口，出气口为压力出口，表压为 0 Pa。不同流量点流体运动计算模型的设定与该流量点下对应的雷诺数有关[113]，基于时差法的超声波燃气表的测量精度与流道内流体速度分布情况息息相关，雷诺数作为决定流速分布的参数可表示为

$$Re=\frac{\rho vd}{\mu} \tag{3.26}$$

式中：ρ 与 μ 分别为流体密度与运动黏性系数；d 为进气口特征长度，对于圆形进气口其特征长度 $d=4A/L=2R$，其中，A 为圆形流道的横截面积，L 为流体与流道接触面的周长。

由式(3.26)可知，当流体特性和速度确定时，雷诺数的大小仅与流道的特征长度有关，为使得进气口流体为层流状态，应确保 $Re\leqslant2300$，带入气体介质的密度与黏度等参数，计算得到在圆形流道进气口流速小于 1.0953 m/s 的条件下，进气口边界条件为流速剖面分布均匀的层流状态。因此，根据 G2.5 型超声波燃气表所需测量的流量范围对应进气口流速值，设置 0.025 m³/h、0.4 m³/h 与 1.6 m³/h

流量点进气口气体黏性模型为层流模型，2.8 m^3/h 与 4 m^3/h 流量点湍流计算为标准 k-ε 模型，壁面处理采用可拓展壁面函数。最终对上述流量点依次计算监控残差值，逐步迭代直至收敛，各流量点矩形流道剖面图流速分布的仿真结果如图 3.33 所示。由图 3.33 可知，该矩形通道对层流、湍流都具有较好整流效果，每个通道的速度剖面分布均匀，仅在管壁附近处流速呈现较大变化。

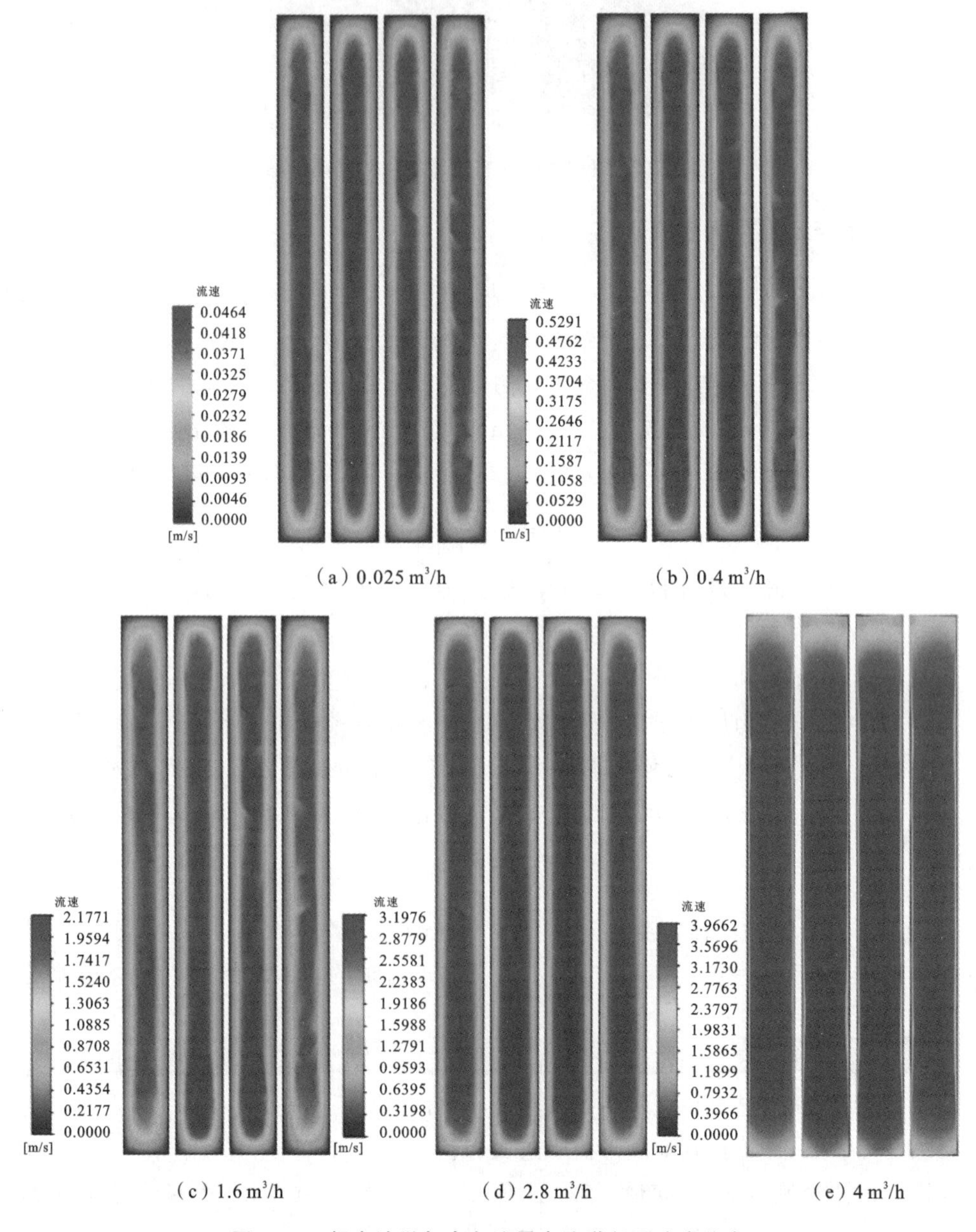

图 3.33 超声波燃气表各流量点流道剖面速度分布

根据本书的超声波燃气表流道结构，矩形流道的中心刚好位于第二片整流片处，为定量分析矩形流道对流速分布的影响，故读取上述5个流量点的第二层矩形流道剖面的流速分布图，并取该流道整流片中点处流速如图3.34～图3.38所示。

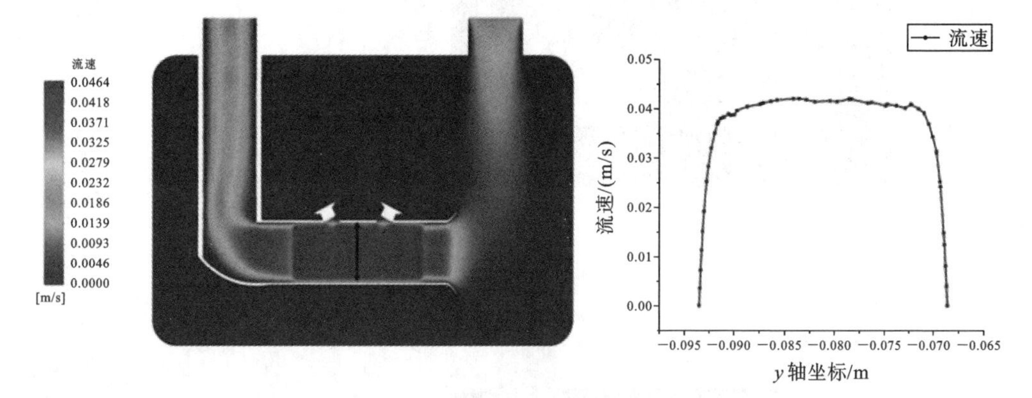

图3.34 0.025 m^3/h **流量下矩形流道流速分布**

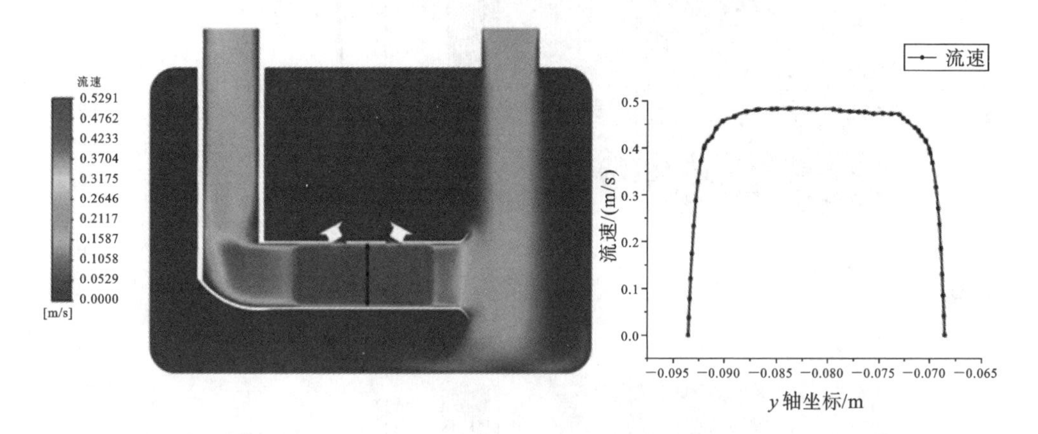

图3.35 0.4 m^3/h **流量下矩形流道流速分布**

分析上述图像可知，气体流速仅在靠近壁面处有较大波动，对超声波信号的传播路径影响较小，而在y轴坐标为−0.090～−0.0725 m，各流量点整流片中点处的流速分布近似一条直线，平均值分别为0.042 m/s、0.48 m/s、1.65 m/s、2.78 m/s与3.49 m/s，速度范围集中度高，对超声波传播影响较小。由此验证了本书设计的超声波燃气表流道结构在流体速度分布均匀化方面的优异性能，且对比流道进气口流速与上述整流片中心平均流速（见表3.5），从小流量点到大流量点的平均流速相较于进气口流速依次增加了274%、167%、129%、120%与93.6%，换

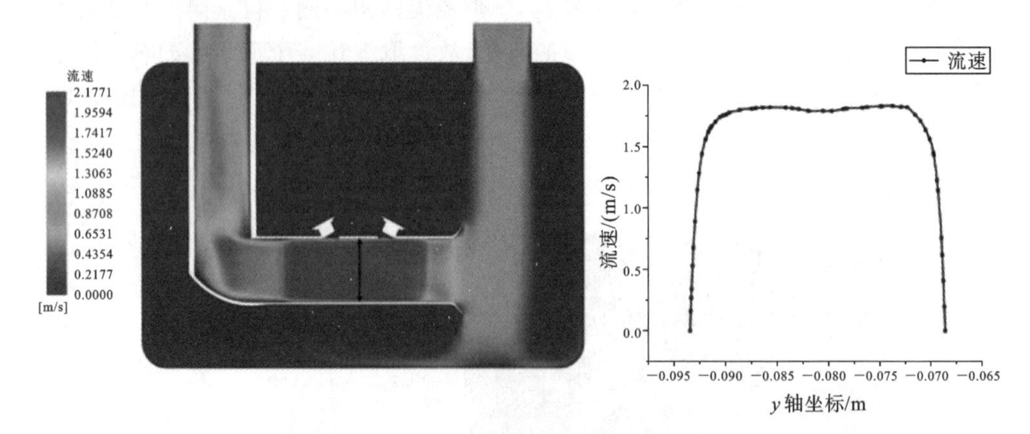

图 3.36　1.6 m^3/h 流量下矩形流道流速分布

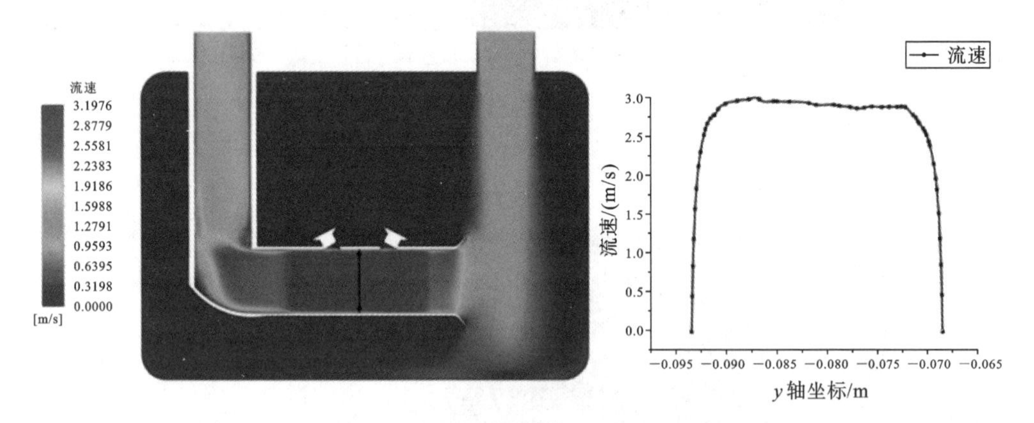

图 3.37　2.8 m^3/h 流量下矩形流道流速分布

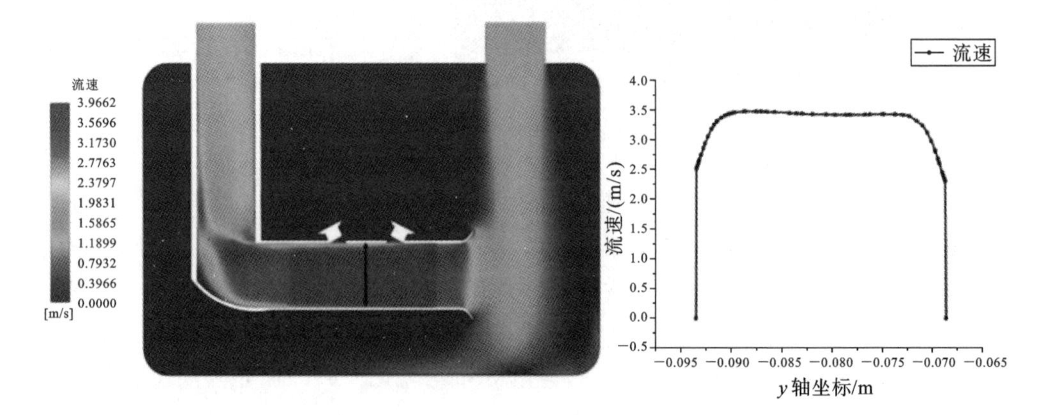

图 3.38　4.0 m^3/h 流量下矩形流道流速分布

表 3.5 各流量点下的进气口与矩形流道内流速值

流量点/(m^3/h)	0.025	0.4	1.6	2.8	4
进气口流速/(m/s)	0.0113	0.1805	0.7222	1.2638	1.8054
平均流速/(m/s)	0.04224	0.4819	1.6552	2.7831	3.4947

能器安装的测量管道内气体流速的增加，使得在同样进气口流速的条件下渡越时间差更大，从而有利于提高系统测量分辨率。

3.5 本章小结

本章对插入式超声波流量计、外夹式超声波流量计、多声道超声波流量计和超声波燃气表从测量管道结构，以及流量计自身结构上进行了相关研究展示，探讨了诸如换能器安装角度、声道布置方式等对测量结果精度上的影响等。以多方面案例建立仿真模型，运用 CFD 等仿真软件进行了一系列仿真研究，对照理论和仿真结果，以修正偏差，优化模型。

4

多声道超声波气体流量测量机理建模与仿真研究

根据管道内气体流速速度分布函数，在层流和湍流状态下，某径向位置的流速与该点的径向位置存在指数函数关系[114]。在单声道气体超声波流量计中，为了确保理论计算的准确性，需要使两个超声波换能器的安装位置满足其声程（即由一个换能器发射到另外一个换能器接收的路径）与直径线段重叠，这样才能在层流和湍流的对称性质下，根据轴向流体流速正确求解气体流体平均流速。因此在单声道气体超声波流量计中，流体流速分布是影响测量精度的主要因素。然而，在实际应用中，换能器的安装很难精确地对准直径线段，并且在实际待测气体流体的流态复杂，由于气体组分复杂，其流态不一定是对称流，或因为管道输送特性给气体流态带来不平稳流。用单声道超声波换能器进行气体流速测量就很难反映气体流体的实际流态情况，也很难精确求解平均流速。为了减小甚至避免气体流体流速分布的影响，在多声道气体超声波流量计中，各个声道分布在不同的流层，通过对各个流层的平均流速加权求和，可以更为准确地得到瞬时流速和体积流量。

4.1　多声道气体超声波流量计流量测量机理建模

4.1.1　多声道超声波气体流量传感器结构分析

多声道气体超声波流量计的组成主要包括超声波流量计主体、压力变送器、智能温度变送器和流量计算机等四部分。超声波流量计主要由两大组件构成：一是配备有多对超声波换能器的测量管段（又称为一次仪表），二是具备测量、瞬时流速显示及通信功能的信号处理单元（SPU），通常被称为二次仪表，如图 4.1 所

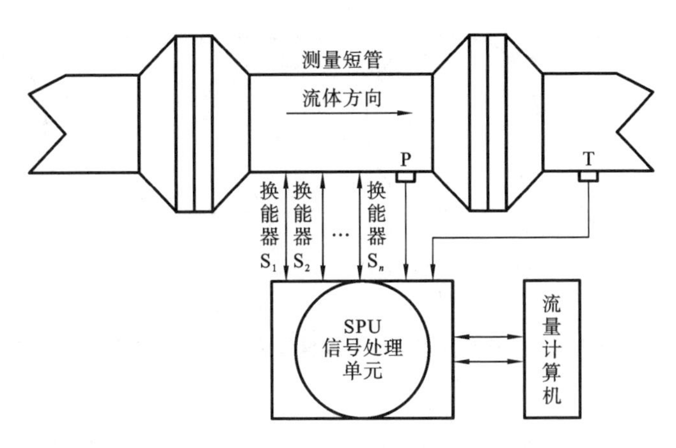

图 4.1 多声道超声波流量计组成框图

示;二次仪表能够直接连接管道内气体压力、温度传感器,通过内部的信号转换和补偿运算,完成管道内温度和压力对气体体积流量的补偿作用,从而独立完成体积流量的计量,无须依赖流量计算机。另外,也可以通过智能温度变送器、压力变送器,将管道内温度和压力数字信号传送给流量计算机,以补偿二次仪表测量得到的瞬时流速和体积流量值。

多声道气体超声波流量计的传感器部分主要指测量管道部分,流量传感器的结构分析主要指测量管道的连接和各超声波换能器的安装分布位置。

流量测量管道设计制造成法兰端面,连接输送直管道中。在 1998 年美国天然气协会制定的 A. G. A9 号文件《多声道超声波流量计测量天然气流量》中,研究工作已经指出,不对称速度分布从发生点起一直到 $50D$ 或下游都持续存在,有涡流的速度剖面可能存在于 $200D$ 处或更远,D 为测量管道内径。因此,在一般工业气体流量测量现场中,流量计的安装位置均要考虑复杂流态对流速的测量影响。根据 GB/T 18604—2023 标准,对于多声道气体超声波流量计的安装位置提出如下建议:上游的最短直管道长度为 $10D$,下游的最短直管道长度为 $5D$。这一建议仅在上游条件较为理想(如涡流强度很小,速度分布稍有不对称)时方能成立,且应视为满足测量需求的最低要求。

如图 4.2 所示,多声道气体超声波流量计需要考虑超声波的传播效率问题,采用超声波换能器嵌入安装在测量管道上。

图 4.3 所示为四声道交叉气体超声波流量计所测量的圆管道的结构示意图,4 个声道分别布置在不同的流层上,声道之间在 y 方向上看互相交叉,在 z 方向上看互相平行。测量管道由工作频率为 200～250 kHz 的超声波换能器对构成 4 个声道的一个复合传感器。管径 $D=300$ mm,各个声道与轴线方向的夹角 $\phi=60°$,如图 4.3 所示。

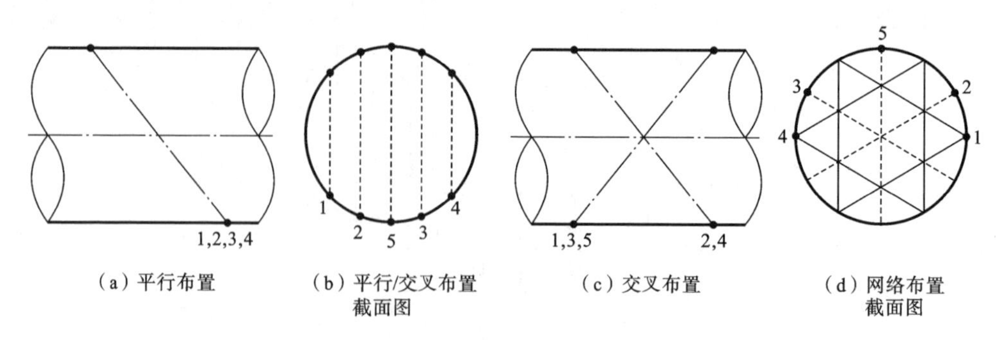

图 4.2　多声道气体超声波流量传感器声道布置示意图

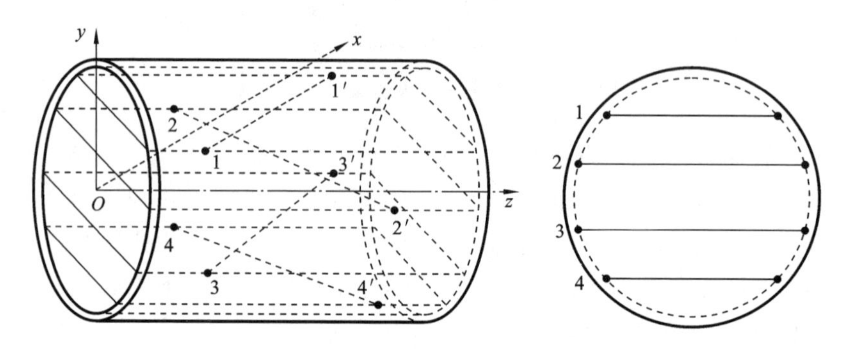

图 4.3　测量圆管道的结构示意图

4.1.2　弦向声道超声波气体流速公式的导出

根据以上多声道超声波气体流量测量的思想，从横截面看，各个声道分布在弦线上。因此在多声道超声波气体流量传感器建模前，先进行弦向方式超声波气体流量传感器的建模[115]。

单独在弦线方向布置一个声道的气体超声波流量计称为弦向方式气体超声波流量传感器，如图 4.4 所示。一般单声道超声波气体流量传感器声道分布在直径方向上，它是弦向方式超声波气体流量传感器的一种特例。

弦向声道所在流层沿轴线方向的面平均流速为

$$V_r=\frac{L(r)}{2\cos\phi}\cdot\frac{t_U-t_D}{t_Ut_D} \tag{4.1}$$

式中：$L(r)$为弦向声程，$L(r)=2\sqrt{R^2-r^2}/\sin\phi$（$R$ 为传感器管道半径，r 为弦向声道离轴线的距离，ϕ 为弦向声道与轴线方向的夹角）；t_U、t_D 分别为超声波逆流和顺流传播的时间测量值。

对于径向单声道气体超声波流量计，圆管道内气体流体沿轴线方向的瞬时平均流速（又称为体流流速）[116][117]为

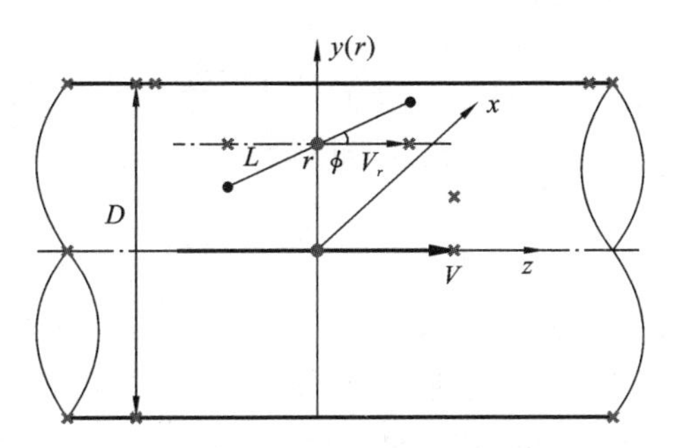

图 4.4 弦向方式气体超声波流量传感器

$$V=K_C\cdot V_z \tag{4.2}$$

式中：V_z 为径向声道沿轴向一个截平面平均流速（简称为面平均流速）；K_C 为流速修正系数（$K_C=\frac{2n}{2n+1}$。湍流下，n 为流速分布指数，是雷诺数 Re 和管道内壁粗糙度系数 K_r 的函数；层流下，$K_C=0.75$）。

而对于弦向方式的单声道气体超声波流量计而言，同样引入弦向横截面平均流速 V_r，这样用弦向横截面平均流速 V_r 来计算体流流速 V，就相当于受流速分布影响在离轴线的距离 r 的截平面有一个流速修正系数 $K_C(r)$。

$$K_C(r)=\frac{V}{V_r} \tag{4.3}$$

由式(4.3)也可以计算出体流流速和体积流量。由于很少用弦向声道构成单声道气体超声波流量计，因此在此不再讨论 $K_C(r)$ 随 Re 和 K_r 的具体计算函数。

以下以多个弦向声道进行加权求和的思想来建立多声道超声波气体流量传感器的数学模型。

4.1.3 多声道气体超声波流量计气体体流流速公式导出

对于圆形测量管道传感器而言，定义偏离轴线距离为 r 的弦向声道处的气体流体速度为 $v(r)$，管道内气体体流流速定义为 $v(r)$ 的 $\mathrm{d}S$（$\mathrm{d}S$ 为离轴线距离为 r 弦向横截面面元）的面积分，即

$$V=\frac{1}{S}\iint_S v(r)\mathrm{d}S \tag{4.4}$$

式中：S 为测量管道传感器的横截面面积，$S=\pi R^2$。

假设弦向声道的横截面上弦长为 $D(r)$，即有

$$\mathrm{d}S=D(r)\mathrm{d}r \tag{4.5}$$

由式(4.5)将式(4.4)转换成对弦向声道平行于轴向方向面平均流速 V_r 的 $\mathrm{d}r$（$\mathrm{d}r$ 为弦线线元）线积分，即

$$V = \frac{1}{S}\int_{-R}^{R} D(r) V_r \mathrm{d}r \tag{4.6}$$

根据 $D(r)=2(R^2-r^2)^{1/2}$，式(4.6)可写成

$$V = \frac{2}{S}\int_{-R}^{R} (R^2 - r^2)^{1/2} V_r \mathrm{d}r \tag{4.7}$$

在实际的超声波气体流量传感器应用中，r 的取值不可能是一个连续值，并且在二次仪表中，微处理器要计算连续函数 $D(r)V_r$ 的线积分。由于这种计算涉及复杂的数字运算，因此在实际操作中也会面临一些困难。因此选择在测量管道偏离轴线的 $r_i(i=1,2,3,\cdots)$ 处布置相应的声道(在一个声道中布置两个超声波换能器)，就构成了多声道超声波气体流量传感器。式(4.7)的计算就可以采用数值积分的方法来实现[103]。

4.1.4 多声道超声波气体体积流量公式的导出

根据文献[118]，假定 $f(x)$ 是定义在区间 $[a,b]$ 上的可积函数，考虑带权积分

$$I(f) = \int_a^b f(x)\rho(x)\mathrm{d}x \tag{4.8}$$

式中：$\rho(x)\geqslant 0$ 为 $[a,b]$ 上的权函数；$I(f)$ 的数值求积就是用和式

$$I_n(f) = \sum_{k=0}^{n} A_k f(x_k) \tag{4.9}$$

近似 $I(f)$，式(4.9)就称为求积公式，其中 $A_k(k=0,1,\cdots,n)$ 与 $f(x)$ 无关，称为求积系数，$x_k(k=0,1,\cdots,n)$ 称为求积节点。通常取 $a\leqslant x_0<x_1<\cdots<x_n\leqslant b$。若记

$$I(f)=I_n(f)+R_n[f] \tag{4.10}$$

称 $R_n[f]$ 为求积公式的余项。

定义 1 若求积公式(4.9)对 $f(x)=x^j, j=0,1,\cdots,m$ 精确成立，即 $I_n(x^j)=I(x^j), j=0,1,\cdots,m$，而对 $f(x)=x^{m+1}$ 不成立，即 $I_n(x^{m+1})\neq I(x^{m+1})$，则称求积公式 $I_n(f)$ 具有 m 次代数精度。

根据定义可知：求积公式 $I_n(f)$ 的代数精度为 m 的充分必要条件是对一切次数不大于 m 的多项式 $p(x)$ 都有 $I_n(p(x))=I(p(x))$。但存在 $m+1$ 次多项式 $p_{m+1}(x)$，有 $I_n(p_{m+1}(x))\neq I(p_{m+1}(x))$。

假设在 $[a,b]$ 上给出 $n+1$ 个节点 $a\leqslant x_0<x_1<\cdots<x_n\leqslant b$ 及其对应的函数值 $f(x_i)(i=0,1,2,\cdots,n)$，则拉格朗日插值多项式为

$$L_n(x) = \sum_{k=0}^{n} \frac{\omega_{n+1}(x)}{(x-x_k)\omega'_{n+1}(x_k)} f(x_k) \tag{4.11}$$

式中：$\omega_{n+1}(x)=(x-x_0)(x-x_1)\cdots(x-x_n)$，于是有

$$f(x)\rho(x)=L_n(x)\rho(x)+R_n(x)\rho(x) \tag{4.12}$$

这里 $R_n(x)$ 是插值余项，式(4.12)两端从 a 到 b 积分并忽略余项，则得插值求积公式

$$I(f)=\int_a^b f(x)\rho(x)\mathrm{d}x \approx I_n(f)=\sum_{k=0}^{n} A_k f(x_k) \tag{4.13}$$

其中系数

$$A_k=\int_a^b \frac{\omega_{n+1}(x)\rho(x)}{(x-x_k)\omega'_{n+1}(x_k)}\mathrm{d}x,\quad k=0,1,2,\cdots,n \tag{4.14}$$

余项为

$$R_n[f]=I(f)-I_n(f)=\frac{1}{(n+1)!}\int_a^b f^{(n+1)}(\xi)\omega_{n+1}(x)\rho(x)\mathrm{d}x \tag{4.15}$$

显然，当 $f(x)$ 是不高于 n 次的多项式时，则 $f^{(n+1)}(\xi)=0$，从而 $R_n[f]=0$，即 $I(f)=I_n(f)$。它表明 $n+1$ 个节点的插值求积公式(4.9)的代数精度尽量高，则 $A_k,x_k(k=0,1,2,\cdots,n)$ 应满足关系

$$I_n(x^j)=I(x^j),\quad j=0,1,\cdots,2n+1 \tag{4.16}$$

这是关于 $A_k,x_k(k=0,1,2,\cdots,n)$ 这 $2n+2$ 个参量的 $2n+2$ 个非线性方程组。这个方程组的求解是很困难的，一般不用这种方法建立求积公式。不过，由此看到求积公式(4.9)的代数精度可达到 $2n+1$，若令

$$f(x)=(x-x_0)^2(x-x_1)^2\cdots(x-x_n)^2=\omega_{n+1}^2(x) \tag{4.17}$$

它是 $2n+2$ 次多项式，显然此时

$$I_n(\omega_{n+1}^2(x))=\sum_{k=0}^{n} A_k\omega_{n+1}^2(x_k)=0 \tag{4.18}$$

而另一方面

$$I(\omega_{n+1}^2(x))=\int_a^b \omega_{n+1}^2(x)\rho(x)\mathrm{d}x>0 \tag{4.19}$$

因此，$I_n(\omega_{n+1}^2(x))\neq I(\omega_{n+1}^2(x))$，这说明 $n+1$ 个节点的插值求积公式(4.9)的代数精度最多是 $2n+1$。

定义 2 具有最高代数精度的插值型求积公式(4.9)的节点 $a\leqslant x_0<x_1<\cdots<x_n\leqslant b$，称为高斯(Gauss)点，相应的求积公式称为高斯型求积公式。

定理 插值型求积公式(4.9)的求积节点 $(x_k)_{k=0}^{n}$ 是高斯点的充分必要条件是，在 $[a,b]$ 上以这组节点为根的多项式 $\omega_{n+1}(x)=(x-x_0)(x-x_1)\cdots(x-x_n)$ 与任何次数不超过 n 的多项式 $p(x)$ 带权 $\rho(x)$ 正交，即

$$\int_a^b p(x)\omega_{n+1}(x)\rho(x)\mathrm{d}x=0 \tag{4.20}$$

根据式(4.7)，为了保证高测量精度，我们可以选择 $\rho(r)=1$ 和 $\rho(r)=(R^2-r^2)^{1/2}$ 作为权函数，分别用高斯-勒让德积分方法和高斯-雅可比积分方法求出保证 $2N+1$ 次代数精度下的 N 个高斯节点。这 N 个高斯节点也就确定了 N 个声道

换能器对在传感器中的分布位置。根据高斯-勒让德积分与高斯-雅可比积分方法确定的分布位置和加权系数如表 4.1 所示。根据表 4.1 可以很方便地设计多声道超声波气体流量传感器的声道分布结构和瞬时流速的计算方法。

表 4.1 声道分布位置和加权系数表

声道数	高斯-勒让德方法		高斯-雅可比方法	
	分布位置 r_i/R	加权系数 W_i	分布位置 r_i/R	加权系数 W_i
2	±0.5774	F_i	±0.5	$0.7854R^2$
3	±0.7746	$0.5556F_i$	—	—
	0.0000	$0.8889F_i$		
4	±0.8611	$0.3479F_i$	±0.8090	$0.2173R^2$
	±0.3400	$0.6521F_i$	±0.3090	$0.5682R^2$
5	±0.9062	$0.2369F_i$	—	—
	±0.5385	$0.4786F_i$		
	0.0000	$0.5689F_i$		
6	±0.9325	$0.1713F_i$	±0.9010	$0.0837R^2$
	±0.6612	$0.3608F_i$	±0.6235	$0.2765R^2$
	±0.2386	$0.4679F_i$	±0.2225	$0.4253R^2$

注：表中定义 $F_i=R^2\left[1-\left(\frac{r_i}{R}\right)^2\right]^{1/2}$；高斯-雅可比积分方法只适用于偶数声道传感器。

多声道气体超声波流量计的瞬时流速为

$$V=\frac{2}{S}\sum_{i=1}^{N}W_iV_i(r_i) \tag{4.21}$$

式中：W_i 为数值积分的加权系数；r_i 为求积计算中的节点；N 为节点数，即为声道数；$V_i(r_i)$为第 i 个声道所处弦向所在截平面沿轴向方向的面平均流速，即第 i 个声道通过时差测量后根据式(4.1)的计算值，有

$$V_i(r_i)=\frac{D(r_i)}{2\cos\phi}\cdot\frac{t_{Ui}-t_{Di}}{t_{Ui}t_{Di}} \tag{4.22}$$

式中：$D(r_i)$为第 i 弦向声道的弦线长度。

体积流量为

$$q_v=S\cdot V \tag{4.23}$$

4.2 基于高斯数值积分方法的换能器位置确定和加权系数计算

由图 4.2 可知，除了网络布置结构外，从管道截面看，平行布置和交叉布置结

构的声道之间均为平行关系，其声道的布置可以通过数值积分计算所需要的节点来确定。

下面先讨论高斯数值积分的一般形式。

如果有一组节点 $x_0, x_1, \cdots, x_N \in [a,b]$，使积分 $\int_a^b \rho(x) f(x) \mathrm{d}x = \sum_{i=1}^{N} W_i f(x_i)$ 有 $2N+1$ 次代数精度，则称为高斯型数值积分。

高斯型数值积分方法的计算步骤如下。

(1) 正交多项式的构造有待定系数法和递推公式法，本书采用的高斯-勒让德和高斯-雅可比积分均有递推公式，因此采用的构造方法是后者。

(2) 高斯点的求解，假设 N 次正交多项式为 0，其根即为高斯点，与传感器的分布位置关系为 r_i/R 或 r_i^2/R^2。

(3) W_i 的计算有解线性方程组法和公式法，本书采用的是解线性方程组法。取 $f(x)=1, x, \cdots, x^{N-1}$，要使积分公式精确成立，可以列出如下 N 个方程。

$$\begin{cases} \int_a^b \rho(x) \mathrm{d}x = W_1 + W_2 + \cdots + W_N \\ \int_a^b \rho(x) x \mathrm{d}x = W_1 x + W_2 x + \cdots + W_N x \\ \quad \vdots \\ \int_a^b \rho(x) x^{N-1} \mathrm{d}x = W_1 x^{N-1} + W_2 x^{N-1} + \cdots + W_N x^{N-1} \end{cases} \tag{4.24}$$

解线性方程组求得加权系数 W_i。式(4.7)变换后与式(4.21)构成如下关系式：

$$V = \frac{2}{S}\int_{-1}^{1} R^2 \left[1-\left(\frac{r}{R}\right)^2\right]^{1/2} V(r) \mathrm{d}\frac{r}{R} = \frac{2}{S}\sum_{i=1}^{N} W_i V_i(r_i) \tag{4.25}$$

4.2.1 高斯-勒让德积分方法

选择 $x=r/R$，$\rho(x)=1$ 时，即

$$f(x)=R^2(1-x^2)^{1/2}V(Rx) \tag{4.26}$$

可以采用勒让德多项式来求解高斯节点。

根据勒让德多项式的一般形式[118][119]为

$$p_n(x)=\frac{1}{2^n n!}\frac{\mathrm{d}^n}{\mathrm{d}x^n}[(x^2-1)^n] \tag{4.27}$$

首项系数为

$$a_n=\frac{1}{2^n n!}\frac{(2n)!}{n!}=\frac{(2n)!!\ (2n-1)!!}{2^n\ (n!)^2}=\frac{(2n-1)!!}{n!}$$

勒让德多项式是$[-1,1]$上带权 $p(x)=1$ 的正交多项式。

(1) 选择 1 个节点时，$p_1(x)=x$，其零点为 $x_0=0$，有

$$\int_{-1}^{1} f(x)\mathrm{d}x = W_0 f(0)$$

可求得 $W_0=2$。因此，有中矩形公式

$$\int_{-1}^{1} f(x)\mathrm{d}x = 2f(0) \tag{4.28}$$

(2) 选择 2 个节点时，$p_2(x)=\frac{1}{2}(3x^2-1)$，其零点为 $x_0=-\frac{1}{\sqrt{3}}$，$x_1=\frac{1}{\sqrt{3}}$，有

$$\int_{-1}^{1} f(x)\mathrm{d}x \approx W_0 f\left(-\frac{1}{\sqrt{3}}\right)+W_1 f\left(\frac{1}{\sqrt{3}}\right)$$

其代数精度为 3，所以对 $f(x)=1,x$ 都精确成立。由

$$\begin{cases} W_0+W_1=2 \\ W_0\left(-\frac{1}{\sqrt{3}}\right)+W_1\left(\frac{1}{\sqrt{3}}\right)=0 \end{cases}$$

求得 $W_0=1,W_1=1$。因此，有两点的高斯-勒让德积分公式为

$$\int_{-1}^{1} f(x)\mathrm{d}x \approx f\left(-\frac{1}{\sqrt{3}}\right)+f\left(\frac{1}{\sqrt{3}}\right) \tag{4.29}$$

(3) 选择 3 个节点时，$p_3(x)=\frac{1}{5}(5x^3-3x)$，其零点为 $x_0=-\frac{\sqrt{15}}{5}$，$x_1=0$，$x_2=\frac{\sqrt{15}}{5}$，有

$$\int_{-1}^{1} f(x)\mathrm{d}x \approx W_0 f\left(-\frac{\sqrt{15}}{5}\right)+W_1 f(0)+W_2 f\left(\frac{\sqrt{15}}{5}\right)$$

其代数精度为 4，所以对 $f(x)=1,x,x^2$ 都精确成立。由

$$\begin{cases} W_0+W_1+W_2=2 \\ W_0\left(-\frac{\sqrt{15}}{5}\right)+W_2\left(\frac{\sqrt{15}}{5}\right)=0 \\ W_0\left(-\frac{\sqrt{15}}{5}\right)^2+W_2\left(\frac{\sqrt{15}}{5}\right)^2=\frac{2}{3} \end{cases}$$

求得 $W_0=\frac{5}{9}$，$W_1=\frac{8}{9}$，$W_2=\frac{5}{9}$。因此，有三点的高斯-勒让德积分公式为

$$\int_{-1}^{1} f(x)\mathrm{d}x \approx \frac{5}{9}f\left(-\frac{\sqrt{15}}{5}\right)+\frac{8}{9}f(0)+\frac{5}{9}f\left(\frac{\sqrt{15}}{5}\right) \tag{4.30}$$

(4) 选择 4 个节点时，$p_4(x)=\frac{1}{8}(35x^4-30x^2-3)$，其零点为 $x_{3,0}=\pm 0.8611363$，$x_{2,1}=\pm 0.3399810$。由上述方法可以求得 $W_0=0.3478548$，$W_1=0.6521452$，$W_2=0.6521452$，$W_3=0.3478548$。

根据式(4.27)，依次可以得到更多节点数时的勒让德多项式为

$$p_5(x)=\frac{1}{8}(63x^5-70x^3+9x)$$
$$p_6(x)=\frac{1}{16}(231x^6+315x^4+77x^2-1) \tag{4.31}$$

根据上述方法求出其节点数和加权系数，对应于多声道超声波气体流量传感器的换能器分布位置与加权系数如表 4.1 所示。

4.2.2　高斯-雅可比积分方法

再将式(4.25)变换为

$$V=\frac{2}{S}\int_{-1}^{1}R^2\left[1-\left(\frac{r}{R}\right)^2\right]^{1/2}\frac{1}{2}\left[\left(\frac{r}{R}\right)^2\right]^{-1/2}V(r)\mathrm{d}\left(\frac{r}{R}\right)^2=\frac{2}{S}\sum_{i=1}^{N}W_iV_i(r_i) \tag{4.32}$$

如果选择 $t=\left(\frac{r}{R}\right)^2$，式(4.32)变换为

$$\begin{aligned}V&=\frac{2}{S}\int_{0}^{1}R^2(1-t)^{1/2}\frac{1}{2}t^{-1/2}V(R\sqrt{t})\mathrm{d}t+\frac{2}{S}\int_{-1}^{0}R^2(1-t)^{1/2}\frac{1}{2}t^{-1/2}V(-R\sqrt{t})\mathrm{d}t\\&=\frac{2}{S}\sum_{i=1}^{N}W_iV_i(r_i)\end{aligned} \tag{4.33}$$

从形式上看，式(4.33)由两项高斯-雅可比型函数积分[120][121]相加。根据高斯-雅可比型函数积分的定义

$$\int_{0}^{1}(1-t)^{\alpha}t^{\beta}f(t)\mathrm{d}t\approx\sum_{i=1}^{N}W_if(t_i) \tag{4.34}$$

权函数为

$$W(t)=(1-t)^{\alpha}t^{\beta} \tag{4.35}$$

式中：$\alpha=1/2$；$\beta=-1/2$。

因为 $\beta=-1/2$，$t^{\beta}=(r/R)^{-1}$，必须 $r\neq0$，所以利用高斯-雅可比积分方法只适于偶数声道超声波气体流量传感器的求积运算。式(4.33)中求和的两项积分函数是完全对称的，因此我们求出式前面一项数值积分的节点时，对 V 来讲，与之对称的节点也就求出来了。

根据高斯-雅可比正交多项式的递推公式：

$$P_i(t)=\frac{(-1)^i}{(1-t)^{\alpha}t^{\beta}i!}\left(\frac{\mathrm{d}}{\mathrm{d}t}\right)^i[(1-t)^{i+\alpha}t^{i+\beta}],\quad i=-1,0,1,2,\cdots,N \tag{4.36}$$

可以得到前三项递推公式为

$$P_{-1}(t)=0,\quad P_0(t)=1,\quad P_1(t)=(\alpha+\beta+2)t-(\beta+1) \tag{4.37}$$

一般公式为

$$P_i(t)=(a_it+b_i)P_{i-1}(t)-c_iP_{i-2}(t) \tag{4.38}$$

式中

$$\begin{cases} a_i=\dfrac{(2i+\alpha+\beta-1)(2i+\alpha+\beta)}{i(i+\alpha+\beta)} \\ b_i=\dfrac{(2i+\alpha+\beta-1)(\alpha^2-\beta^2-(2i+\alpha+\beta)(2i+\alpha+\beta-2))}{2i(i+\alpha+\beta)(2i+\alpha+\beta-2)} \\ c_i=\dfrac{(i+\alpha-1)(i+\beta-1)(2i+\alpha+\beta)}{i(i+\alpha+\beta)(2i+\alpha+\beta-2)} \end{cases} \tag{4.39}$$

我们计算出各次的雅可比多项式如下：

$$\begin{cases} P_0(t)=1 \\ P_1(t)=2t-\dfrac{1}{2} \\ P_2(t)=6t^2-\dfrac{9}{2}t+\dfrac{3}{8} \\ P_3(t)=20t^3-25t^2+\dfrac{15}{2}t-\dfrac{5}{16} \\ \quad\vdots \end{cases} \tag{4.40}$$

求出 $P_1(t), P_2(t), P_3(t), \cdots$ 雅可比多项式后，就可以计算出二、四、六声道超声波气体流量传感器中超声换能器位置布置的参数 r_i/R 和传感器流速积分计算的加权系数 W_i，如表 4.1 所示。

在气体流量测量中，由于气体的黏性系数较小，一般处于湍流状态。而湍流状态在轴线周围的流态很复杂，脉动现象最为严重[122-125]。由于在传统的普朗特流速分布经验公式中，$r=0$ 处的数学描述不完善，因此在多声道气体超声波流量计的设计中，一般不布置经过轴心线的声道。为了很好地反映气体流速分布的对称特性，多声道气体超声波流量计大多采用二、四、六偶数声道布置方式。

4.3 模型分析与仿真研究

4.3.1 模型误差分析

多声道超声波气体流量测量模型为

$$\begin{aligned} q_v &= S \cdot V = 2\sum_{i=1}^{N} W_i V_i(r_i) = 2\sum_{i=1}^{N} W_i \cdot \frac{\sqrt{R^2-r_i^{\ 2}}}{\cos\phi} \cdot \frac{t_{Ui}-t_{Di}}{t_{Ui}t_{Di}} \\ &= f(W_i, R, r_i, \phi, t_{Ui}, t_{Di}) \end{aligned} \tag{4.41}$$

其测量误差为

$$\frac{dq_v}{q_v}=\frac{\partial f}{\partial W_i}\Delta W_i+\frac{\partial f}{\partial R}\Delta R+\frac{\partial f}{\partial r_i}\Delta r_i+\frac{\partial f}{\partial \phi_i}\Delta\phi_i+\frac{\partial f}{\partial t_{Ui}}\Delta t_{Ui}+\frac{\partial f}{\partial t_{Di}}\Delta t_{Di} \tag{4.42}$$

式(4.42)中，第一项误差 ΔW_i 为数值积分的加权误差，也是上述模型的计算误差。按照数值积分的余式求出双声道时模型的计算误差最大(4.9902e−7)，该项误差不足以影响仪器达到误差为0.5%～0.15%的计量水平。双声道以上时模型的计算误差更小，因此模型的计算误差对总体测量误差的影响甚小。

式(4.42)中，第二、三、四项误差 ΔR、Δr_i、$\Delta\phi_i$ 为几何因素引起的误差，几何因素会随环境温度和压力的变化而变化，但也不足以影响仪器的高精度测量，在流量计算机中可以通过温度、压力对流速、流量测量的补偿进行修正。

式(4.42)中，最后两部分误差来源于 $\Delta t_{\mathrm{U}i}$、$\Delta t_{\mathrm{D}i}$，实际每个声道的测量时间 $T_{\mathrm{U}i}=t_{\mathrm{U}i}+t_{\mathrm{d}}$，$t_{\mathrm{d}}$ 是超声波在非被测介质中的传播时间和电路的延迟时间之和，t_{d} 是相对固定的时间，可以进行修正处理，$t_{\mathrm{U}i}$ 和 $t_{\mathrm{D}i}$ 就是影响仪器测量误差的主要因素。利用 CPLD 设计的计时电路可以使 $t_{\mathrm{U}i}$ 和 $t_{\mathrm{D}i}$ 达到纳秒级的测量精度。

4.3.2　模型修正与误差分析

1. 基于高斯-勒让德积分方法的模型仿真

以 $D=300$ mm，$\phi=60°$ 四声道交叉结构超声波气体流量传感器为例，假设其流态较平稳，即在管道中均匀分布，超声波在气体流体介质中的传播速度不变。因为式(4.42)中超声波历经时间变化值在顺流和逆流中互相抵消，几何量的影响也可忽略，所以我们在研究模型的测量误差时可以主要考虑式(4.21)的影响。

根据普朗特流速分布公式，有

$$V(r_i)=V_{\mathrm{m}}\left(1-\frac{|r_i|}{R}\right)^{\frac{1}{n}} \tag{4.43}$$

式中

$$n=\begin{cases}2\lg\left(\dfrac{Re}{n}\right)-0.8, & \text{管壁光滑}\\[2ex] 1.74-2\lg\left(\dfrac{K_{\mathrm{r}}}{R}+18.7\dfrac{n}{Re}\right), & \text{管壁粗糙 } K_{\mathrm{r}}\end{cases} \tag{4.44}$$

式中：Re 为雷诺数。

已知管道平均流速 $V_{实}$，由式(4.43)可以推导出

$$V_{\mathrm{m}}=\frac{(2n+1)(n+1)}{2n^2}\times V_{实} \tag{4.45}$$

再根据式(4.22)和式(4.23)计算得到瞬时流速测量值 V 及体积流量测量值 q_{v}。体积流量测量的相对误差为

$$\frac{\mathrm{d}q_{\mathrm{v}}}{q_{\mathrm{v}}}=\frac{q_{\mathrm{v}}-q_{\mathrm{v}实}}{q_{\mathrm{v}实}}\times 100\% \tag{4.46}$$

式中

$$q_{\mathrm{v}实}=\frac{\pi D^2}{4}\times V_{实} \tag{4.47}$$

当 $Re=1\times10^6$ 时，管壁光滑的超声波气体流量传感器可按照式(4.44)的模型仿真计算出流速在 0.5～30 m/s 时的相对误差。通过 Matlab 计算保留四位小数得出的相对误差无限接近－0.3134%。由计算可知误差只往一个方向偏，且在不同流速中误差保持一致，这说明测量模型呈线性。

为了解决上述模型的测量误差，对上述模型进行系数修正，即

$$V_{修}=K\cdot V$$
$$q_{v修}=K\cdot q_v \tag{4.48}$$

式中：K 为测量模型的修正系数，通过标定得到。

在本仿真中，选择基于普朗特的速度分布公式作为仿真分析的基准，当 $K=0.92$ 时，流量测量误差为－0.3407%；当 $K=0.918$ 时，测量误差达到－0.1236%。

工业气体流速范围一般在 0.5～30 m/s，对于新测量管道($K_r=0.5\ \mu m$)[125]，在湍流状态下($Re\geqslant4000$)，仿真计算得到的体积流量相对误差≤0.1%，如表 4.2 和图 4.5 所示。

表 4.2　流速修正系数及误差(一)

Re	K	$\frac{dq_v}{q_v}/(\%)$
1×10^4	0.8835	0.093
1×10^5	0.9075	－0.071
1×10^6	0.9225	－0.061
1×10^7	0.9295	－0.055

当 $Re=1\times10^4$ 时，流量相对误差为 0.093%；当 $Re=1\times10^5$ 时，流量相对误差为－0.071%；当 $Re=1\times10^6$ 时，流量相对误差为－0.061%；当 $Re=1\times10^7$ 时，流量相对误差为－0.055%。

仿真分析表明，上述建立的多声道超声波气体流量测量模型完全能满足油气、天然气等易燃易爆气体流量测量误差为±(0.5%～0.15%)的计量水平。

2. 基于高斯-雅可比积分方法的模型仿真

同样以 $D=300$ mm，$\phi=60°$四声道交叉结构超声波气体流量传感器为例，按照以下步骤进行计算和仿真：

(1) 通过式(4.44)和式(4.45)，得到 V_m；

(2) 通过式(4.43)，得到 $V(r_i)$；

(3) 通过式(4.21)，得到瞬时流速测量值 V；

(4) 最后计算不同流速下的体积流量计算误差。

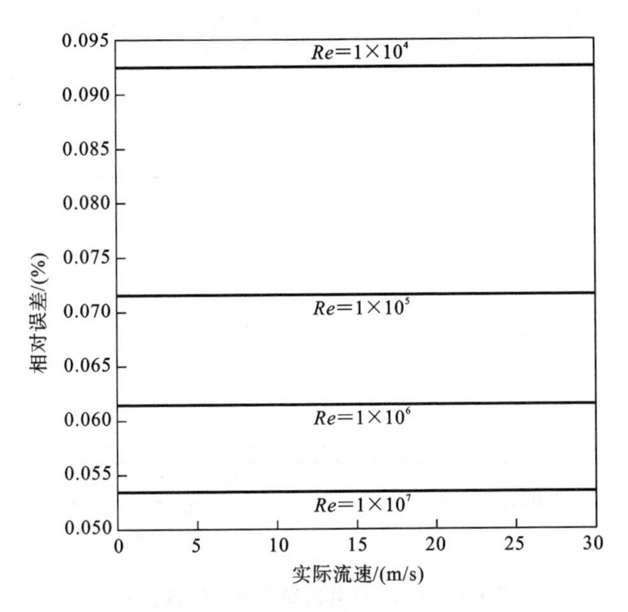

图 4.5　高斯-勒让德模型仿真测量误差

在工业应用中，气体流速 V 的工作范围一般在 0.5～30 m/s，根据 Van der Kam 理论，在新管道中，管道表面粗糙度 $K_r \approx 0.5\ \mu m$；然而在旧管道中，管道表面粗糙度高达 30 μm。在仿真和分析中，首先从 V 中解出 V_m，且可以得到 $V(r_i)$。以式(4.21)计算得到流速值，对于畸形的流速分布，理论测量误差通过如下公式可以计算得到流量测量误差为

$$\frac{dq_v}{q_v}=\frac{Kq_v - q_{v实}}{q_{v实}}\times 100\% \tag{4.49}$$

式中：K 的确定在仪器标定时完成。

在做仿真分析时，流体在不同的雷诺数下，按照小于 0.1% 的误差要求，由式(4.49)求得符合要求的 K 值。在一次仪表的微处理器中按 2 字节进行 K 值存储和运算，通过仿真计算，得出不同雷诺数下的 K 值和理论分析的测量误差，如表 4.3 所示。按照工业气体流速范围为 0.5～30 m/s 考虑，对于新测量管道($K_r=$

表 4.3　流速修正系数及误差(二)

Re	K	$\frac{dq_v}{q_v}$
1×10^4	0.8835	0.0506
1×10^5	0.9075	−0.0117
1×10^6	0.9225	−0.0209
1×10^7	0.9295	−0.0203

0.5 μm)，在湍流状态下($Re \geqslant 4000$)，通过计算和仿真得到的流量相对误差均≤0.1%，如图4.6所示。

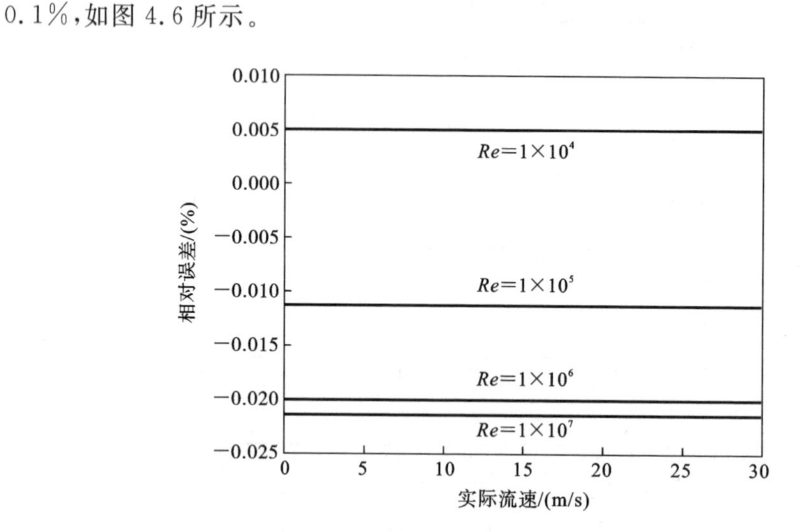

图4.6 高斯-雅可比模型仿真测量误差

高斯-雅可比积分方法适合于对称偶数声道的多声道超声波气体流量测量。通过Matlab计算与仿真，可以在不同的雷诺数下求得合适的流速修正系数K，满足测量精度≤0.1%的要求，从而使多声道气体超声波流量计满足油气、天然气等易燃易爆气体流量测量误差范围为±(0.5%～0.15%)的计量水平。

4.4 基于神经网络算法的多声道气体超声波流量计仿真研究

4.4.1 换能器位置的确定及神经网络的构建

还是以$D=300$ mm，$\phi=60°$四声道交叉结构超声波气体流量传感器为例，根据高斯-勒让德积分方法求解得到的4个节点值为$x_{3,0}=\pm 0.8611363$，$x_{2,1}=\pm 0.3399810$。由$x=\frac{r}{R}$计算得出每个声道的分布位置为：$r_1=129.165$ mm，$r_2=51$ mm，$r_3=-51$ mm，$r_4=-129.165$ mm。

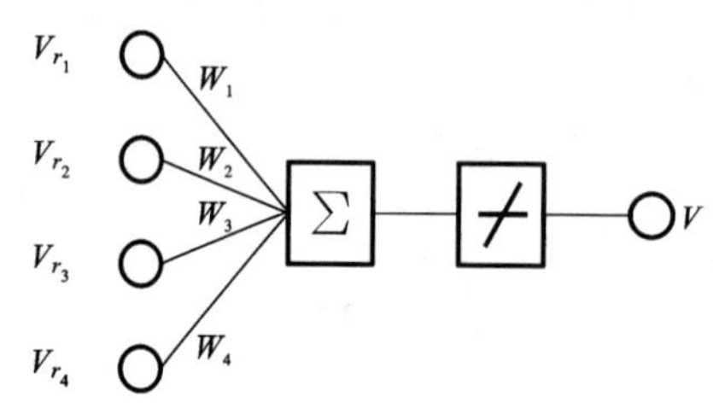

图4.7 四声道流量计线性神经网络结构

图4.7所示为四声道流量计线性神经网络结构。4个输入端$V_{r_1}\sim V_{r_4}$分别为4个声道的沿轴线方向的平均流速，流过测量管道横截面的平均流速V为根据权系数$W_1\sim W_4$

加权求和而得到的4个声道的平均流速[126]。

4.4.2 加权系数的线性神经网络求解

按照工业气体流速的一般测量范围为0.5～30 m/s，根据式(4.43)求解出在测量范围内各个声道沿轴线方向的平均流速(学习样本值)。目标输出误差要求小于0.001，按照最小均方学习规则，利用leanrwh函数来修正网络的权值和阈值。

通过Matlab及其神经网络工具箱，仿真求解出在流速测量范围内，不同声道的输入值对应的加权系数如表4.4所示，神经网络学习速率曲线如图4.8所示。

表4.4 各声道加权系数表

待测流速 $V/(\mathrm{m/s})$	V_{r_1}	V_{r_2}	V_{r_3}	V_{r_4}	W_1	W_2	W_3	W_4	误差/(%)
0.5	0.4642	0.5726	0.5726	0.4624	0.1112	0.1371	0.1371	0.1112	0.2395
1	0.9283	1.1453	1.1453	0.9283	0.1736	0.2142	0.2142	0.1736	0.1870
2	1.8566	2.2905	2.2905	1.8566	0.2019	0.2491	0.2491	0.2019	0.1088
3	2.7849	3.4358	3.4358	2.7849	0.2082	0.2569	0.2569	0.2082	0.0748
4	3.7132	4.5811	4.5811	3.7132	0.2105	0.2597	0.2597	0.2105	0.0567
5	4.6415	5.7264	5.7264	4.6415	0.2116	0.2611	0.2611	0.2116	0.0456
6	5.5696	6.8716	6.8716	5.5696	0.2122	0.2618	0.2618	0.2122	0.0381
7	6.4981	8.0169	8.0169	6.4981	0.2126	0.2622	0.2622	0.2126	0.0327
8	7.4264	9.1622	9.1622	7.4264	0.2128	0.2625	0.2625	0.2128	0.0287
9	8.3547	10.3075	10.3075	8.3547	0.2130	0.2627	0.2627	0.2130	0.0255
10	9.2830	10.3075	10.3075	9.2830	0.2131	0.2629	0.2629	0.2131	0.0230
20	18.5661	22.9055	22.9055	18.5661	0.2134	0.2633	0.2633	0.2134	0.0115
30	27.8491	34.3582	34.3582	27.8491	0.2135	0.2634	0.2634	0.2135	0.0077

仪器出厂前需要学习不同流态的样本，得到合适的加权系数。在实际测量中，根据各声道流速值通过插值算法来匹配最佳的一组加权系数，从而达到自适应加权求和，得到气体流速和体积流量值。

4.4.3 误差分析

对于工业气体流速$V_{实}$在0.5～30 m/s的范围，通过式(4.43)可计算出各个

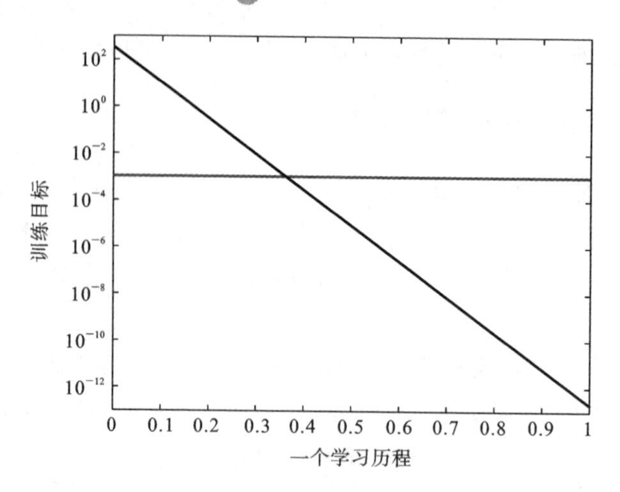

图 4.8　神经网络学习速率曲线

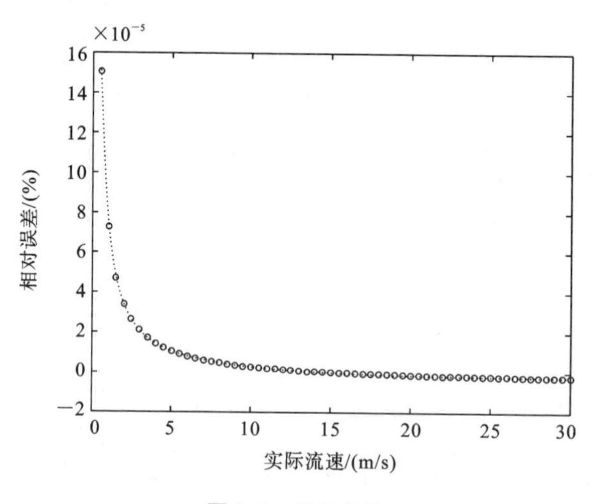

图 4.9　误差曲线

流层的平均流速 V_{r_i}，再由式(4.21)计算出测量系统的测量值 V。根据误差计算公式 $E=(V-V_{实})/V_{实}\times100\%$，通过 Matlab 计算仿真出系统的误差曲线如图 4.9 所示。从神经网络算法得到的加权系数的多声道超声波气体流量测量方法来看，可以做到免修正系数测量。通过 Matlab 仿真结果表明，通过实时各流层的流速，并据此选择不同的加权系数，从而保证在不同的流态下、不同的流速中，测量误差为$-0.1\%\sim0.1\%$。

4.5　本章小结

本章紧密结合第 2 章的结论，在实际测量场合的流态很复杂，可能是脉动、涡流或间歇流等不平稳流。从传感器的结构上，采用多声道的结构方法，各个声道的测量值反映了相应流层的流速分布情况。本章研究了基于高斯-勒让德、高斯-雅可比加权积分求和的方法确定多声道超声波流量测量管道(传感器)的声道分布位置，并建立了基于高斯-勒让德、高斯-雅可比两种积分方法的多声道超声波流量计数学模型，并仿真比较了其特点与特性。根据气体流场分布的特点，沿轴心位置的流场最不稳定，因此对于气体流量测量来讲，一般选择偶数声道超声波流量计，这样可以避免沿轴心这个声道上的测量数据不稳定。因此根据表 4.1 给出的声道分布位置确定表格，高斯-雅可比积分方法适用于多声道超声波气体流量测量，但加权系数需要根据测量管道中的现场环境进行标定。基于神经网络算法的多声道超声波气体流量测量数学模型，实现了自适应修正加权系数的功能，经过数字仿真验证，用此方法得到的计算误差满足实际应用的测量与计量误差需要，并避免了在线修正加权系数的问题。

5

超声波流量测量高精度测时技术研究

超声波流量测量高精度测时技术研究是超声波流量测量技术发展的重要方向之一。高精度测时技术对于提高超声波流量计的测量精度和可靠性至关重要。超声波流量计通过测量超声波在流体中传播的时间差来计算流体的流速，进而得到流量。因此，时间的精确测量是超声波流量计准确性的基础。对超声波流量测量高精度测时技术研究决定了超声波流量计能达到的最准确的测量。

5.1 ACAM 公司计时电路的设计与分析

ACAM 公司核心产品时间数字转换器(timer digital converter，TDC)以其高精度、低功耗、小体积等优势在多个领域得到广泛应用。ACAM 公司的 TDC 产品通过高精度的时间间隔测量技术，将时间间隔直接转化为高精度的数字值。其基本原理是利用信号通过芯片内部门电路的传播延迟来进行时间间隔的测量。具体来说，测量单元由 START 信号触发，接收到 STOP 信号停止。通过计算 START 和 STOP 信号之间通过的门电路个数，来确定两者之间的时间间隔。

5.1.1 ACAM 公司的 TDC-GP 系列计时电路

ACAM 公司是 1996 年成立的德国公司，一直致力于开发和生产基于皮秒级时间间隔测量的集成电路和系统解决方案。ACAM 公司的核心技术在于时间数字转换器的精确时间间隔测量。这一技术将数字测量电路集成在标准 CMOS 技术中，以满足高精度、高测量速率、低功耗和紧凑性的要求。这些芯片把时间间隔直接转化为高精度的数字值，它与位于前端传感器和数字处理器之间的数模转换器非常相似。但 TDC 仅是高精度的时间测量工具，通常用在分辨率小于 1 ns 的转换器上。

ACAM 公司推出了多款 TDC 产品，早期推出了 TDC-GP1，紧接着推出了 TDC-GP2。随着超声波燃气表市场的兴起，ACAM 公司推出了针对该应用领域的优化产品，如 TDC-GP21、TDC-GP22。TDC 系列中功能最强大的产品是 TDC-GPX，这款产品特别适用于对性能和精度要求都很高的工业应用和科研领域。近几年来，为了满足超声波流量计市场对更高精度、更低功耗和更多功能的需求，ACAM 公司推出了 TDC-GP30 等新一代产品。TDC-GP 系列产品对比如表 5.1 所示。

表 5.1 TDC-GP 系列产品对比

类型	通道数	分辨率/ps	脉冲对分辨率/ns	工作电源范围/V	通信接口	环境温度范围/℃	封装	发展阶段
TDC-GP1	1,2	250，125	15	2.7～5.5	—	−40～+85	TQFP44	纯 TDC
TDC-GP2	1,2	50,50	15	1.8～3.6	串行外设接口	−40～+85	QFN32	纯 TDC
TDC-GP21	2	22	20	2.5～3.6	串行外设接口	−40～+125	QFN32	集成模拟前端
TDC-GP22	2	22	20	2.5～3.6	串行外设接口	−40～+125	QFN32	集成模拟前端
TDC-GPX	8	10	6	2.3～3.6	28 位并行数据总线	−40～+125	TQFP100	高测量刷新率
TDC-GPX2	4	10	20，通道数＜5	3.0～3.6	每个通道都支持串行 LVDS 信号输入或输出；串行外设接口	−40～+125	QFN64	高测量刷新率
TDC-GP30/TDC-GP30-F01	—	11	—	2.5～3.6	串行外设接口，异步收发传输器，脉冲	−40～+85	QFN32，QFN40	先进的高精度模拟部分

作为第一代产品，TDC-GP1 带有 RLC 单元（电阻、电感、电容测量单元）。这款产品适用于多种应用，包括对成本较为敏感的场景。TDC-GP2 集成了温度测量单元和脉冲发生器，它特别适用于超声波热量表、超声波流量计、激光测距仪等产品。TDC-GP21 在 TDC-GP2 的基础上进行了全面升级，不仅保留了 TDC-GP2 的高精度时间测量等功能，还额外集成了超声波热量表所需要的信号处理模拟部分，如模拟开关、低噪声斩波稳定模拟信号比较器以及内部集成的温度测量施密特触发器等。这些特性使得 TDC-GP21 在超声波热量表的设计中更加简单、高

效，并大大降低了材料和人工成本。

TDC-GP22 则是对 TDC-GP21 的进一步升级，集成了温度测量单元和脉冲发生器，低功耗、高精度超声波流量计、超声波热量表测量芯片，应用简单，实现了超声波流量计、超声波热量表电路的高集成度设计，与 TDC-GP21 功能、引脚和寄存器兼容，可完全替换 TDC-GP21。TDC-GPX 是 TDC 系列最强大的产品，TDC-GPX 有高测量刷新率，这款产品特别适合于对性能和精度要求都很高的工业应用和科研领域，如 TOF 光谱分析。TDC-GP30 在 TDC-GP22 的基础上集成了低功耗的 32 位微处理器 MCU，能够单独完成所有测量任务，包括流量和温度的计算。这款芯片在保持高精度测量的同时，大大降低了功耗，使得超声波流量计的应用更加广泛和可靠。ACAM 公司进一步规划的 TDC-GP40 是可以与 MSP430FR6047 等同的一款 TDC-GP 产品，但目前暂时没有投入应用，在此不进行介绍。

目前，TDC-GP 系列产品中使用最广泛的是 TDC-GP22、TDC-GP30，TDC-GP22 由于其高精度和低功耗的特点，被广泛应用于多个领域。TDC-GP30 自推出以来，凭借其高精度、低功耗和集成度高等优点，在超声波流量计等领域得到了广泛应用。

5.1.2 ACAM 公司计时电路的典型应用

本课题组在进行超声波流量测量时，采用 TDC-GP22 作为高精度测时芯片，完成超声波流量测量高精度计时。本课题组对比了 TDC-GP30 和微处理器 MSP430FR6047，认为 MSP430FR6047 在性能上更优于 TDC-GP30，所以在此不介绍 TDC-GP30 的应用。

TDC-GP22 是 TDC-GP21 的下一代升级版，它可以完全替换 TDC-GP21 引脚和功能兼容升级，具有扩展功能。特别是新开发的第一波检测功能，使 TDC-GP22 非常适用于具有高动态的超声波流量计。比较器的可编程偏置范围增加到 ±35 mV，还会在第一波检测后自动设置回零比较。测量第一个回波的相对脉冲宽度为用户提供了接收信号强度的指示。这可用于对该系统进行长期信号衰减或气泡检测的判断。与 TDC-GP21 相比，TDC-GP22 简化了多个测量脉冲的数据处理和数据读取功能。

1. TDC-GP22 的主要特性

（1）高精度和高分辨率：TDC-GP22 能够提供非常高的时间测量精度，是超声波流量计等高精度测量设备的理想选择。该芯片能以 90 ps（皮秒）的分辨率进行时间间隔测量，在四分辨率模式情况下能达到 22 ps 的精度，确保了测量的准确性。

（2）宽动态范围：TDC-GP22 支持的时间测量范围很广，从几皮秒到数毫秒，适合各种应用场景，包括高动态范围的超声波流量计应用。

(3) 高集成度：TDC-GP22集成了许多功能，如温度传感器、电池电压监测、可编程PLL(锁相环)以及SPI(串行外设接口)等，使得整个系统具有较高的集成度，从而减少了对外部元件的需求，进而简化了设计。

(4) 低功耗：设计用于低功耗应用，在空闲模式下，功耗可以降低到纳安级。这使得TDC-GP22特别适合电池供电的应用场景，如便携式仪器和物联网设备。

(5) 较好的灵活性：TDC-GP22提供了可编程的参数设置，可以根据不同应用场景进行优化。例如，可以调整测量分辨率、积分时间、滤波器设置等参数以满足特定的性能要求。

(6) 特定功能增强：TDC-GP22具备智能第一个回波检测功能，使得时间窗口设置不再受时差变化影响，实现精确的脉冲间隔测量，以及回流、空管识别和报警；第一波脉冲宽度测量功能，在水表应用中发挥了至关重要的作用，它不仅能检测段内是否有气泡影响，还能检测管道内的长期覆盖物，一旦发生异常，系统将及时发出报警信号；芯片具备简化的多脉冲结果计算功能，能够自动处理多个脉冲结果，并给出平均值，这一设计简化了测量流程，并节省了单片机资源。

(7) 适用于超声波流量计：TDC-GP22的高精度、低功耗、高集成度和特定功能增强，使其非常适合于超声波水表的应用。超声波流量计采用超声波时差原理测量流体流速和流量，TDC-GP22能够精确量化时间间隔，为超声波流量计提供高精度的测量保障。

2. TDC-GP22的两种测量方式

TDC-GP22的内部结构框图如图5.1所示，它有两种不同的测量方式，分别

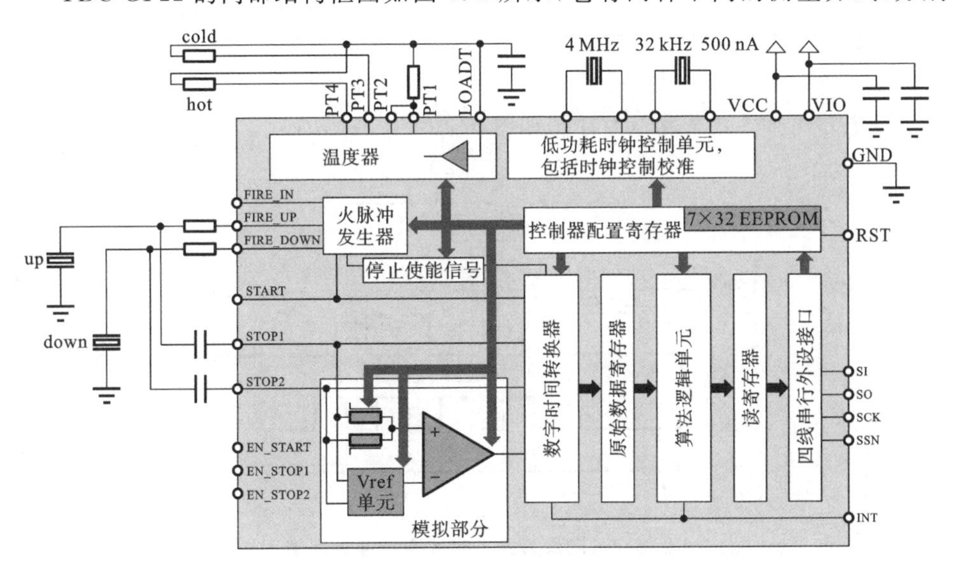

图5.1 TDC-GP22内部结构框图

为测量方式 1 和测量方式 2，具体说明如下。

1）测量方式 1

TDC-GP22 工作在测量方式 1 模式下的最高分辨率可达 45 ps，测量范围为 3.5 ns～2.5 μs；在测量方式 1 双通道四精度工作模式下的最高分辨率为 22 ps，测量范围为 500 ns～4 ms，兼具多脉冲数据自动处理功能；同时，其内部集成了第一波自动检测、高精度温度测量、脉冲发生电路、双通道模拟开关、低漂移电压比较器、高精度 STOP 屏蔽窗口以及时钟标定单元等功能。在测量过程中，测量范围受计数器大小的限制如表 5.2 所示。

表 5.2　测量方式 1 模式下测量范围受计数器大小的限制

参数	时间[条件]	描述
t_{ph}	2.5 ns[min.]	最小脉冲宽度
t_{pl}	2.5 ns[min.]	最小脉冲宽度
t_{ss}	3.5 ns[min.] 2.4 μs[max.]	开始到停止
t_{rr}	20 ns[typ.]	上升沿到上升沿
t_{ff}	20 ns[typ.]	下降沿到下降沿
t_{va}	1.24 μs 无标定 4.25 μs 标定	最后一次到达的有效数据
t_{xx}	没有时间限制	—
t_{yy}	2.4 μs[max.]	最大测量范围＝26224×LSB

$$t_{yy} = BIN \times 26224 \sim 90\ \text{ps} \times 26224 = 2.4\ \mu\text{s} \tag{5.1}$$

测量方式 1 模式下测量时序图如图 5.2 所示。

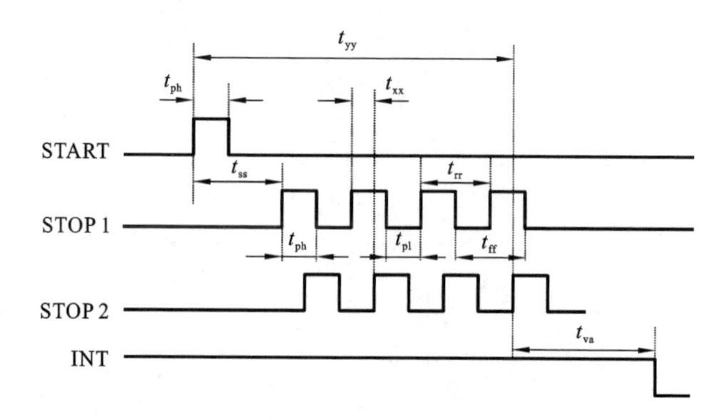

图 5.2　测量方式 1 模式下测量时序图

在测量方式 1 模式下的测量流程为配置、测量、数据处理、读取数据、读取校准原始数据。其中，配置包括 7 个步骤，分别是：选择测量方式 1、选择参考时钟、设置所能接收的脉冲个数、校准选择、定义 ALU 数据处理、选择输入触发方式、中断。读取数据包括未校准数据格式和校准数据格式两种。配置步骤流程图如图 5.3 所示。

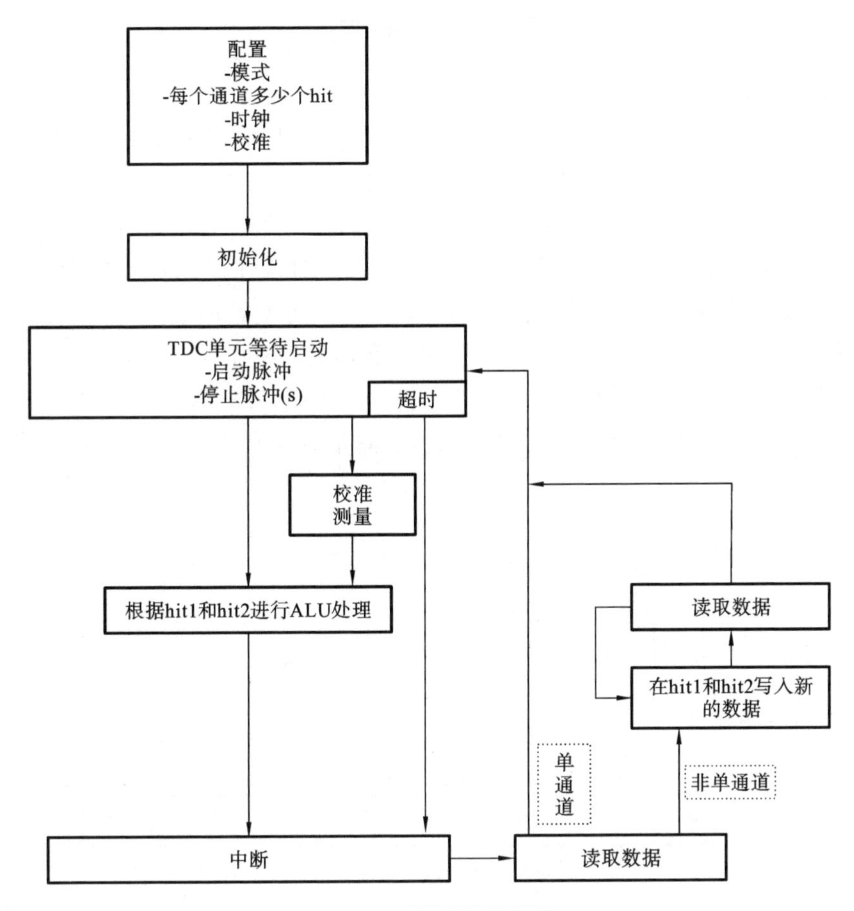

图 5.3 配置步骤流程图

在测量时，初始化后，TDC 高速测量单元接收 START 脉冲后开始工作直到出现以下两种情况才停止工作：达到设置的采样数（在测量方式 1 中两通道最多 4 次采样）或者遇到测量溢出（测量方式 1 中约为 2.4 μs）。

时间测量的原始数据存储在 TDC 内部，状态寄存器的 bits3-8 可以显示采样的数目。如果进行校准，则在测量完时差之后 TDC 开始测量一个和两个内部参考时钟周期（Tref/1，2 或 4）。校准原始数据（Cal1 和 Cal2，如图 5.4 所示）也被存储在 TDC 内部。

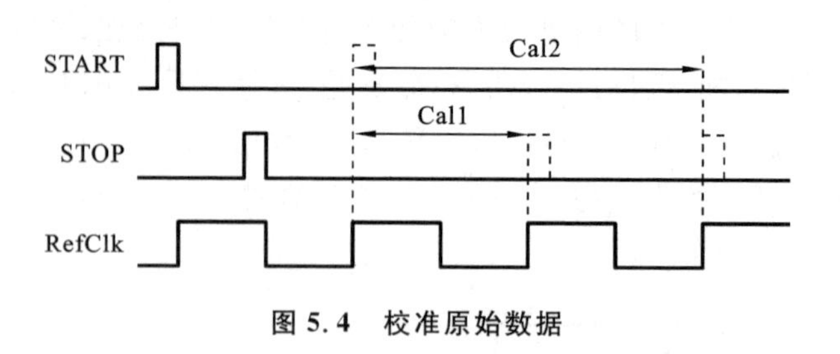

图 5.4 校准原始数据

2）测量方式 2

TDC-GP22 工作在测量方式 2 模式下，只有一个 STOP 通道对应 START 通道，典型的分辨率为 22 ps/45 ps/90 ps，测量范围从 700 ns 到 4 ms，2 倍 Tref 脉冲对分辨率，有 3 次采样能力且可以自动进行结果计算，可选择的上升沿/下降沿触发，每个单独的 STOP 信号都有一个精度为 10 ns 的可调窗口，可提供准确的 STOP 使能。

在测量方式 2 模式中，采用前端配置器来扩展可测量的最大时间间隔，分辨率保持不变。在此模式下，TDC 的高速单元并不测量整个时间间隔，而只测量从 START 和 STOP 到参考时钟的下一个上升沿的时间间隔（细计数）。在细计数之间，TDC 计算参考时钟的周期数（粗计数）。测量方式 2 模式下测量时序图如图 5.5 所示。

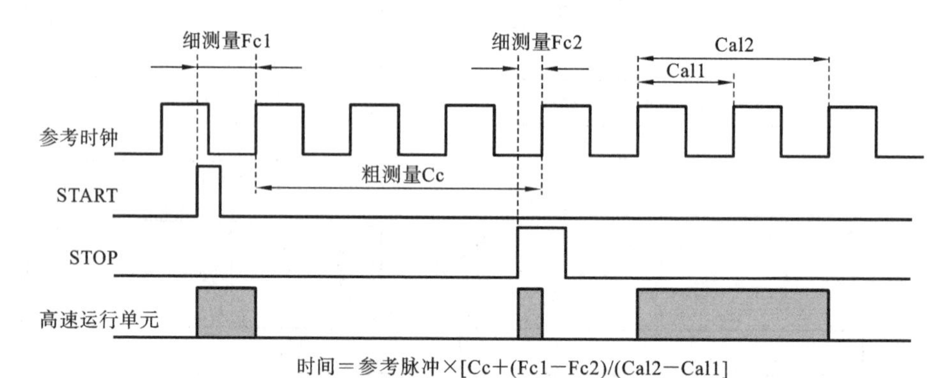

图 5.5 测量方式 2 模式下测量时序图

由于门传输延迟用于精确间隔测量，必须考虑该延迟时间直接受 VCC 和温度的影响。因此，使用测量方式 2 模式时，需要进行校准，并通过正确的配置自动完成校准。校准结果不依赖于温度或电源电压。在校正过程中，TDC 测量4 MHz 参考时钟的一个到两个周期。

测量方式 2 受粗计数器尺寸限制：

$$t_{yy}=T_{ref}\times 2^{14}=4.1\ \text{ms} \tag{5.2}$$

启动和停止之间的时间间隔以 26 位测量范围计算，测量范围受计数器大小的限制，如表 5.3 所示。

表 5.3 测量方式 2 模式下测量范围受计数器大小的限制

参数	时间[条件]	描述
t_{ph}	2.5 ns[min.]	最小脉冲宽度
t_{pl}	2.5 ns[min.]	最小脉冲宽度
t_{ss}	$2\times T_{ref}$	开始到停止 DIS_PHASESHIFT=1
t_{rr}	$2\times T_{ref}$	上升沿到上升沿
t_{ff}	$2\times T_{ref}$	下降沿到下降沿
t_{va}	4.6 μs[max.]	ALU 启动数据有效
t_{yy}	4 ms[max.]	最大测量范围

测量方式 2 模式下测量时序图如图 5.6 所示。

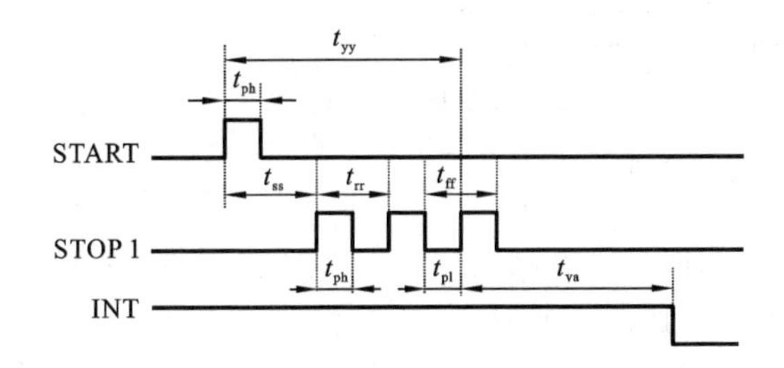

图 5.6 测量方式 2 模式下测量时序图

在测量方式 2 模式下的测量流程为配置、测量、数据处理、读取数据、读取校准原始数据。其中，配置包括 7 个步骤，分别是选择测量方式 2、选择参考时钟、设置所需要的脉冲个数、校准选择、定义 ALU 数据处理、选择输入触发方式、中断。配置步骤流程图如图 5.7 所示。

在测量时，初始化后，TDC 单元接收到 START 通道上的第一个脉冲后开始工作。它将运行到预先设置的采样数(在测量方式 2 中的通道 1 上最多能进行 3 次采样)或者遇到测量溢出后停止工作。如果遇到超时，可以通过编程设置参考时钟为 reg3，Bits27&28，SET_TIMO_MB2，在 4 MHz 时，其数值为

```
SEL_TIMO_MB2(@ 4 MHz,DIV_CLKHS=0)
=0      =64 μs
=1      =256 μs
=2      =1024 μs
=3      =4096 μs recommended
```

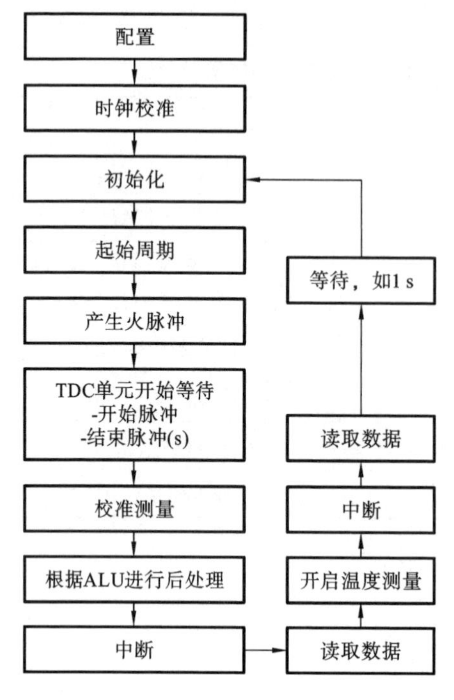

图 5.7　配置步骤流程图

在时间测量结束时，对 TDC 测量参考时钟的两个周期进行校准。

3. TDC-GP22 的应用

从 TDC-GP22 的介绍当中，我们知道该芯片工作在测量方式 1 模式下的最高分辨率可达 45 ps，测量范围为 3.5 ns～2.5 μs，在测量方式 1 双通道四精度工作模式下最高分辨率为 22 ps，测量范围为 500 ns～4 ms，兼具多脉冲数据自动处理功能；同时，其内部集成了第一波自动检测、高精度温度测量、脉冲发生电路、双通道模拟开关、低漂移电压比较器、高精度 STOP 屏蔽窗口，以及时钟标定单元等功能，TDC-GP22 芯片内部结构框图如图 5.1 所示。

在该超声波燃气表系统设计中，TDC-GP22 采用测量方式 2 进行高精度渡越时间检测，TDC-GP22 与单片机使用 SPI 进行通信，通过相应寄存器的配置完成测时芯片初始化。测量开始时，TDC-GP22 接收到 Start_ToF_Restart 指令并完成一次时差数据的测量，具体步骤为：配置寄存器 1 中的 SEL_START_FIRE＝1，停止 START 输入并应用激励信号 Fire 脉冲作为 TDC-START，设定停止通道所需的脉冲为 3，设置 EN_AUTOCALC_MB2＝1，TDC-GP22 将自动计算 3 个渡越数据之和。测量完成后通过 SPI 读取结果寄存器 4 中的时间均值，从而在不增加系统功耗的前提下，实现多 STOP 信号传播时间测量，TDC-GP22 时间测量外围电路如图 5.8 所示。

超声波燃气表的回波信号处理电路由回波信号放大滤波模块与 STOP 信号检测模块组成。STOP 信号检测模块使用双路比较电路来得到多路信号脉冲，最终得到超声波信号传播时间。

为满足 TDC-GP22 时间测量条件，需将 STOP 信号检测模块的 STOP 信号调整至方波信号，通过测量 START 信号与 STOP 信号的时间间隔确定超声波信号传播时间。为进一步确定时差数据精度，应在最大限度上保证 STOP 信号与回波信号的相位保持一致，可利用过零比较来实现相位对齐，同时结合前文中的动态阈值设定方法，避免噪声信号干扰与信号自身波动行为带来的 STOP 信号错误触发，最终实现特征点的稳定选取。为此，TDC-GP22 内部集成了第一波检测模式，

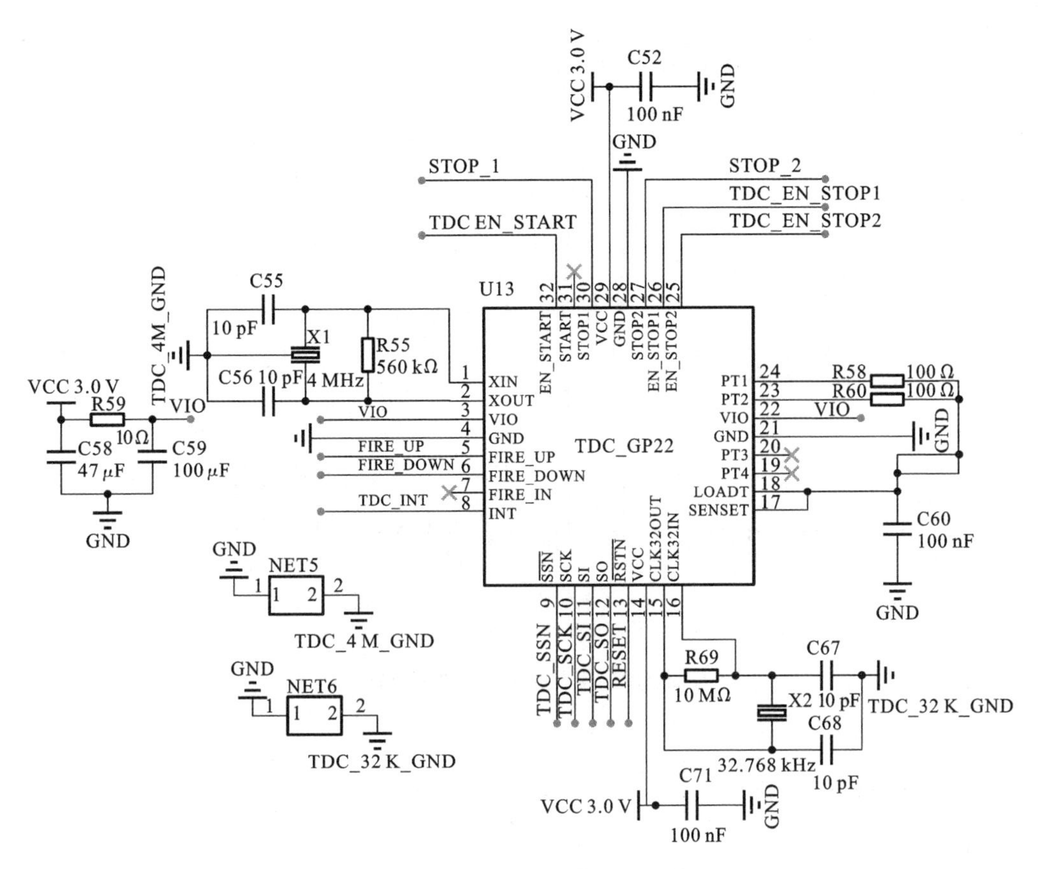

图 5.8　TDC-GP22 时间测量外围电路

内置的比较器 offset 可编程范围为±35 mV，通过 STOP 屏蔽窗口与 offset 比较幅值完成对噪声的双重抑制，当 TDC-GP22 检测到了第一波信号来临时，offset 自动设置为 0 mV，得到最终的 STOP 脉冲波形，经寄存器配置自动计算所需多脉冲的平均到达时刻，同时可选择的脉冲宽度比率功能实现了对流体特性的良好监控，第一波检测模式如图 5.9 所示。

然而，第一波检测模式中 offset 的可调节范围较小，无法满足动态阈值设定要求，并且比较电压前后的波峰区分度差，导致计时误差大大增加。因此，需设计外部 STOP 信号检测模块以达到上述第一波检测模块功能，该部分电路设计框图如图 5.10 所示，多谐振荡器以特定信号边沿为触发条件，实现延迟时间可控的高电平信号输出，以此作为信号有用成分截取依据，分别与比较电路输出方波信号 Out1 与 Out2 进入**与**门信号输入端，最终经过**与**运算得到所需的 STOP 信号。

图 5.10 所示为 STOP 信号检测电路框图，以 START 信号首个方波上升沿为多谐振荡器 A 的有效延时触发时刻，由实验结果可知在超声波燃气表全流量测

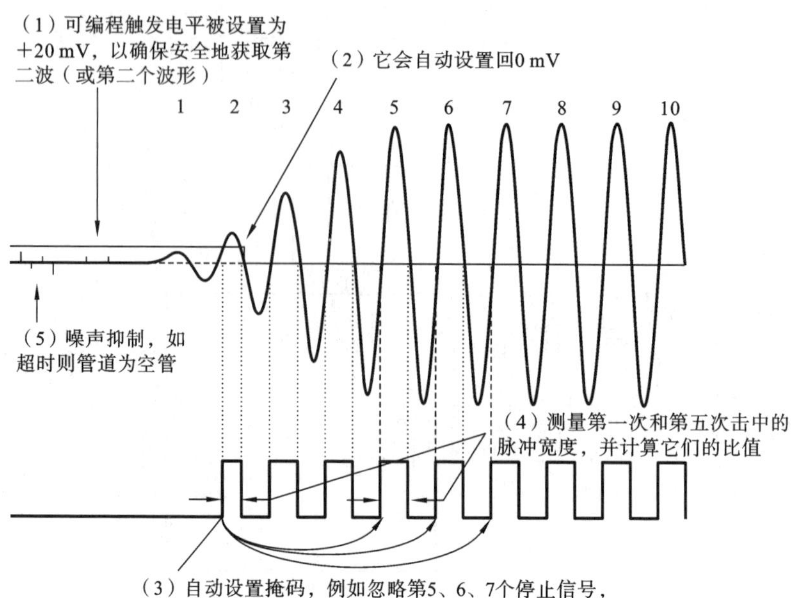

图 5.9　第一波检测模式示意图

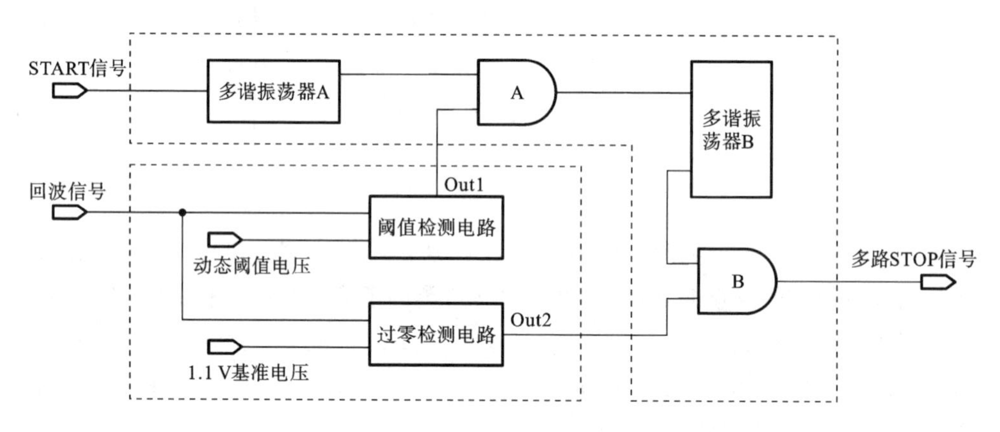

图 5.10　STOP 信号检测电路框图

量范围内的顺、逆流传播时间均大于 160 μs，设置外部电容、电阻值使得多谐振荡器 A 的高电平信号延时 160 μs，得到输出信号 $\overline{Q}$。双通道与门 A 的输入端分别接入阈值检测电路输出信号 Out1 与 $\overline{Q}$，从而屏蔽超声波到达时刻前 160 μs 因干扰信号误触的脉冲信号，得到图 5.11 中与门 A 输出脉冲波形。同时，为满足系统的低功耗运行要求，取阈值检测电路截取方波信号的首个脉冲上升沿为多谐振荡器 B 的延时触发条件产生 30 μs 高电平信号，即保留 6 个完整周期的回波信号(一个周期为 5 μs)，满足多路 STOP 信号检测要求，该信号与过零检测电路输出 Out2 相与，得到最终 STOP 信号检测电路输出 Out，并接入 TDC-GP22 的 STOP 通道

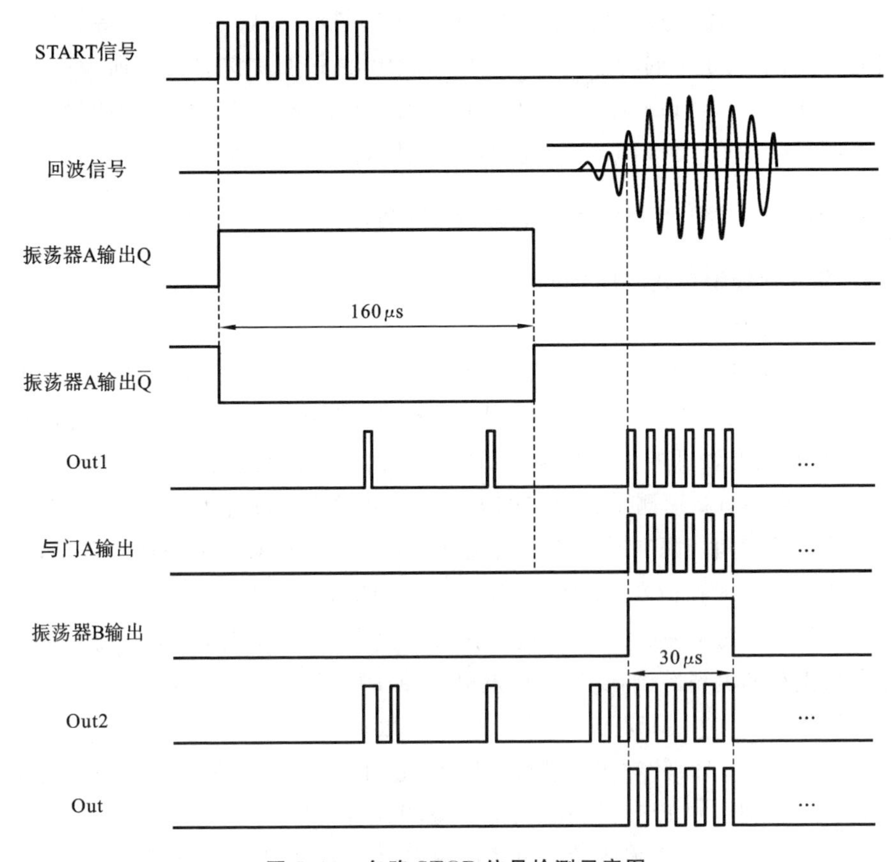

图 5.11 多路 STOP 信号检测示意图

引脚，产生多路 STOP 信号，完成从发射换能器激励信号产生时刻到接收换能器回波信号到达时刻的传播时间测量。

TDC-GP22 凭借其高精度、低功耗和智能化功能，在超声波流量计中发挥着重要作用。它不仅提高了流量测量的准确性和可靠性，还降低了设备的功耗和运营成本，为各种流量测量应用提供了精确、高效的解决方案。

5.2 TI 公司独立计时电路在高精度电路设计中的应用与研究

TI(德州仪器)公司的 TDC 系列芯片是专门用于高精度时间测量的器件，属于 TI 公司专用传感器中的超声波传感器，可独立进行精确时间测量，广泛应用于各类需要精确时间测量的领域，如 TOF(time of flight，飞行时间)、激光雷达、超声波流量计等。

TDC 系列芯片包括多款产品，如 TDC7200、TDC7201、TDC1000 等。这些芯片各有特点，适用于不同的应用场景。本课题组在 TDC 系列产品的研发中，创新性地将 TDC1000 与 TDC7200 等相结合，以实现超声波流量的高精度测量。本节主要介绍 TDC1000 和 TDC7200 在超声波流量测量当中的应用。

5.2.1 TDC1000 配合 TDC7200 的高精度流量测量

1. 超声波模拟前端 TDC1000

1) 主要特性

TDC1000(超声波模拟前端)是由德州仪器公司出品、专门用于计量流量的一款高性能芯片，其内部集成超声波信号发射电路、超声波信号接收电路、温度采集电路等，并且具有较低的工作电流。TDC1000 的主要特性如下。

(1) 高精度与高速测量：TDC1000 具有高分辨率和高速度的能力，能够在纳秒级准确测量时间间隔和时间差。低噪声放大器和比较器产生的抖动极低，可实现皮秒级的分辨率和精度，特别适用于零流量和低流量测量。

(2) 多功能性：支持多种不同的工作模式和测量范围，可根据应用需求进行选择。其可编程的测量范围，支持多种发射脉冲和频率、增益和信号阈值，适用于多种传感器频率(31.25 kHz 至 4 MHz)和 Q 系数。

(3) 低功耗设计：针对功耗进行了优化，适用于电池供电的移动设备和便携式应用；工作电流低，如 1.8 μA(在 2 sps(每秒采样数)下)。

(4) 高度集成：完全集成的超声波检测模拟前端(AFE)，简化了系统设计。占据较小的封装空间，适合紧凑的电子设备设计。

(5) 温度测量与补偿：内置温度传感器和温度补偿功能，可提供更准确的测量结果。支持 2 个 PT1000/500 RTD 接口，RTD 间的匹配精度为 0.02 ℃均方根。

(6) 灵活性与可配置性：可编程激励和接收路径，适应不同的应用需求。支持单传感器或双传感器应用，可根据需要进行配置。

TDC1000 的主要功能块是发送(TX)通道和接收(RX)通道。发送器支持灵活的设置以驱动各种超声波换能器，接收器提供可配置块并具有广泛的设置以在各种应用中进行信号调节。接收信号链包含一个 LNA(低噪声放大器)、一个 PGA(可编程增益放大器)，以及两个用于回波检定和 STOP 脉冲生成的自动置零比较器。TDC1000 的功能框图如图 5.12 所示。

2) 工作模式

TDC1000 提供三种工作模式：模式 0、模式 1 和模式 2。每种模式适用于一种或多种应用，如流量/浓度测量、容器液位测量、接近检测、距离测量以及一系列需要精确测量飞行时间 (TOF) 的其他应用，具体说明如下。

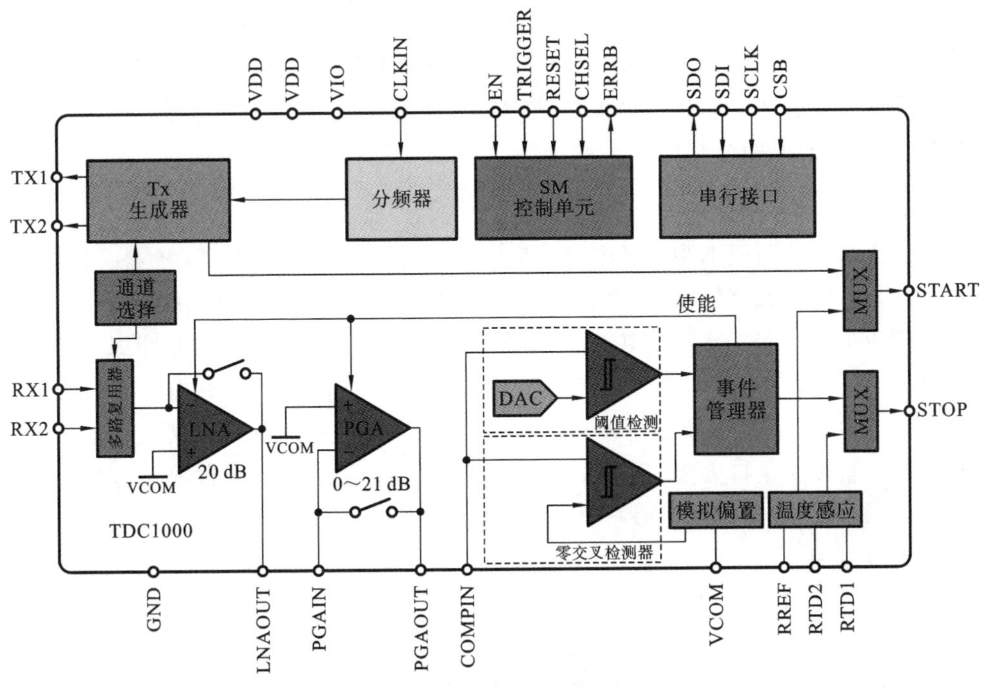

图 5.12 TDC1000 **功能框图**

(1) 模式 0。模式 0 适用于液体和流体识别测量应用。TDC1000 将每个换能器与互补的 TX 和 RX 通道相关联。如果 CONFIG_2 寄存器中的 CH_SEL=**0**,则发送/接收对“TX1/RX2”将用作测量的发送器和接收器;如果 CH_SEL=**1**,则发送/接收对“TX2/RX1”将用作测量的发送器和接收器。TDC1000 在接收到触发信号之后执行单次 TOF 测量,并在测量完成后返回至睡眠模式。

(2) 模式 1。在模式 1 中,TDC1000 将每个换能器与单个 TX 和 RX 通道相关联。如果 CH_SEL=**0**,则发送/接收对“TX1/RX1”将用作测量的发送器和接收器;如果 CH_SEL=**1**,则发送/接收对“TX2/RX2”将用作测量的发送器和接收器。TDC1000 执行单次 TOF 测量(一个方向),并在测量完成后返回至睡眠模式。

(3) 模式 2。模式 2 适用于渡越时间式液体流量计量应用。在该模式下,通道定义与模式 1 相同:通道 1=“TX1/RX1”,通道 2=TX2/RX2”。TDC1000 将执行一次 TOF 测量,然后进入就绪状态,等待下一个触发信号。模式 2 支持均值计算周期和自动通道交换。如果 NUM_AVG>0,则均值计算模式处于工作状态,使秒表或 MCU 能够计算多个 TOF 测量周期的平均值。在该模式下,器件针对每个触发脉冲在一个通道(方向)上执行一次 TOF 测量,直到达到均值计算计数为止。如果 CH_SWP=**1**,则器件将自动交换通道,并针对每个触发脉冲在另一个通道(方向)上执行一次 TOF 测量,直到达到均值计算计数为止。平均值的数量由

CONFIG_1 寄存器中的 NUM_AVG 字段控制。通道交换由 CONFIG_2 寄存器中的 CH_SWP 位控制。CONFIG_2 寄存器中的 EXT_CHSEL 位必须为 **0** 才能使自动通道交换正常工作。如果 EXT_CHSEL 位为 **1**,则通过 CHSEL 引脚手动控制工作通道的选择。

2. 时间数字转换器 TDC7200

超声波传播时间的测量精度是流量计设计的核心问题。TDC7200 是 TI 公司推出的新款时间数字转化器,具有高精度、封装简单、应用灵活、低功耗的特点,尤其适用于低成本的工程应用领域。该时间数字转换器可测量起始脉冲到五个停止脉冲之间的时间间隔,且测量精度达到皮秒级。该器件还具有内部自校准时基,可对时间和温度偏差进行补偿,这一自校准功能使得时间数字转换器能够获得皮秒级精度。接口方面,TDC7200 支持 SPI 串行总线通信,可以非常方便地由 MCU 完成指令配置、数据读取等操作。这些优点使 TDC7200 成为超声波流量计等的理想应用。

TDC7200 由以下 4 个模块构成,如图 5.13 所示。

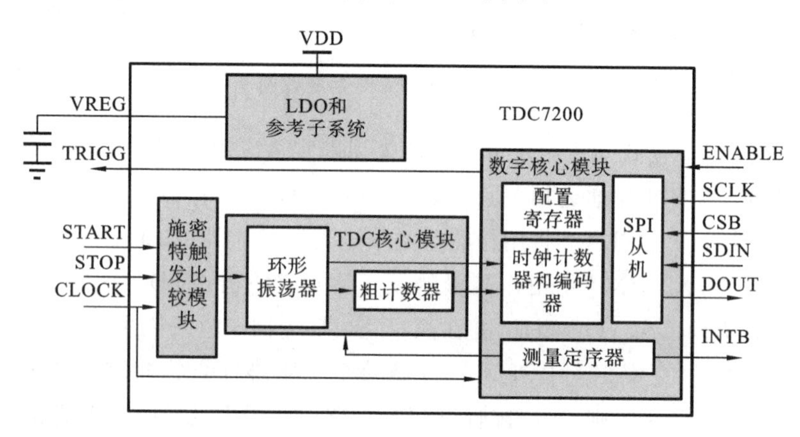

图 5.13 TDC7200 **功能框图**

其中 LDO 和参考子系统是 TDC7200 的内部电源电压调节器。施密特触发比较模块是用于 TDC7200 需要连接到 CLOCK 引脚的外部时钟。外部时钟用于精确校准内部时基,因此测量精度严重依赖于外部时钟的精度。TDC 核心模块包括 TDC7200 的时间测量依赖的两个计数器:粗计数器和环形振荡器计数器。数字核心模块包括配置寄存器、时钟计数器和编码器、测量定序器以及 SPI 从机。

1) 基本特性

TDC7200 芯片的基本特性如下。

(1) 分辨率与精度:TDC7200 的分辨率高达 55 ps,标准偏差为 35 ps,能够提供高精度的时间测量。

(2) 测量范围:具有两种测量模式,模式 1 的测量范围为 12～500 ns,模式 2 的测量范围为 250 ns～8 ms。这两种模式满足不同应用场景的需求。

(3) 低功耗:在 2 sps 下,功耗仅为 0.5 μA,非常适合需要低功耗的应用场景。

(4) 多 STOP 信号支持:最多支持 5 个 STOP 信号,使得用户能够灵活选择回声性能最佳的 STOP 脉冲。

(5) 自主多周期平均模式:该模式能够降低系统功耗,非常适合电池供电式流量计。在此模式下,主器件会进入休眠模式以实现节能,并在测量序列完成后由 TDC 中断唤醒。

2) 测量模式

TDC7200 根据具体使用场景所需测量的时间长度,分为两种测量模式并可设置成低功耗的自动多周期平均模式。在每次测量完成后,都将对时钟信号进行自校准。可以在初始化 TDC 时进行测量模式的设置,具体如下。

(1) 测量模式 1。

测量模式 1 的测量范围为 12～500 ns。在测量模式 1 中,TDC7200 在 START 至最后一个 STOP 脉冲到来的整个计数过程中,使用其内部环形振荡器加粗计数器。此模式用于测量较短的持续时间(<500 ns)。其中 START 到 STOP 的 TOF 计算公式如下:

$$\mathrm{TOF}_n = (\mathrm{TIME}_n)(\mathrm{normLSB}) \tag{5.3}$$

式中:TIME_n 为内部环形振荡器的计数值;normLSB 为自校准值。

$$\mathrm{normLSB} = \frac{(\mathrm{CLOCKperiod})}{(\mathrm{calCount})} \tag{5.4}$$

式中:CLOCKperiod 为外部时钟周期。

$$\mathrm{calCount} = \frac{\mathrm{CALIBRATION2} - \mathrm{CALIBRATION1}}{(\mathrm{CALIBRATION2\_PERIODS}) - 1} \tag{5.5}$$

式中:CALIBRATION1 为第一个校正周期的 TDC 数;CALIBRATION2 为第二个校正周期的 TDC 数;CALIBRATION2_PERIODS 为设置第二个校准周期。

测量模式 1 测量时序图如图 5.14 所示。

(2) 测量模式 2。

测量模式 2 的校准时钟的频率为 8 MHz 时,测量范围为 250 ns～8 ms,在测量模式 2 中,TDC7200 的内部振荡器仅用于计数小数部分总测量时间,相当于"细"测单元。

"粗"测单元由时钟计数器完成。测量模式 2 测量时序图如图 5.15 所示,内部振荡器测量从接收到 START 信号直到 CLOCK 的第一个上升沿的时间间隔。然后,关闭内部振荡器,时钟计数器开始计数,直到接收到 STOP 脉冲。与此同时,内部振荡器再次从 STOP 信号开始计数,直到 CLOCK 的下一个上升沿。其

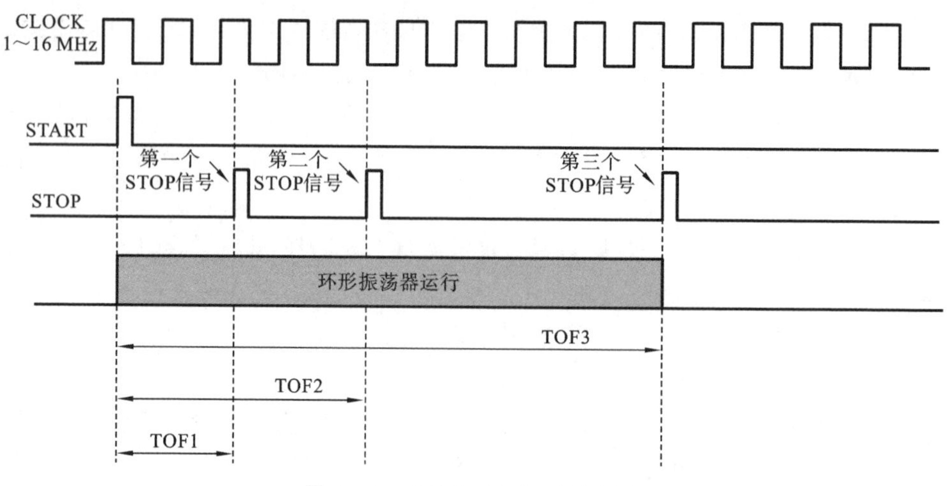

图 5.14 测量模式 1 测量时序图

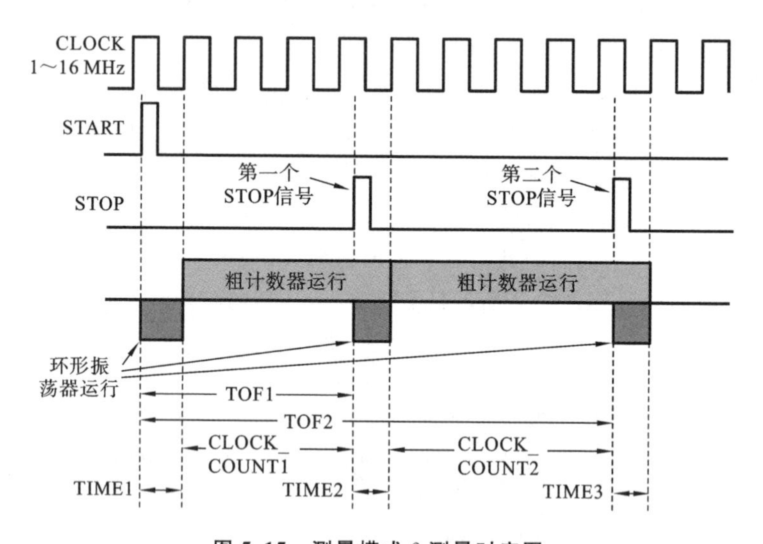

图 5.15 测量模式 2 测量时序图

中 START 到 STOP 间的时间间隔 TOF_n 计算公式如下：

$$TOF_n = normLSB(TIME1 - TIME_{n+1}) + (CLOCK\_COUNT_n)(CLOCKperiod) \tag{5.6}$$

式中：$TIME_n$ 为内部环形振荡器的“细”测计数值；$CLOCK\_COUNT_n$ 为外部时钟计数器的“粗”测计数值。

$$normLSB = \frac{(CLOCKperiod)}{(calCount)} \tag{5.7}$$

式中：normLSB 为自校准值；CLOCKperiod 为外部时钟周期。

$$calCount = \frac{CALIBRATION2 - CALIBRATION1}{(CALIBRATION2\_PERIODS) - 1} \tag{5.8}$$

式中:CALIBRATION1 为第一个校正周期的 TDC 数;CALIBRATION2 为第二个校正周期的 TDC 数;CALIBRATION2_PERIODS 为设置第二个校准周期。

$$\text{offset}=\text{CLOCKperiod}-(\text{CALIBRATION1})(\text{normLSB}) \tag{5.9}$$

5.2.2 TDC 测时芯片的典型应用

本课题组根据 TDC7200 的自校准功能以及 TDC1000 的完全集成的超声波检测模拟前端特性,使用 TDC1000 结合 TDC7200 时间数字转换器来测量 TOF 持续时间,采用 TDC1000 和 TDC7200 进行超声波流量测量检测[127]。

如图 5.16 所示,该超声波流量计主要采用微控制器为主控芯片,TDC1000 超声波模拟前端搭配高精度时间计时芯片 TDC7200 等完成超声波流量测量[127]。

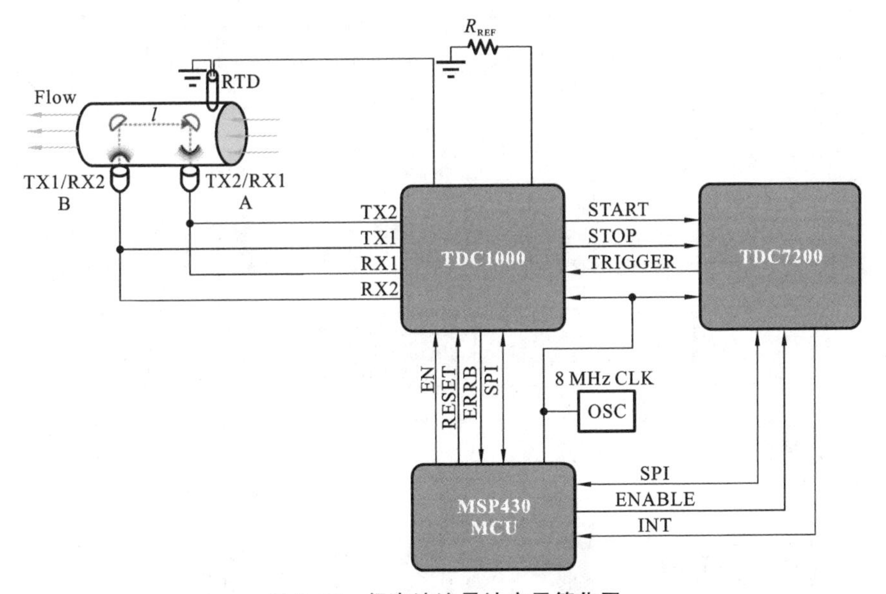

图 5.16 超声波流量计应用简化图

主要工作流程为:微处理器 MSP430F5438A 通过 SPI 对超声波模拟前端(TDC1000)电路、高精度时间计量芯片(TDC7200)电路进行初始化配置,使 TDC1000 中的超声波发射部分产生一定频率和个数的超声波激励脉冲信号,在 TDC1000 发出激励脉冲信号后,一方面触发高精度时间计量芯片(TDC7200)计时开始,记录超声波信号传播的起始时刻,另一方面激励脉冲信号通过一些升压调理电路和开关电路作用在换能器上,驱动换能器发射超声波信号;超声波信号在气体流道中传输,被接收换能器接收后再通过放大滤波电路,传输至 TDC1000 中的超声波信号接收部分,通过阈值比较和过零检测模块产生超声波回波信号特征点,并触发 TDC7200 产生超声波信号传播停止时刻;TDC7200 通过本身脉冲计时和存储寄存器记录超声波传播时间,并由 SPI 传递给 MSP430F5438A 微控制器;

MSP430F5438A 微控制器对超声波传播时间进行进一步处理、滤波算法计算，得出气体流量，通过液晶显示气体累积流量，必要时通过外部通信模块(外部单独集成)把累积流量传输到上位机等终端。

TDC1000 内部结构图如图 5.17 所示。图 5.17 中，上方虚线框部分主要为超声波信号发射电路。TDC1000 具有两路发射通道 TX1、TX2，可通过外部开关进行切换，发射超声波信号的频率范围为 31.25 kHz～4 MHz，通过调节内部的频率寄存器实现频率的配置。本设计选择的换能器频率为 500 kHz，满足频率要求。图 5.17 中的下半部分主要为超声波信号接收电路，包括低噪声放大器(LNA)、可编程放大器(PGA)、阈值比较和过零检测。低噪声放大器可实现最高 20 dB 的放大，可编程放大器通过软件控制可实现 0～21 dB 的放大，该设计变增益方法的提出正是基于低噪声放大器和可编程放大器，阈值比较和过零检测结合可确定超声波信号到达时刻点。图 5.17 中右下角虚线框部分为温度测量电路，支持 PT100 和 PT1000 温度传感器。

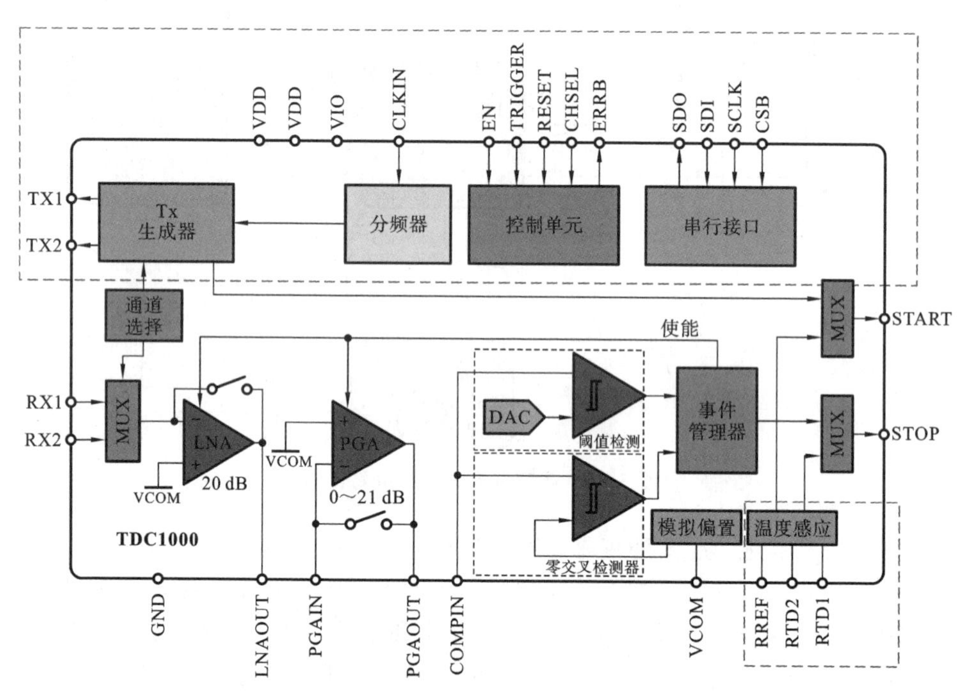

图 5.17 TDC1000 内部结构图

就 TDC1000 超声波信号接收电路而言，低噪声放大器输出端和可编程放大器输入端可以外接部分滤波电路以提高超声波信号的信噪比，如图 5.18 所示。

在低噪声放大器输出端(LNAOUT)和可编程放大器输入端(PGAIN)设置高通滤波电路，其上限频率为 $f_H=\dfrac{1}{2\pi R_H C_3}$，其中 $R_H=500\ \Omega$，在可编程放大器输出

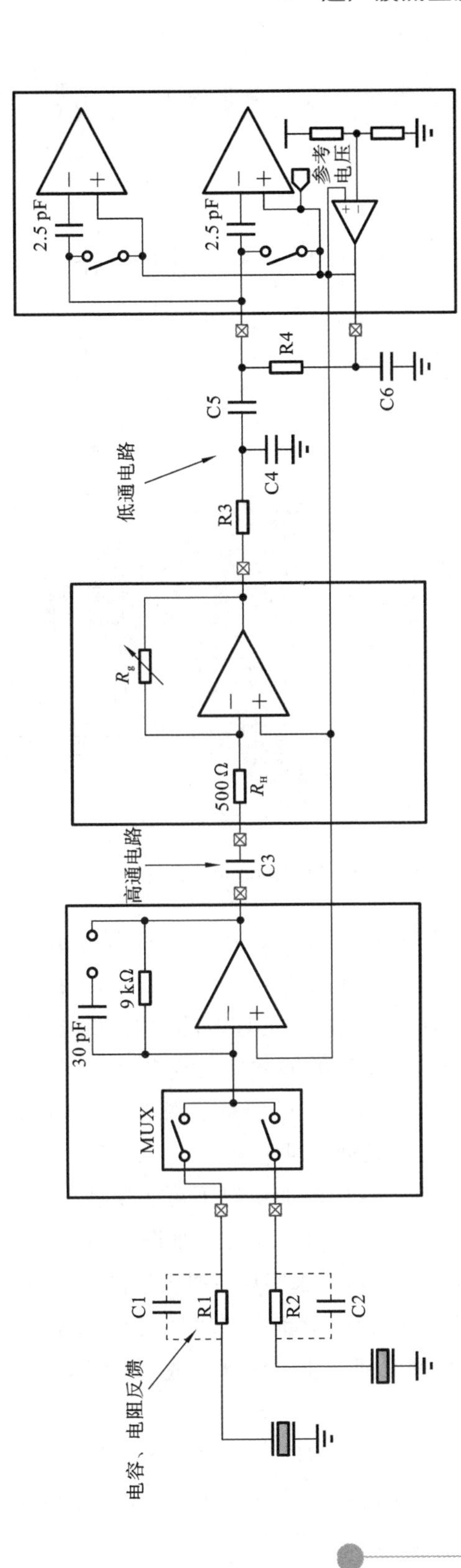

图 5.18 TDC1000外接部分电路示意图

端(PGAOUT)设置低通滤波电路,其下限频率为 $f_{\mathrm{L}}=\dfrac{1}{2\pi R_3 C_4}$。具体电路设计如图 5.19 所示。

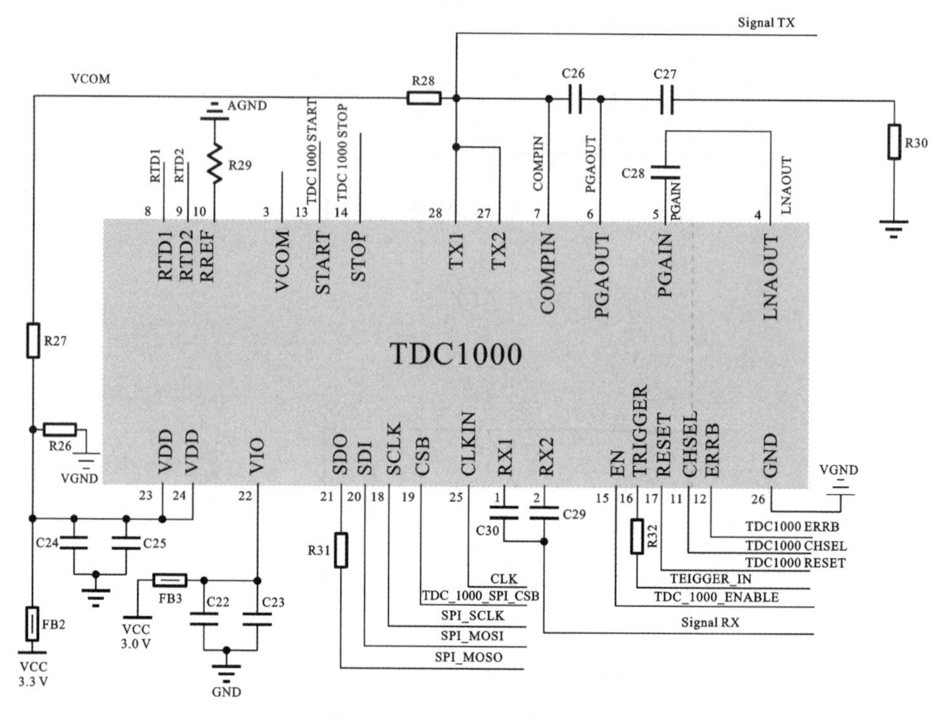

图 5.19 TDC1000 **电路设计**

使用时差法对气体流量进行计量,在低流速顺流、逆流方向超声波传播时间仅为一百多微秒,传播时差更是达到纳秒级,超声波时差值的准确测量直接关系到测量系统的精度,因为必须使用高精度的计时芯片对传播时间和时差值进行计量。从上文的介绍当中得知,高精度时间数字转换芯片 TDC7200 分辨率可达到皮秒级,其具有两种工作模式,在模式 1 的测量范围为 12~500 ns,在模式 2 的测量范围可达 250 ns~8 ms,具有较低的供电电压 2~3.6 V,并且具有低功耗模式。除此之外,TDC7200 在只产生一次中断的情况下可实现多次循环平均测量,一次可实现最多五个传播时间的计量。具体计量方式如图 5.20 所示。

TDC7200 是通过脉冲计数的形式来实现对时间的测量的,其具有六个时间记录寄存器,其中第一个寄存器用于记录超声波信号起始时刻,剩余的五个寄存器分别记录对应超声波信号传播时间停止时刻脉冲值 TIME_i,对应第 i 个超声波传播时间为

$$\mathrm{TOF}_i=\mathrm{TIME}_i\times\mathrm{normalLSB} \tag{5.10}$$

式中:normallLSB 为校准后的标准脉冲差,而 TDC7200 标准脉冲差主要由外接晶

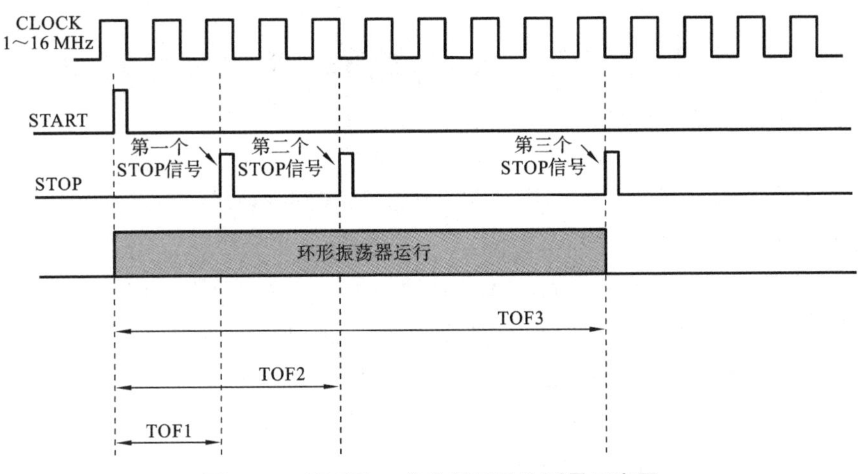

图 5.20　TDC7200 多次循环平均测量示意图

振决定。

图 5.21 所示为 TDC7200 的分辨率与外接晶振的关系图，从图中可知，随着晶振的提高，分辨率相应提高，但晶振达到 8 MHz 以后，晶振的提高并不会使得分辨率得到显著提高，因而本书设计 TDC7200 的外接有源晶振为 8 MHz。具体电路设计如图 5.22 所示。

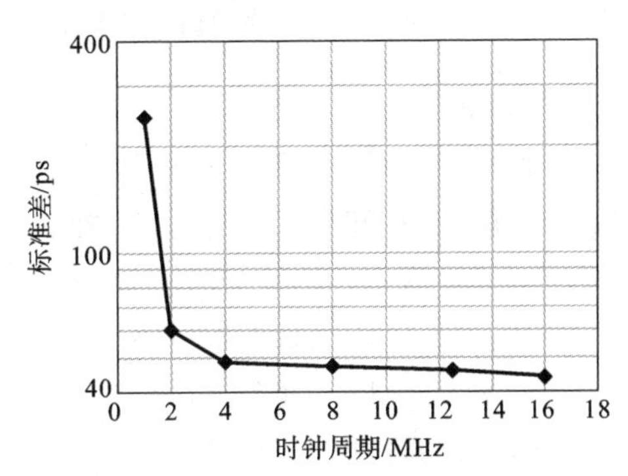

图 5.21　TDC7200 的分辨率与外部晶振的关系图

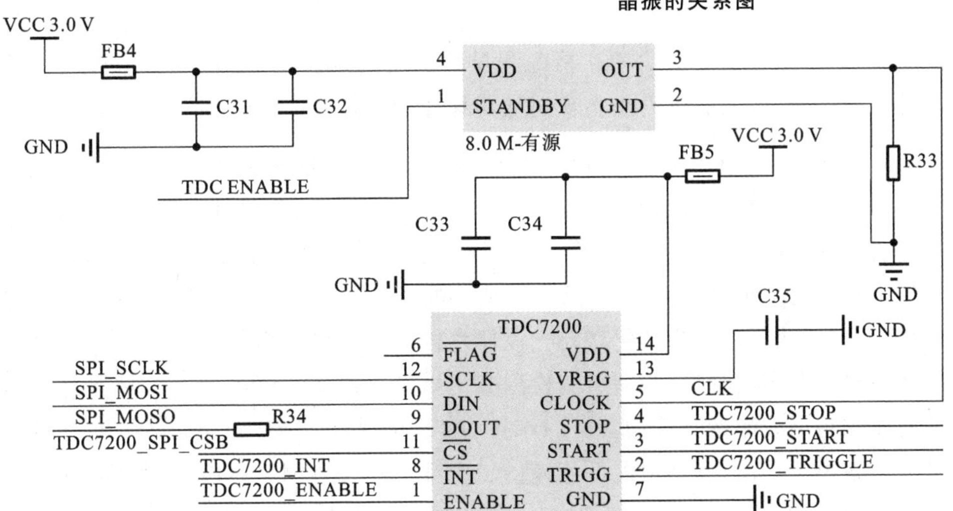

图 5.22　TDC7200 电路设计图

5.3 TI公司混合微处理器在高精度计时电路中的应用与研究

TI公司混合微处理器产品系列非常丰富，涵盖了不同性能、功耗和应用场景的需求。其中MSP430系列MCU是TI公司的经典超低功耗16位混合信号处理器，具有高精度模拟功能和强大的数字处理能力。该系列MCU内部集成了多种定时器，包括基本定时器、看门狗定时器、实时时钟(RTC)等，可以满足不同精度要求的高精度测时应用。在超声波流量测量当中常用MSP430系列作为主控芯片，独立或配合计时模块完成高精度测时。本节主要介绍TI公司混合处理器及其在超声波流量测量高精度测时技术中的应用。

5.3.1 TI公司MCU高精度计时电路MSP430

MSP430系列中的MSP430FR604x和MSP430FR504x SoC微控制器系列提供了一种低成本高精度测时单芯片解决方案，该产品系列采用独特的波形捕获技术以及高速ADC和交叉相关方法，能够以较低功耗实现高精度测量。下面将对MSP430FR604x和MSP430FR504x SoC微控制器系列进行分析。

MSP430FR604x系列的6047、60471、6045特别集成了超声波传感器解决方案(USS)模块；MSP430FR604x和MSP430FR504x系列的6043、60431、6041、5043、50431、5041提供了集成的超声波传感器解决方案(USS_A)模块。USS_A是USS的扩展变体，SAPH_A模块代替SAPH模块。USS/USS_A模块是该系列MSP430可以实现高精度超声波测量的关键，该模块可针对多种流速提供高精度测量，非常适合需要低功耗和精确测量的应用场景。USS模块高度集成，需要的外部组件极少，因而有助于实现超低功耗计量并降低系统成本。

1. MSP430FR604x和MSP430FR504x SoC微控制器系列

MSP430FR604x系列的6047、60471、6045采用低功耗设计，电源电压范围为1.8～3.6 V，在1 MHz时钟频率下运行时，芯片电流可低至165 μA左右，RAM保持模式下的最小电流仅0.1 μA。其独特的时钟系统设计允许灵活控制各功能模块的时钟，从而进一步优化功耗。该器件内置超声波检测模拟前端USS模块，支持高精度超声波测量，为超声波检测应用提供了便捷的解决方案。具有超低功耗的一流超声波流量测量：差分飞行时间(dTOF)精度小于25 ps；高精度时间测量分辨率小于5 ps；能够检测低流速(<1 L/h)；在每秒测量一次的频率下总体电流消耗约为3 μA。MSP430FR604x的功能框图如图5.23所示。该器件具备8 KB RAM，其中4 KB RAM与LEA子系统共享。

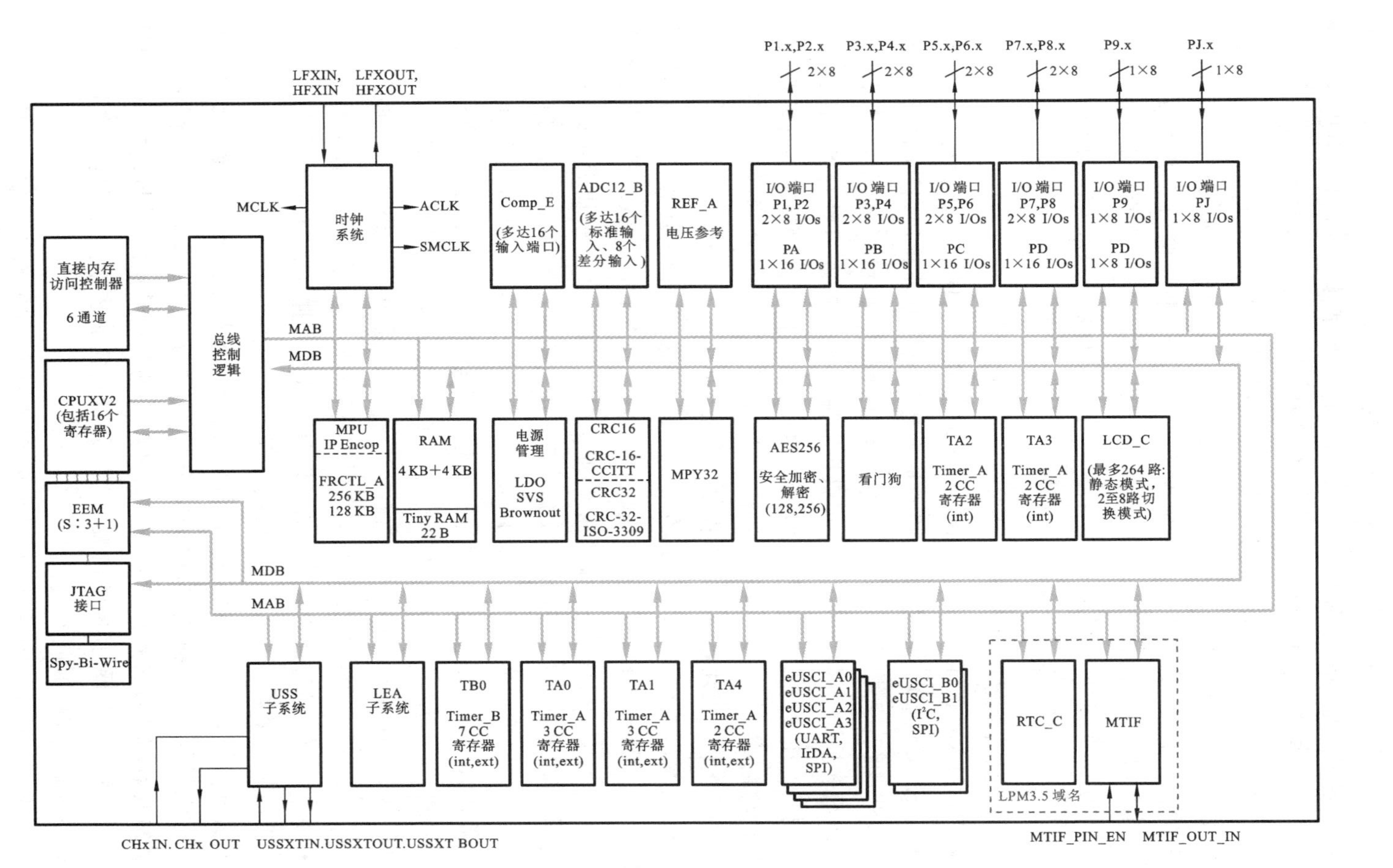

图 5.23　MSP430FR604x 系列功能框图

MSP430FR604x和MSP430FR504x系列的6043、60431、6041、5043、50431、5041内置超声波检测模拟前端USS_A，具有计量测试接口（MTIF）模块，能够通过脉冲生成来指示仪表测量的流量。具备功耗超低的一流超声波水流和气流测量能力。流体测量时，在低流速到高流速的情况下，工作温度范围内的差分飞行时间精度为±12.5 ps，可在500∶1的宽动态范围内实现±1%的精度；在直径为25 mm的管道上，能够测量的最大流速为8800 L/h，能够检测的最小流速小于1 L/h；高精度时间测量分辨率小于5 ps；在每秒获取一组结果的条件下总体电流消耗大约为3 μA；能够支持直径为15～1000 mm的宽管道尺寸。功能框图如图5.24所示。该器件具备12 KB RAM，其中8 KB RAM与LEA子系统共享。

2. 超声波传感器解决方案（USS/USS_A）模块

MSP430FR604x和MSP430FR504x SoC均集成模拟前端，超声波传感器解决方案（USS/USS_A）模块能够直接与标准超声波传感器连接，且集成计量测试接口。USS/USS_A模块是MSP430系列能进行高精度计时的重要技术，设计用于基于模数转换器（ADC）的超声波传感技术各种测量应用，可针对多种流速提供高精度测量。在没有CPU参与的情况下执行完整的测量序列，以实现超声波测量的超低功耗。

USS/USS_A模块系统功能框图如图5.25所示。

USS模块由四个子模块组成，包括UUPS模块、HSPLL模块、SAPH模块、SDHS模块。USS_A模块是USS模块的扩展变体，由SAPH_A模块代替SAPH模块。其中SDHS模块是一种高性能高速12位ADC。各子模块有不同的角色，它们协同工作，共同实现高精度的数据采集超声波技术在各种领域的应用。

超声波感应子系统支持单芯片解决方案，该解决方案可连接到超声波换能器以及运算放大器和多路复用器，以进行高精度流量测量。TI公司的USS模块与低功耗加速器（LEA）和MSP CPU集成在一起，可实现平均电流消耗小于20 μA（每秒测量一次）的自主低功耗运行。TI公司的超声波USS子系统如图5.26所示，该系统包括一个可编程脉冲发生器（PPG）和一个带有可编程增益放大器（PGA）的高速模数转换器，该放大器可以自主激发和捕获超声波波形，以便通过集成式低功耗加速器（LEA）进行后续处理。

该超声波子系统在超声波流量测量中的原理：首先，该系统激发连接到CH0_OUT的“上行”（UPS）换能器，同时捕获来自连接到CH0_IN的“下行”（DNS）换能器的波形；随后，它激发连接到CH1_OUT的“下行”换能器，同时捕获来自连接到CH1_IN的“上行”换能器的波形；然后，低功耗加速器会处理这些波形，以确定顺流和逆流之间的时间差值。

USS/USS_A包括一种基于ADC的交叉相关方法，包含高速12位8Msps Σ-ΔADC，Σ-ΔADC是一种高精度、低噪声的模数转换器，适用于需要高分辨率和高稳

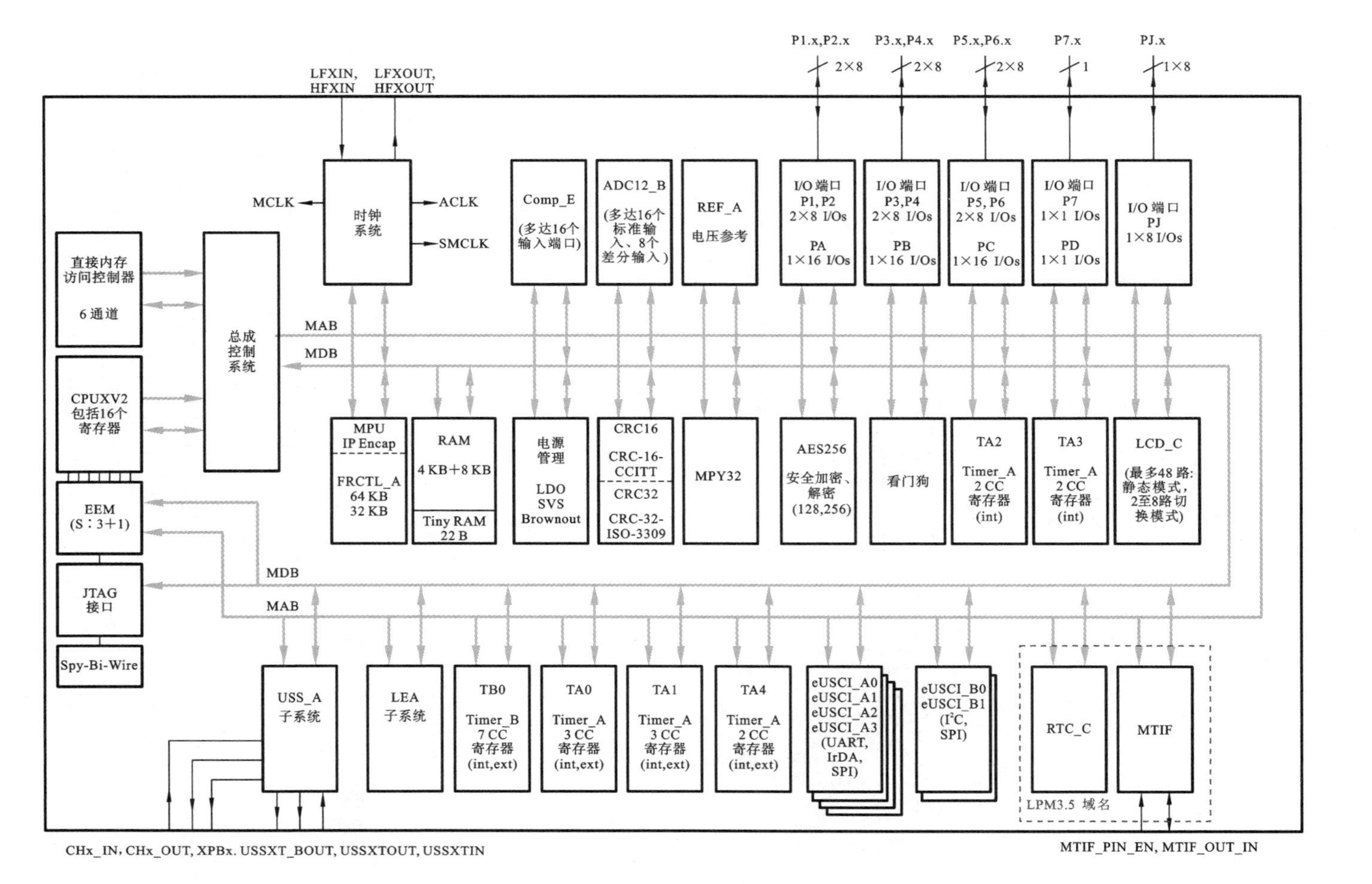

P1.x,P2.x
P3.x,P4.x
P5.x,P6.x
P7.x
PJ.x
2×8
2×8
2×8
1
1×8
LFXIN，HFXIN
LFXOUT，HFXOUT
MCLK
时钟系统
ACLK
SMCLK
Comp_E
(多达16个输入端口)
ADC12_B
(多达16个标准输入、8个差分输入)
REF_A
电压参考
I/O 端口
P1,P2
2×8 I/Os
PA
1×16 I/Os
I/O 端口
P3,P4
2×8 I/Os
PB
1×16 I/Os
I/O 端口
P5,P6
2×8 I/Os
PC
1×16 I/Os
I/O 端口
P7
1×1 I/Os
PD
1×1 I/Os
I/O 端口
PJ
1×8 I/Os
直接内存访问控制器
6 通道
总成控制系统
MAB
MDB
CPUXV2
包括16个寄存器
MPU
IP Encap
FRCTL_A
64 KB
32 KB
RAM
4 KB+8 KB
Tiny RAM
22 B
电源管理
LDO
SVS
Brownout
CRC16
CRC-16-CCITT
CRC32
CRC-32-ISO-3309
MPY32
AES256
安全加密、解密
(128,256)
看门狗
TA2
Timer_A
2 CC
寄存器
(int)
TA3
Timer_A
2 CC
寄存器
(int)
LCD_C
(最多48路：静态模式，2至8路切换模式)
EEM
(S：3+1)
JTAG
接口
Spy-Bi-Wire
MDB
MAB
USS_A
子系统
LEA
子系统
TB0
Timer_B
7 CC
寄存器
(int,ext)
TA0
Timer_A
3 CC
寄存器
(int,ext)
TA1
Timer_A
3 CC
寄存器
(int,ext)
TA4
Timer_A
2 CC
寄存器
(int,ext)
eUSCI_A0
eUSCI_A1
eUSCI_A2
eUSCI_A3
(UART,
IrDA,
SPI)
eUSCI_B0
eUSCI_B1
(I²C,
SPI)
RTC_C
MTIF
LPM3.5 域名
CHx_IN, CHx_OUT, XPBx. USSXT_BOUT, USSXTOUT, USSXTIN
MTIF_PIN_EN, MTIF_OUT_IN

图 5.24 功能框图

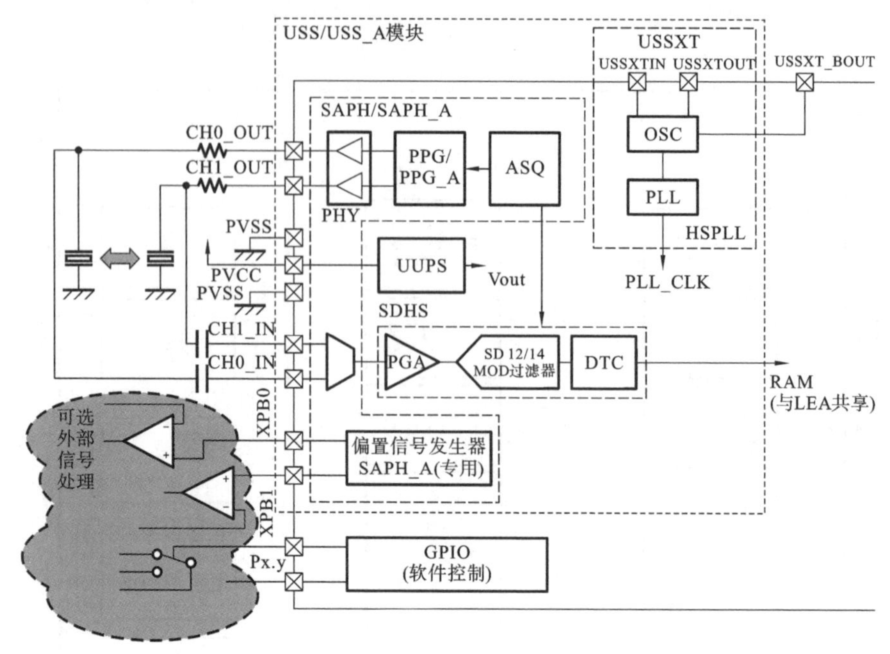

图 5.25　USS/USS_A 模块系统功能框图

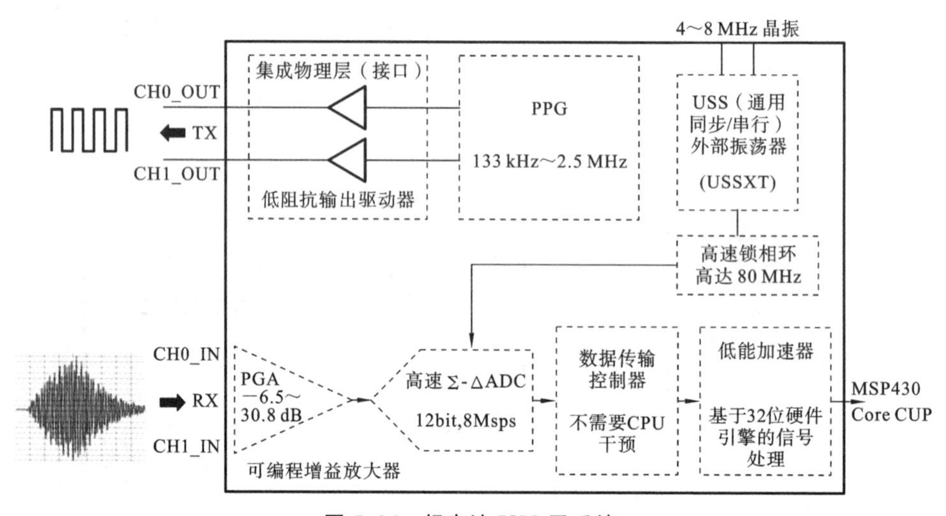

图 5.26　超声波 USS 子系统

定性的测量应用，可以基于 ADC 进行超声波流量测量的高精度测时，其优势如下。

(1) 改进的性能：相关性充当数字滤波器来抑制噪声，从而使噪声标准偏差降低 1/4～1/3。类似地，相关方法也可作为一个低通滤波器，抑制其他干扰，如线噪声。

(2) 提高了信号幅度变化的稳健性：因为该算法对接收信号幅度、换能器之间的变化和温度变化不敏感。

(3) 信号的包络线是自然得到的：该信号可以调整换能器的频率，以及随时间变化而缓慢变化，即使老化的换能器或仪表也可以用来保持该性能。

USS 模块支持三种操作模式的数据采集顺序：自动模式、寄存器模式和超低功率偏置模式。在自动模式下，整个测量顺序由 ASQ 模块自动控制。ASQ 模块实现了测量期间的超低功耗，并将 CPU 从数据采集中解放出来，因此超声波应用软件可以在最小干预的情况下与数据采集并行执行。在寄存器模式下，测量顺序完全由用户软件控制。寄存器模式可以在开发期间和诊断等特殊任务中使用。在超低功率偏置模式下，ASQ 序列器执行一个专门针对超低功耗仪表市场的扩展功率序列。

5.3.2 TI 公司混合微处理器计时电路的典型应用

由以上讨论我们知道，MSP430FR604x 和 MSP430FR504x SoC 属于 MSP430 超声波传感器 MCU 系列，不仅集成了 USS/USS_A 模块，而且采用了集成式低功耗加速器（LEA），可实现基于高速 ADC 的信号采集以及后续优化数字信号处理，为电池供电型计量应用提供了一款理想的超低功耗、高精度计量解决方案。

本课题组在超声波流量测量时选用 MSP430FR6047 作为系统的主控芯片来完成超声波流量测量[70]。其拥有集成的超声波传感器解决方案（USS），围绕这款微控制器规范设计外围电路以构成具备完整功能的双声道气体超声波流量计。该超声波流量计系统主要可分为四部分：超声波发送与感测模块、电源模块、标准仪表通信模块以及通用功能模块。其中超声波发送与感测模块主要完成超声波激励信号的发送与超声波回波信号的接收与处理，并完成多声道测量时序的声道分配，计算实时流量值。

MSP430FR6047 微控制器是针对超声波流量测量进行高度优化与集成的 MCU，主要亮点在于具有集成的 USS 模块，该模块能够在较宽的流量范围内进行高精度的测量，并且该模块高度集成在微控制器内，只需要很少的外部支持电路，USS 模块在没有 CPU 参与的情况下执行完整的测量序列，以实现超声波测量的超低功耗。该微控制器还采用了集成式低功耗加速器（LEA），可以通过高速 ADC 进行超声波回波信号采集的同时保持较低功耗，很适合基于电池供电的流量计使用。USS 模块集成有脉冲发生器模块，可以发送最大可达 2.5 MHz 的激励脉冲，通过外围高压驱动电路的扩展，可以激励多种气体超声波液压电换能器。该模块还包含高速 12 位 8MspsΣ-ΔADC，超声波回波信号的精准采集对信号处理至关重要。USS 模块使用独立电源运行，该模块可以按照预先设定的参数进行运行而不需要微控制器参与，其拥有专用的 I/O 引脚，CH0_IN、CH1_IN 为顺流、逆流方向的激励脉冲信号输入端口，CH0_OUT、CH1_OUT 顺流、逆流方向的回波信号输出端口。USS 子系统的原理框图如图 5.27 所示。

该微控制器的外围电路包含晶振电路、复位电路与 JTAG 下载电路，如图 5.28所示。

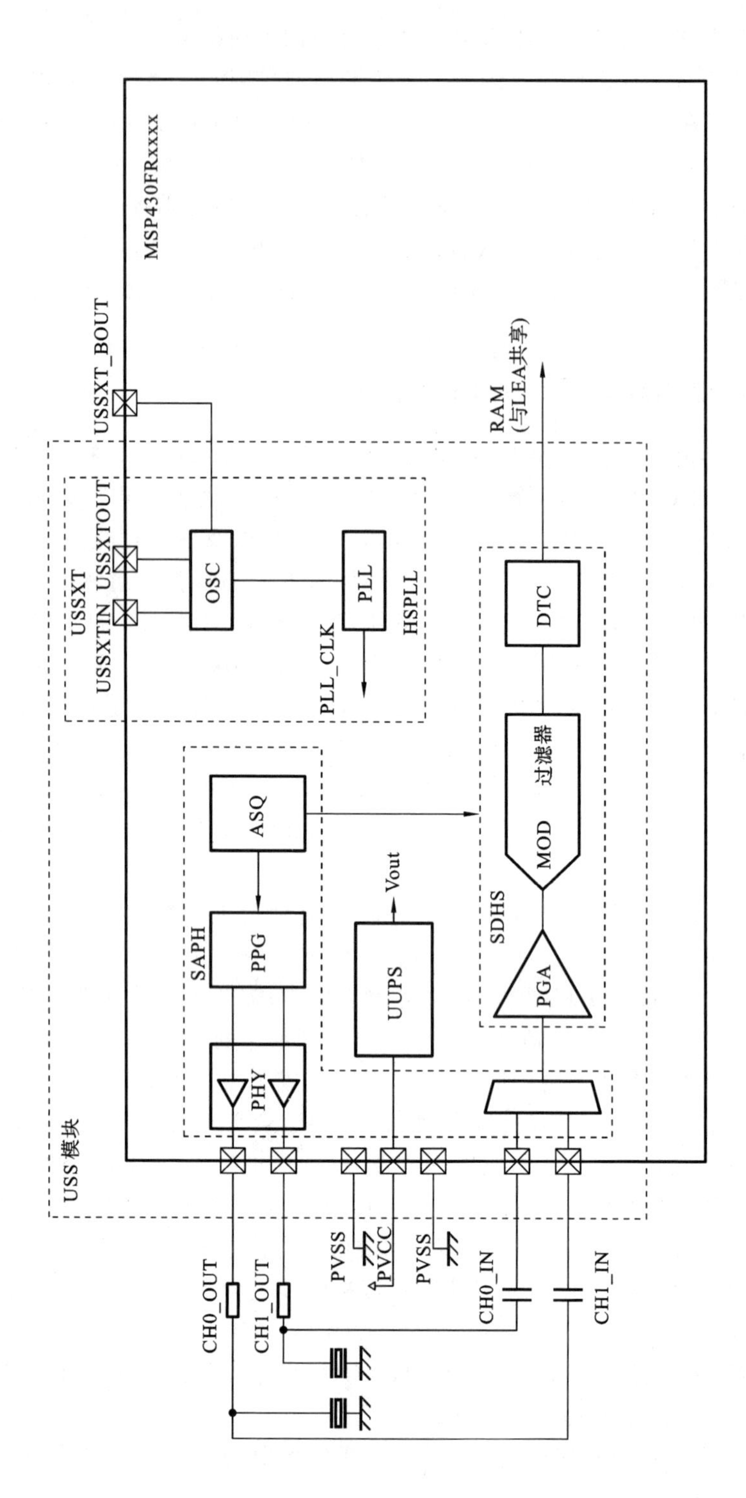

图 5.27 USS 子系统的原理框图

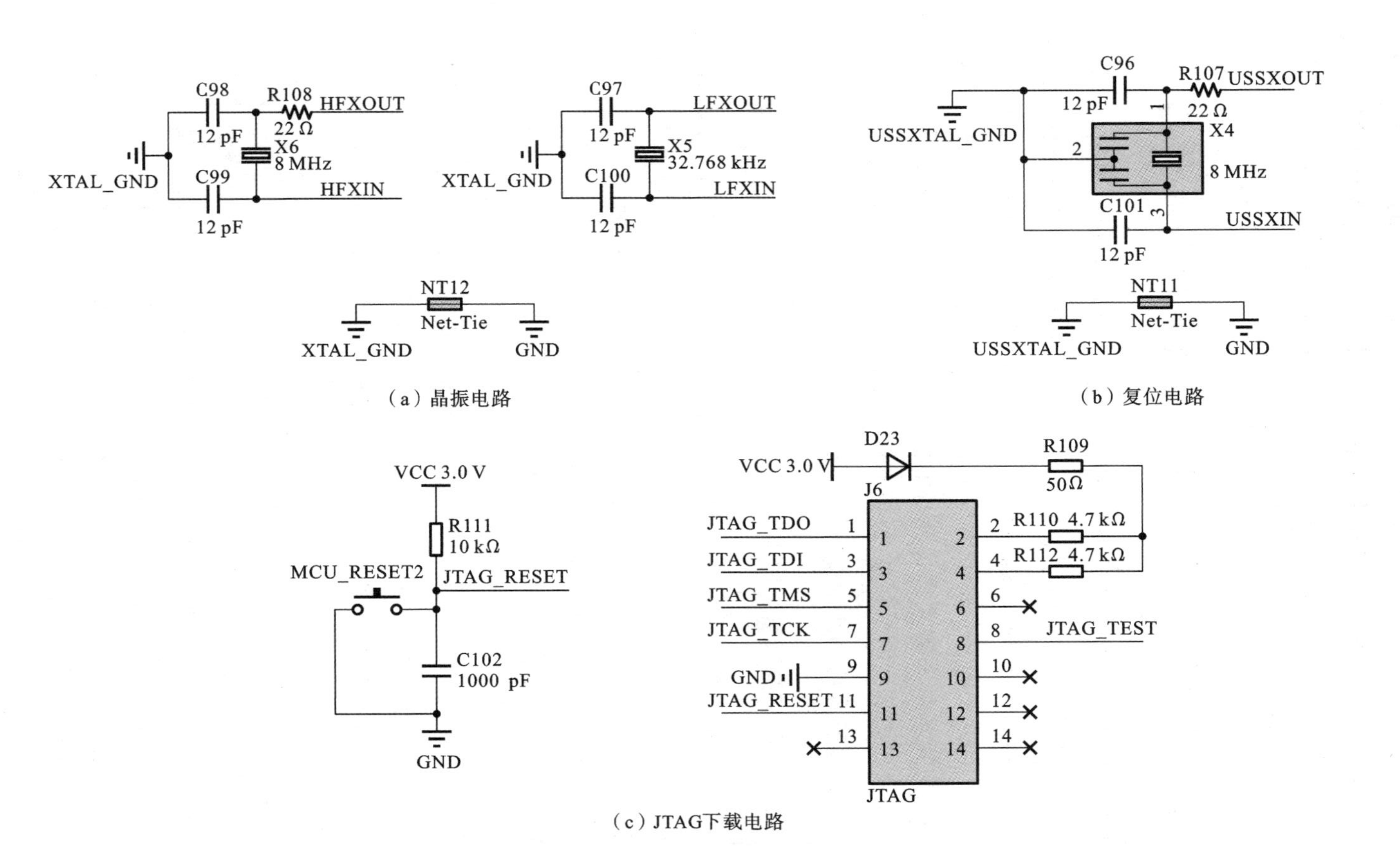

图 5.28 微控制器外围电路

利用TI混合微控制器MSP430FR6047为超声波流量计的主控芯片，通过该控制器内部集成的超声波传感器解决方案（USS）模块可以完成超声波激励信号的发送与回波信号的检测与处理，并完成显示、通信与状态输出等功能，以便通过USS模块来进行超声波流量测量高精度测时。

5.4 基于FPGA高精度计时电路设计技术研究

高精度计时电路是基于专用集成电路（ASIC）而发展起来的，早期的高精度计时测量主要依赖于定制电路，虽然基于ASIC的计时测量电路能达到比较高的测量精度，但仍然存在一些必须面对的问题。随着FPGA产业的发展和兴起，与ASIC相比，FPGA具有更低的开发成本和更短的开发周期、具有可编程性，可以根据不同的应用场景和需求进行灵活配置和优化，以支持并行处理，并且可以同时处理多个时间间隔的测量任务，以提高测量效率等。这些都能够使FPGA-TDC为各个领域的高精度时间测量提供有力支持。

5.4.1 FPGA-TDC高精度计时电路

FPGA是一种可编程逻辑器件，主要由可编程逻辑模块、内部控制器、高速缓存、可编程I/O模块组成。其主要特点是具有现场可编程性，允许用户根据需求在芯片上直接进行逻辑和电路设计，从而提供更高的灵活性和性能。FPGA的这种特性使得它在高精度计时领域具有显著优势。

早期，在FPGA中实现时间数字转换功能，大多是依靠加法器的计数功能实现的。随着应用中对TDC分辨率需求的提高，仅使用计数型TDC很难实现亚纳秒级甚至皮秒级的分辨率。因此，许多时间插值方法被设计出来以提高TDC的分辨率，如抽头延迟线法、游标法、WAVE UNION、多链（multi-chain）法、伪插值方法（PSDL）、多相位时钟法等。这些方法可以使TDC的分辨率和精度低于一个时钟周期。

近年来，集成电路技术取得长足发展，FPGA的制造工艺不断提高，FPGA的性能也越来越高，包括工作时钟频率不断提高并且时钟抖动不断降低，延迟单元的延迟精度不断提高，这些都为FPGA-TDC的研究和发展提供了有利条件。

国内外学者对FPGA-TDC进行了深入且持续的研究。这些研究涵盖了但不限于以下几个方面：在Cyclone Ⅱ和Stratix Ⅳ开发板上，研究者们采用了粗细结合的方法，利用FPGA内部的加法延迟链进行精细测量，使得TDC的精度达到86 ps；采用Cyclone Ⅲ系列芯片，结合粗细计时方法，并运用WAVE UNION方法对超大码宽进行分割，使得TDC在大于200 ms的动态范围内，时间分辨率小于50 ps[128]；在“粗”测量和“细”测量相结合的架构基础上，通过位置约束和多链联合测量的方法对延迟模块进行了优化，从而将 TDC 的测量精度提升至 33.802 ps[129]；利用 Xilinx Kintex-7 FPGA 芯片内部的专用进位链 CARRY4 进行级联，每个延迟链都通过专门的环形振荡器进行校准，同时，通过布局布线约束确保链之间的相互隔离，最终实现了每个链的精度达到 13 ps[130]；通过抽头延迟链设计方法，实现了测量精度小于 8 ps 的 TDC[131]。本课题组在超声波流量测量领域，为了实现高精度测时，采用 CycloneⅣ系列芯片，通过设计使其测试精度高达 73 ps，从而满足国标 1.5 级精度等级要求，成功应用于超声波流量测量中。

其中 FPGA-TDC 高精度测量的实现架构有直接计数法、游标法、多相位时钟采样法、抽头延迟链法和差分延迟链法，我们将介绍直接计数法、游标法和抽头延迟链法。

(1) 直接计数法：直接计数法是最基础的 TDC，直接计数法 TDC 测量原理图如图 5.29 所示。T_0 为被测时间间隔，T_1 为被测时间间隔的起始时刻，T_2 为被测时间间隔的结束时刻，则理论上的时间间隔 $T_0=T_1-T_2$。但是，由于对时钟信号进行计数的是整数个周期，在实际测量时起始信号或结束信号并不完全与时钟信号的上升沿重合，所以最终的测量结果会带来最大为两个时钟周期的误差，即 t_1+t_2。

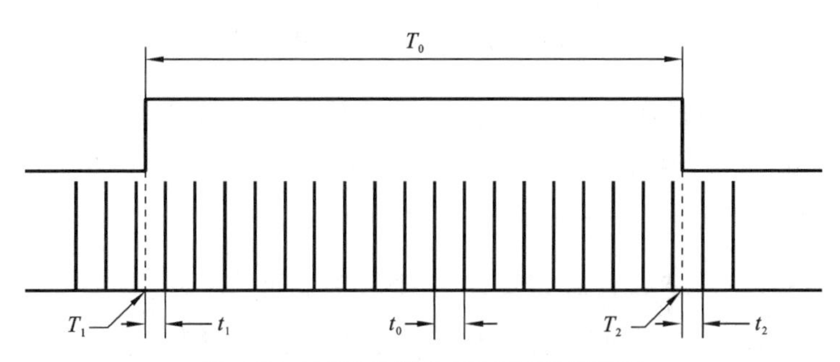

图 5.29 直接计数法 TDC 测量原理图

(2) 游标法：游标法是一种时间数字放大的方法，通过检测到来的两个时钟信号是否重合进行计数。游标法 TDC 电路结构图如图 5.30 所示。START 信号通过保持电路产生了一个高电平信号，该高电平信号到来时，门控振荡器 1 开始起振并且计数器 1 在该时钟频率 f_1 下进行计数；同理，STOP 信号到来时，门控振荡器 2 开始起振并且计数器 2 在该时钟频率 f_2 下进行计数，边沿重合检查电路用来判断这两个时钟信号的上升沿是否重合，当检测到重合时，计数器停止计数，分别输出各自的计数值。

游标法 TDC 测量原理图如图 5.31 所示。测量时间间隔 $t=n_1T_1-n_2T_2$，其中 n_1 为计数器 1 的计数结果，n_2 为计数器 2 的计数结果。

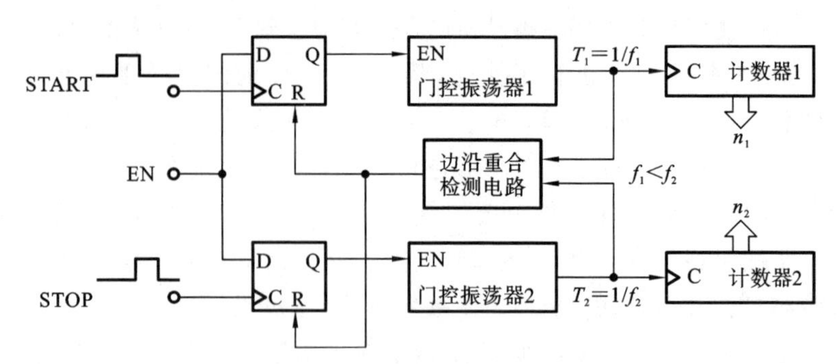

图 5.30 游标法 TDC 电路结构图

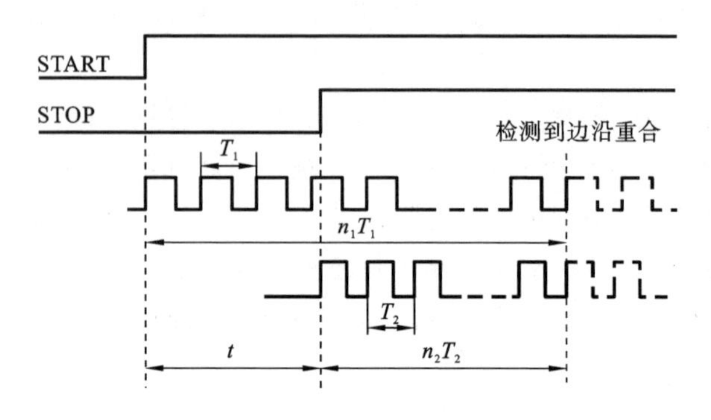

图 5.31 游标法 TDC 测量原理图

(3) 抽头延迟链法：抽头延迟链法 TDC 结构图(一)如图 5.32 所示，将一组延迟单元级联成一条延迟链，理论上每个延迟单元延迟时间均为 τ，在每个延迟单元上都会引出一个抽头，并用相应的触发器进行锁存。

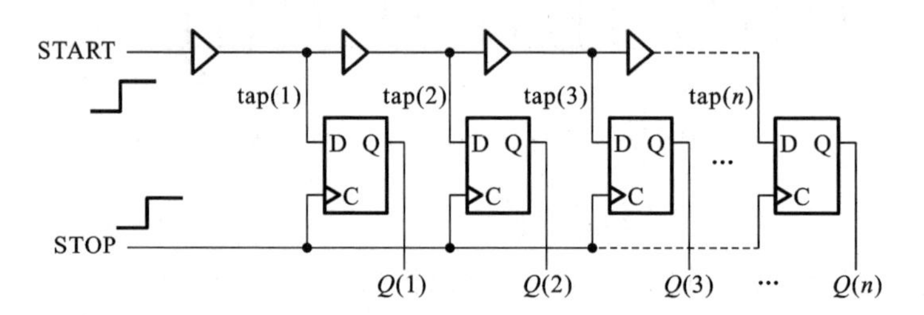

图 5.32 抽头延迟链法 TDC 结构图(一)

START 信号在延迟链中传播，当 STOP 信号上升沿到来时，触发器阵列对延迟链中各个抽头的状态进行采样，根据触发器阵列中"**1**"的个数来判断 START 信号在延迟链传播延时。抽头延迟链法 TDC 测量原理图如图 5.33 所示，则待测时间间隔 t 可表示为 $t=k\tau$。其中，k 为触发器当中高电平的个数。

该结构的测量分辨率为延迟单元的延迟时间，并且触发器阵列以形如

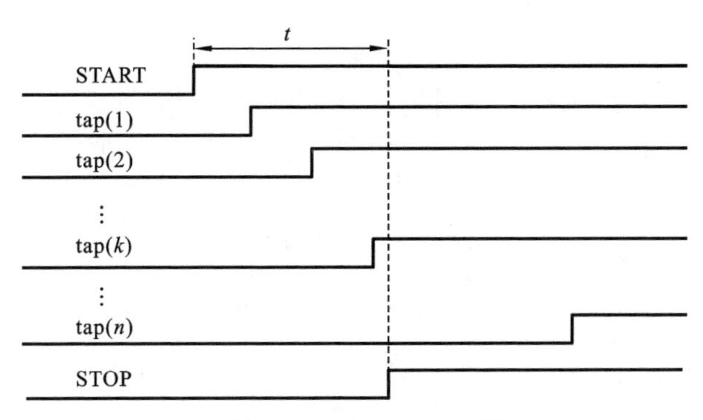

图 5.33　抽头延迟链法 TDC 测量原理图

“0000000011111111”的温度计码输出。

与图 5.32 所示的抽头延迟链法 TDC 结构图(一)不同的是，在图 5.34 所示的抽头延迟链法 TDC 结构图(二)中 STOP 信号在延迟链中传播，利用 START 信号的上升沿对延迟链中各抽头的数据进行锁存，触发器阵列中“**0**”的个数便是待测时间间隔 t 内 STOP 信号传播的延迟单元个数。

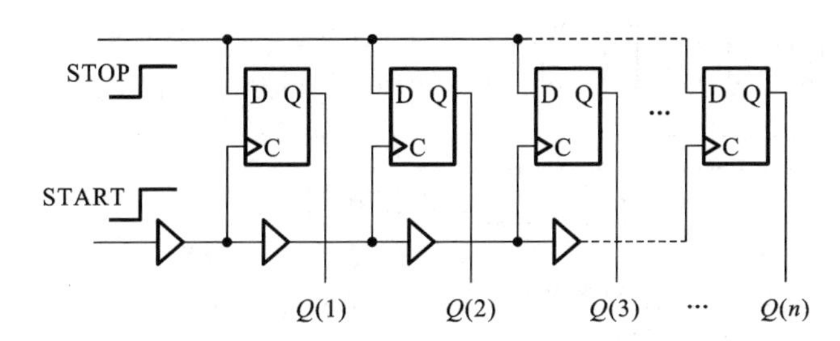

图 5.34　抽头延迟链法 *TDC* 结构图(二)

以上两种抽头延迟链法电路结构的测量范围很有限，当测量范围较大时，需要很长的延迟链来测量。为了获得更大的测量范围，通常采用计数器与延迟链相结合的方法。计数器测量 START 信号和 STOP 信号之间完整时钟周期个数，即“粗”计数。对于小于时钟周期的时间间隔分别由两条延迟链测得，延迟链输出结果为“细”测量的结果。

“粗”计数与“细”测量结合的 TDC 结构图如图 5.35 所示，其测量原理图如图 5.36 所示。

整个时间间隔 t 由三个部分组成，如图 5.36 所示。其中，t_{f1}、t_{f2} 是由延迟链分别测得 START、STOP 信号到下一个时钟信号上升沿的时间间隔；n 是计数器计算 START、STOP 信号之间时钟信号上升沿的个数；T 为计数器参考时钟周期。

$$t=nT+(t_{f1}-t_{f2}) \tag{5.11}$$

理论上每条延迟链中每个延迟单元为 τ，则

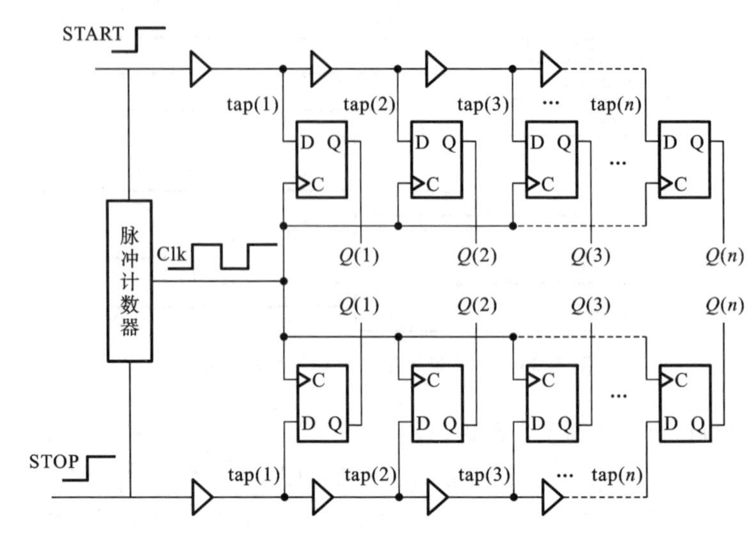

图 5.35 “粗”计数与“细”测量结合的 TDC 结构图

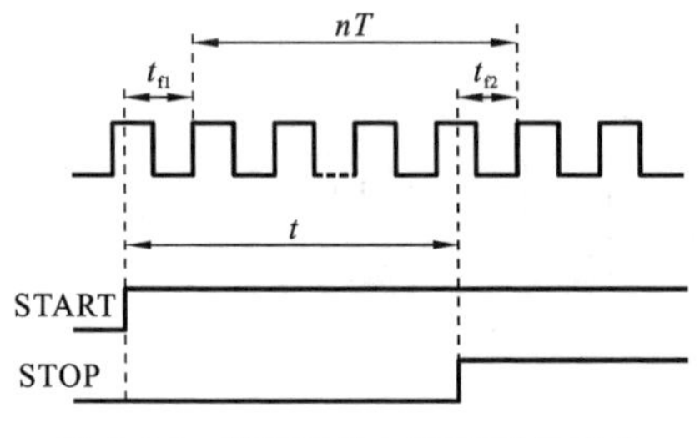

图 5.36 “粗”计数与“细”测量结合的 TDC 测量原理图

$$t_{f1}=n_1\tau \tag{5.12}$$

$$t_{f2}=n_2\tau \tag{5.13}$$

式中：n_1 为 START 延迟链中触发器阵列锁存“1”的个数；n_2 为 STOP 延迟链中触发器阵列锁存“1”的个数。

基于以上分析，本课题组选定在 FPGA 上实现 TDC 设计，利用 FPGA 中专用进位链来构造抽头延迟链结构的高精度测量 FPGA-TDC。

5.4.2 FPGA 高精度计时在超声波流量测量中的应用

在超声波流量测量当中，特别是在小管径测量环境下所检测的时差往往要求精确到纳秒级甚至皮秒级，因此高精度的测时方法是决定时差法超声波流量计精度的关键因素。在此基础上采用 FPGA-TDC 高精度测时对超声波信号在流体内传播时间进行测量。设计高精度测时系统的目的，在于提高时差法超声波流量计的测时精度，满足在小管径下测量的精度要求。

近年来，FPGA-TDC 的发展路线多是基于“粗”计数与“细”测量相结合的方法。“粗”计数实现大动态范围的时间测量，“细”测量用以提高测量精度，最终获得大量程高精度的时间测量。本课题组采用直接计数法进行“粗”计数，利用 FPGA 中专用进位链来构造抽头延迟链结构 TDC 进行“细”测量。测量原理图如图 5.37 所示。

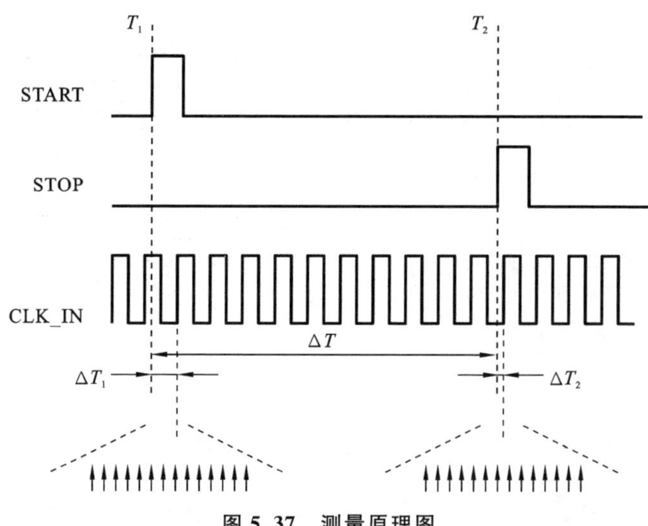

图 5.37 测量原理图

ΔT 为被测时间间隔，T_1 为被测时间间隔的起始时刻，T_2 为被测时间间隔的结束时刻，则理论上的时间间隔 $\Delta T = T_2 - T_1$，即“粗”计数的结果。但是，由于对时钟信号进行计数的是整数个周期，在实际测量时起始信号或结束信号并不完全与时钟信号的上升沿重合，所以最终的测量结果会带来最大为两个时钟周期的误差，即 $\Delta T_1 - \Delta T_2$，再通过“细”测量将 $\Delta T_1 - \Delta T_2$ 测出，最后被测时间为

$$\Delta T = T_2 - T_1 + \Delta T_1 - \Delta T_2 \tag{5.14}$$

其中 FPGA 选用 CycloneⅣ系列中的 Cyclone Ⅳ E，EP4CE10 作为主芯片，该芯片是低成本、低功耗的 FPGA 架构，有 6 KB 到 150 KB 的逻辑单元，高达 6.3 MB 的嵌入式存储器，高达 360 个 18×18 乘法器，2 个通用 PLL，10 个全局时钟网络，8 个用户 I/O 模块，最大用户 I/O 达到 179 个，实现利用 DSP 技术处理密集型应用协议桥接应用，实现小于 1.5 W 的总功耗。主芯片原理图如图 5.38、图 5.39 所示。

在 FPGA-TDC 中，时钟是 TDC 系统正常工作的保证，时钟的质量也是影响测量精度的一个非常关键的因素。本课题组直接采用 FPGA 内部的 PLL 模块产生的一个高频率(200 MHz)来作为触发器阵列和计数器的参考时钟 Clk0。该 PLL IP 核含有两个输入端口 inclk0 和 areset，分别表示外接输入参考信号和复位信号，输出的信号包含时钟锁定标志 locked 和时钟输出信号，时钟输出信号的个数可以由用户自己选择，其频率可以在 5～400 MHz 之间自由设定。FPGA 内部 PLL IP 核如图 5.40 所示。

在本课题组采用的“粗”计数、“细”测量结合当中，“粗”计数测量模块方案的设计相对比较简单，主要包括高频参考信号的产生、待测信号的使能触发、计数器

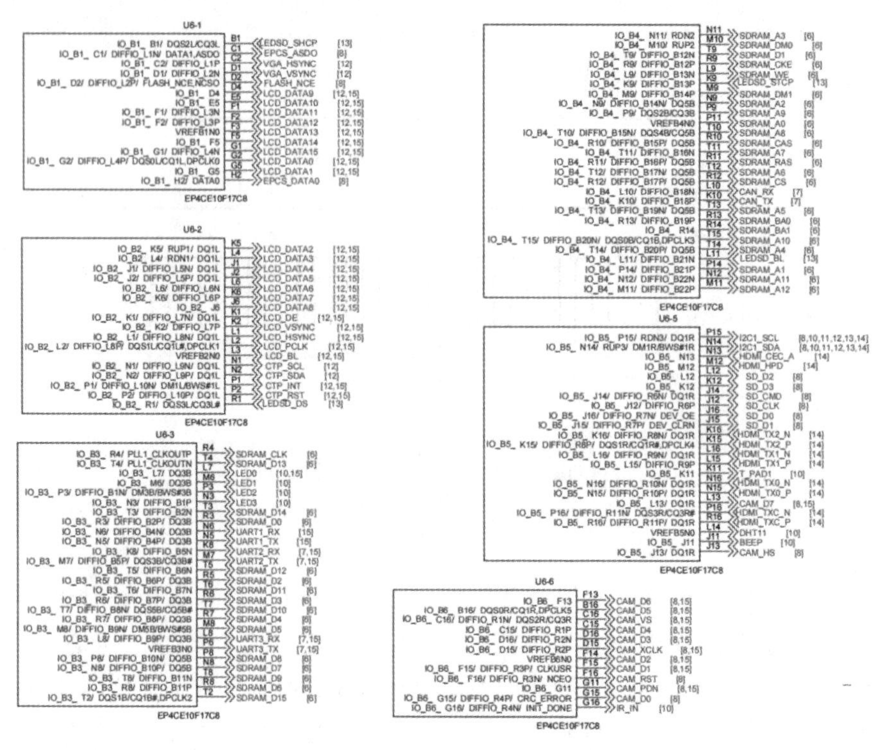

图 5.38 主芯片原理图(一)

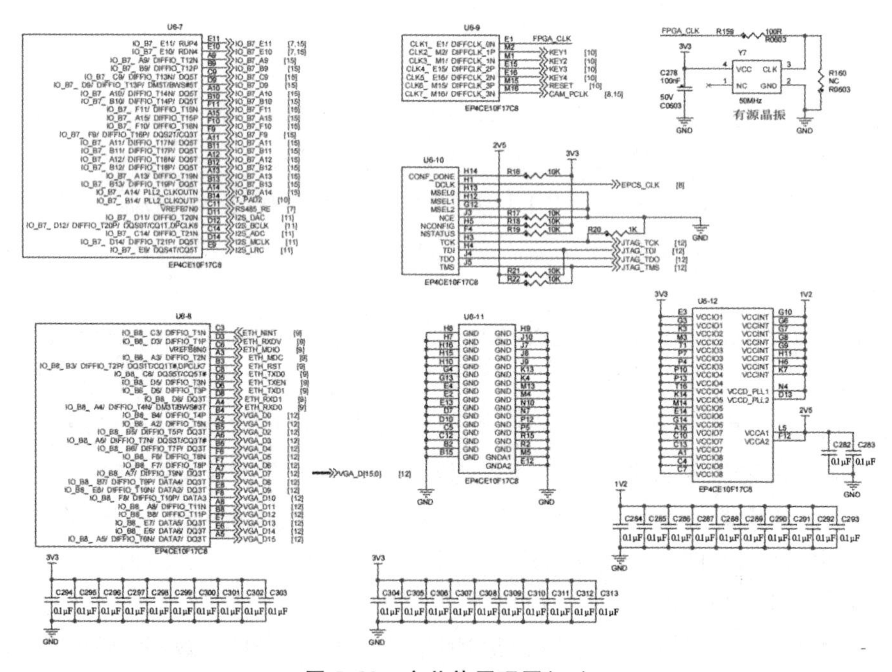

图 5.39 主芯片原理图(二)

的计数等，所以直接在 FPGA 内部利用 PLL 模块产生一个高频率(200 MHz)的稳定信号，采用的计数器为 32 位，计数器在待测信号到来时开始计数，计数完毕后自动清 0 等待下一次计数的开始，在每一次计数器测量完成后，测量结果存放在一个寄存器里供外界来读取。在上升沿和下降沿的两个计数器进行“粗”计数。计数器结构框图如图5.41 所示。

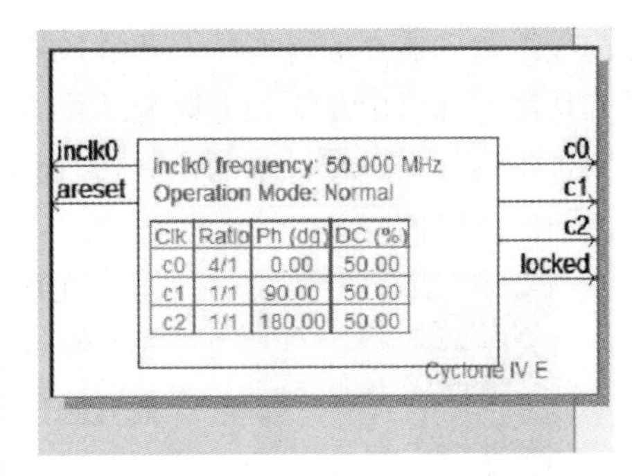

图 5.40 FPGA 内部 PLL IP 核

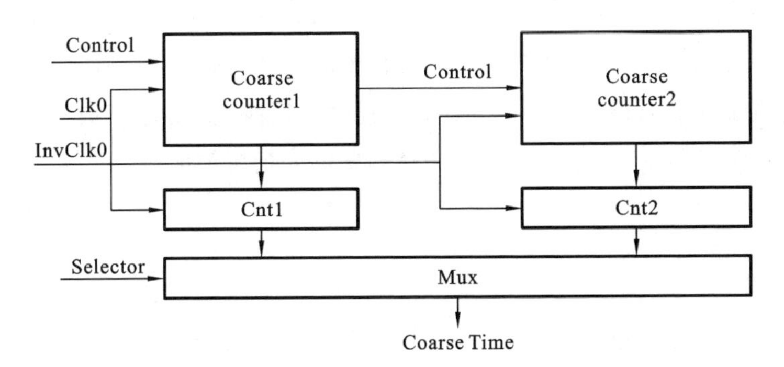

图 5.41 计数器结构框图

在进行“细”测量时，采用 FPGA 主芯片内部的加法器延迟链结构作为延迟线内插法的内插单元。利用串行多位加法器将 FPGA 内部的专用进位单元级联成链，如图 5.42 所示。第一级加法器的加数端接入 START 信号，其余加法器的加数端接低电平，各级加法器的被加数端都接高电平，进位端都级联成链。当 START 信号到来，第一级加法器的进位输出端 Co 由低电平紧接着变为高电平，并传送至与其级联的下一级加法器的进位链输入端 Ci 如此，进位信号会沿着进位链逐级往下传输，各级加法器的输出 S 也会由高电平逐级变为低电平。进位链下

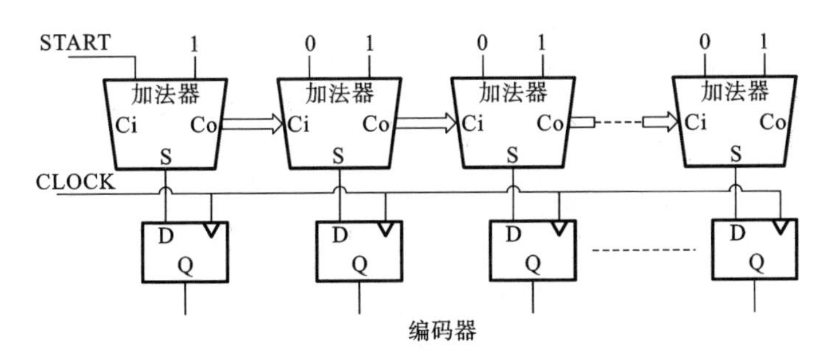

图 5.42 加法进位链原理图

方的一组触发器在 CLOCK 上升沿来临后把各级加法器输出的温度计码锁存，通过确认温度计码中从 **1** 到 **0** 跳变的位置，即可判断进位信号在进位链的位置。得到了进位信号在进位链中的位置后，就可以计算出 START 和 CLOCK 信号上升沿之间的时间间隔。

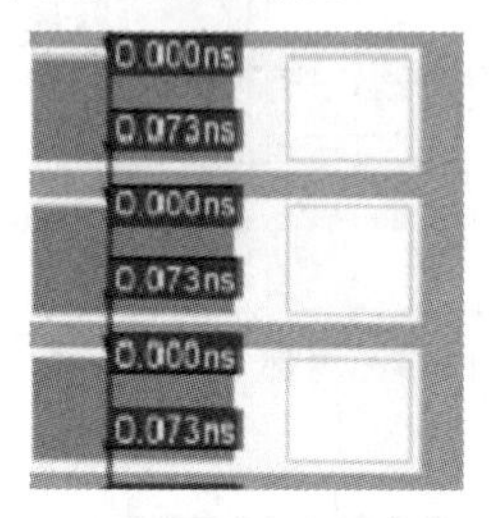

图 5.43　延迟单元的延迟时间

在单链抽头延迟链中，TDC 的分辨率取决于延迟单元的延迟时间。该 FPGA 主芯片延迟单元的延迟时间如图 5.43 所示。

经过验证，延迟单元的延迟时间除以最小流量点处的时间差得到的精度满足国标 1.5 级精度等级要求，保证了该超声波燃气表的测时精度。采用基于 FPGA 高精度计时精确测量超声波在流体中顺流和逆流传播的时间差的方法，提高了测时分辨率，使得超声波流量计的整机精度得以提高，实现了在超声波流量测量当中的高精度测时技术。

5.5　本章小结

本章对超声波流量测量高精度测时技术的不同方法进行分析，通过在超声波流量测量中的实际应用，得到在超声波流量测量的高精度测时技术，并通过实例研究、验证超声波流量测量的高精度测时技术。

通过不同计时方法，超声波流量计的测量精度和性能得到了显著提升。高精度测时技术作为超声波流量计的关键技术之一，对于满足超声波流量测量高精度和高稳定性要求至关重要。

6

超声波信号处理技术研究

6.1 超声波发射与接收电路设计技术研究

超声波的发射与接收电路是超声波流量计的重要组成部分，其性能直接影响流量计的测量精度，对整个测量系统有着至关重要的作用。本章主要内容是超声波发射与接收电路的设计。

6.1.1 超声波发射过程电路设计

超声波发射与接收电路设计技术研究内容，在超声多普勒法管道污水流量测量当中有详尽介绍[132]。该系统发射电路的设计包括正弦波信号发生电路与功率放大电路。为了后续测量结果的准确性、提高源信号的精度，本书中采用由主控芯片控制 DDS 电路（直接数字合成电路）来产生稳定、高精度的驱动超声波的正弦信号，最后经过功率放大电路对其进行功率放大来驱动超声波发射换能器发射 1 MHz的超声波脉冲信号。

1. DDS 电路

在本系统中选用的是一款 AD9851 型号的 DDS 芯片，该芯片内置比较器、DAC及时钟 6 倍频器。使用 DDS 可以实现高精度、高分辨率及快速高效的频率合成，其工作原理为：相位累加器随着时钟输入不断累加相位，并通过正弦查询表寻址把输入的地址信息对应为振幅，再转换为模拟信号，最后经过低通滤波将信号进一步处理后得到所需要的一定频率和相位的波形信号。AD9851 可以产生一个精度高、频率变化速度快、波形失真小的可编程控制的模拟信号，从而更好、更高效地驱动超声波发射换能器。AD9851 的最大功耗为 650 mV，输出最大工作频率可达 180 MHz，分辨率可以高达 0.04 Hz，完全满足本系统设计要求。同时，其内置了 6 倍的倍频器，可以实现输入比较小的参考时钟，从而得到精度较高的系统时钟。

图 6.1 所示为 DDS 电路连接图，由主控芯片通过 D0～D7 向 AD9851 写入产生正弦波信号所需要的数据，并向 W_CLK、FQ_UD、RESET 等引脚输入相应的控制信号。为了保证信号的质量(保证各引脚获取的数字量同步)且保护 DSP 芯片，在两者之间使用高速 8 位 D 锁存器 74HC574 来连接。当 74HC574 的引脚 1 为高电平时，其为高阻状态，这里选择低电平使能输出。74HC574 为上升沿脉冲锁存，通过主控芯片的 GPIO 来控制其状态。AD9851 产生的信号，其中一个经过功率放大电路处理后用来驱动发射换能器发射信号，另一个作为基准频率输入混频电路中进行混频处理，解调出反映流速信息的多普勒频移信号值。主控芯片 DSP 的 I/O 通过**或非门** SN7402 来控制锁存器，如图 6.2 所示，R/W 为低电平时有效，GPIO11 和 GPIO12 输出状态为下降沿时，CLK1 和 CLK0 时钟信号为上升沿，两片 74HC574 锁存器将数据 D 存入 Q。R/W 为高电平时，表示锁存器数据 Q 保持原状态。

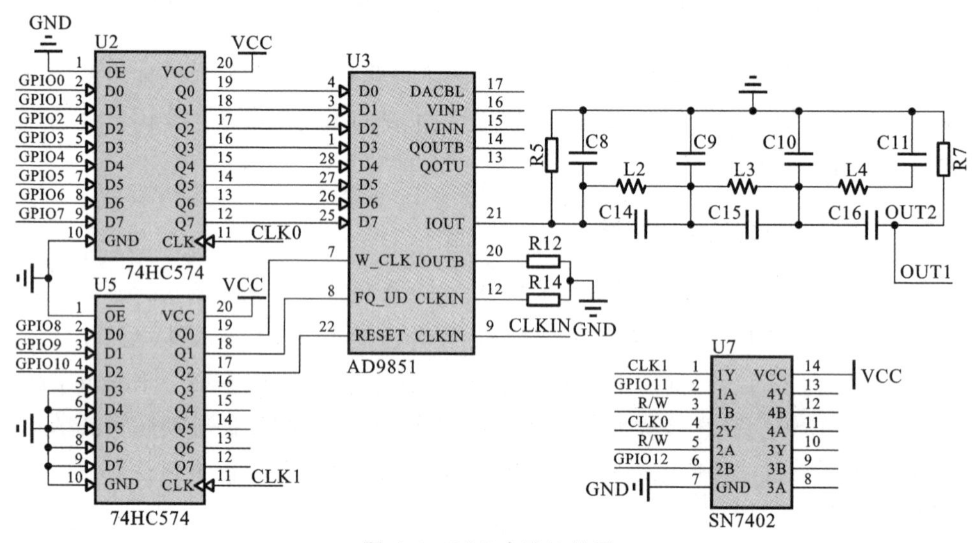

图 6.1　DDS 电路连接图

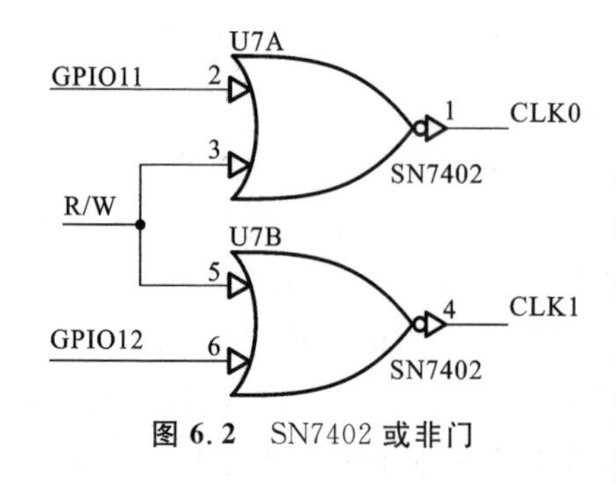

图 6.2　SN7402 或非门

2. 功率放大电路

由 DDS 电路产生的 1 MHz 的正弦波脉冲信号，其输出波形的电压幅值范围为 0.5～1.5 V，满量程输出电流范围为 5～20 mA，该功率不足以驱动换能器，要根据所用的超声波换能器的具体参数通过功率放大电路处理后，用产生的特定的脉冲信号激励超声波发射换能器发射超声波。

图 6.3 所示为驱动超声波换能器的功率放大电路，图中快速三极管 Q5 通过三极管 Q1 和三极管 Q2 来控制其达到导通阈值电压而导通，DDS 电路产生的信号的正向电压与负向电压可以交替通过三极管 Q3 和 Q4。为了实现超声波换能器的阻抗匹配，需要采用变压器对输出电压升压[133]，由于需要输出 1 MHz 的频率信号，所以应该选用镍锌铁氧体材料的高频变压器。

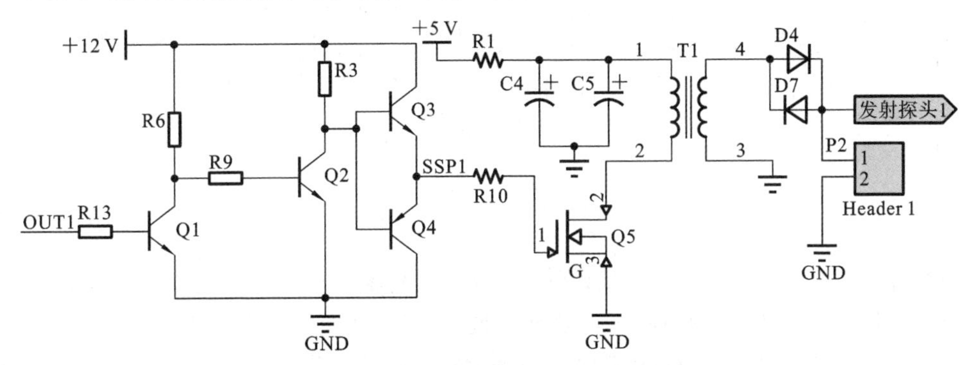

图 6.3　驱动超声波换能器功率放大电路

6.1.2　超声波接收过程电路设计

1. 放大电路

由于采用的是外夹式的超声波换能器，所以超声波信号在传播过程中不仅需要穿过流体介质经散射体散射，还需要穿过管道壁，所以接收换能器接收到的散射回波信号会受到很大程度的衰减，一般为几十到一百多毫伏[134]。那么，为了满足后续电路对信号处理的要求，首先必须对信号进行一定程度的前置放大。采用前置放大的好处在于：系统本身接收到的超声波信号为几十毫伏，系统存在的干扰也可能达到几十毫伏，放大电路在放大信号的同时也放大了噪声，使用前置放大电路能减少后级电路干扰的影响；提高信噪比，前置放大电路倍数不宜过高，预计系统设计为 10 倍放大。经过前置放大电路后的信号不足以达到 AD 采集要求，并且在后级电路中可能会产生一定的信号衰减，信噪比依然不够大，故在使用 DSP 芯片中的 A/D 模块对信号进行模数转换之前还需要对信号进行二次放大，放大倍数系统设置为 10 倍。经过两级总共得到 100 倍的放大，基本上已经能够达到系统设计测量要求（具体的放大倍数可以根据实际设计要求调节）。信号放大电路如图 6.4 所示。

2. 模拟开关

本书采用的是三通道的超声波信号接收，所以选用了一款 TS5A3359[135] 的模拟开关芯片，该芯片是一种双向单刀三掷（SP3T）模拟开关，运行电压为 1.65～5.5 V。芯片拥有低通态电阻、优良的通态电阻匹配和总谐波失真（THD）性能来保持其信号

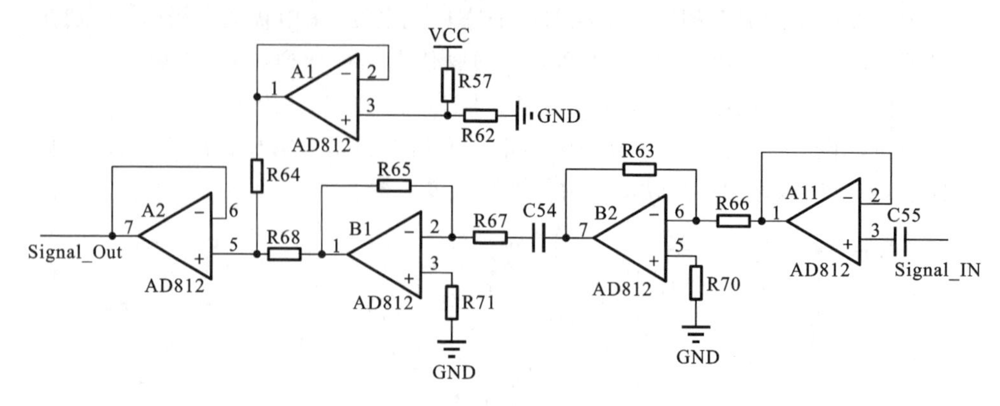

图 6.4 信号放大电路

完整性。为了防止信号从一个信道到另一个信道传输过程中的信号失真，TS5A3359有一个特别的先断后合特征，因此功耗极低，且当 VCC=0 时为关闭状态。由于该芯片在各通道信号切换时可以保持信号的完整性和其他一些特殊性能，很好地实现了系统中三路信号接收通道之间的零干扰切换。表 6.1 所示为 TS5A3359 功能真值表，图 6.5 所示为其简化原理图，图 6.6 所示为其典型应用示意图。

表 6.1 TS5A3359 功能真值表

IN2	IN1	COM TO NO，NO TO COM
L	L	OFF
L	H	COM=NO0
H	L	COM=NO1
H	H	COM=NO2

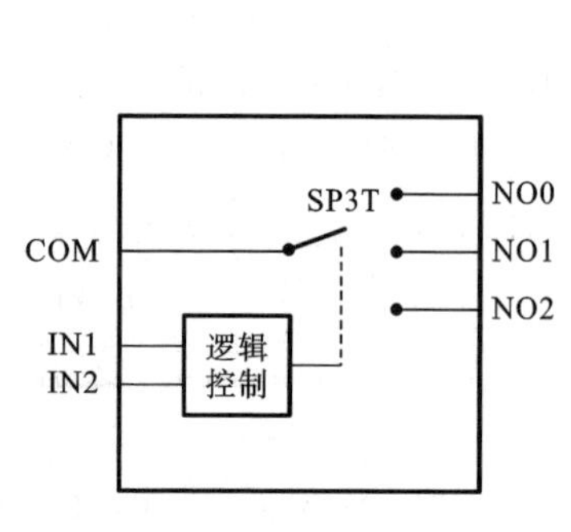

图 6.5 TS5A3359 简化原理图

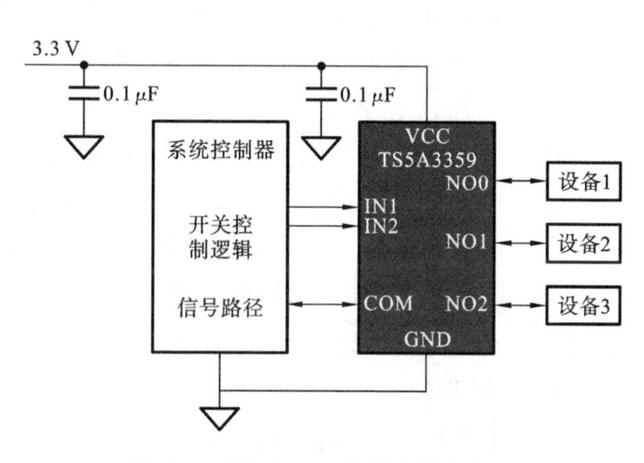

图 6.6 TS5A3359 典型应用示意图

6.2 超声波回波信号检测技术研究

气体超声波流量计设计的关键在于对超声波回波信号进行检测并处理，然后计算流量值，所以回波信号的准确识别直接关系到流量计的准确性。然而超声波信号在管道内传播，受流速、噪声等因素的影响，超声波回波信号幅值会发生衰减，造成回波信号定位错误，进而导致严重的计量误差。尤其在高流速情况下，使用常用的方法很难确定特征点，从而导致测量到错误的结果。所以本节主要介绍本课题组在超声波回波信号检测技术方面的研究成果。

6.2.1 基于静态峰值分布的超声波回波信号检测方法

本书提出了基于静态峰值分布的超声波回波信号检测处理方法[59]。在静态条件下对超声波回波信号进行归一化处理，选取上升阶段中的 2、3、4、5 号波峰建立峰值分布参考模型，在流量测量时，对回波信号进行归一化处理后，通过阈值比较法初步确定峰值对应关系，再计算此时峰值参考模型各部分的偏差，并得到参考模型的总偏差，根据总偏差确定回波信号的参考波峰。该方法克服了超声波回波信号衰减与波动造成的回波信号参考点定位错误的问题，提高了高速流量下流量计的抗干扰能力。

1. 超声波回波信号归一化处理

为了准确进行回波信号的定位，首先采集静态下超声波回波信号，使用包含可编程增益放大器(PGA)和高速 12 位 8 Msps Σ-ΔADC(SDHS)的微控制器进行信号采集。超声波换能器中心频率为 200 kHz，回波信号的峰值只有 20 mV，需要通过可编程增益放大器(PGA)进行放大和加偏置，将回波信号峰值放大至 1.2 V 左右，ADC 连续采集 2048 点回波信号数据(采样频率为 8 MHz，即一个周期采集 25 个点)。完成数据采集后，通过串口将回波信号数据上传给上位机以完成数据保存，数据经过处理后如图 6.7 所示。回波信号的峰值先逐渐增大，后逐渐减小，在最大峰值附近的几个峰值极为相近，受声学及电学噪声的影响，最大峰值点的位置可能会发生改变，容易造成最高峰识别错误。

本书首先采集超声波回波信号峰值，但是信号的幅值容易受到外界干扰，最高峰可能出现偏移，因此将不同流量点下的超声波回波信号进行归一化处理。提取回波信号上升段的峰值，除以最高波峰的幅值，得到各个波峰归一化幅值。各个波峰归一化幅值数据按从小到大顺序排列，并绘制在同一坐标系上，得到顺流、逆流方向不同流量时各峰值的归一化幅值，如图 6.8 和图 6.9 所示。

从图 6.8、图 6.9 中可以看出，在流量为 0 时，顺流回波信号的各归一化幅值分别为 0.05、0.20、0.37、0.58、0.79、0.90、1，逆流回波信号的各归一化幅值分别

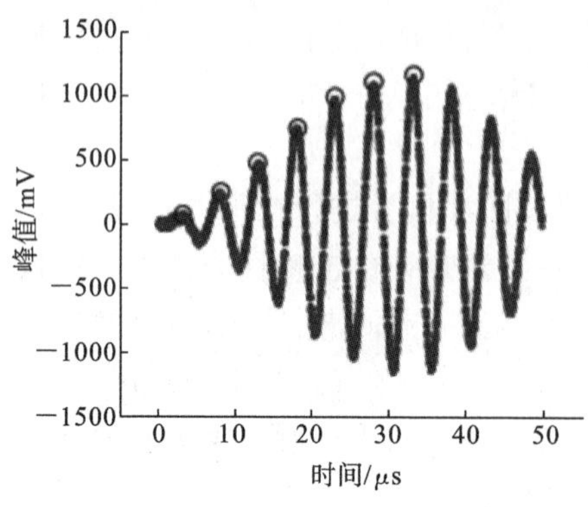

图 6.7 超声波回波信号采样点图

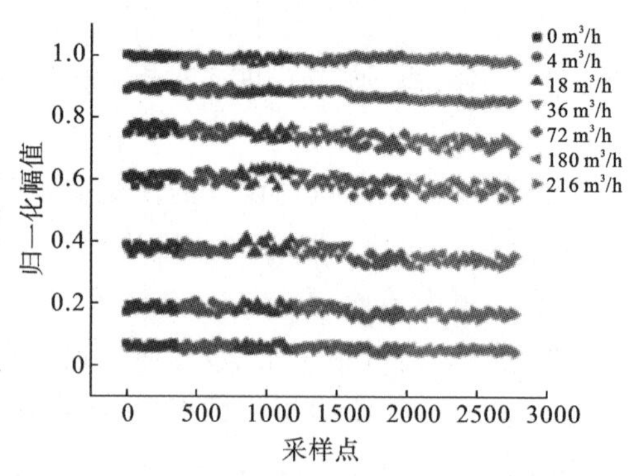

图 6.8 顺流不同流量点归一化幅值

为 0.06、0.22、0.40、0.59、0.81、0.92、1。

零流量时，顺流、逆流归一化幅值基本一致。当流量增加时，受到流场以及声学、电学噪声干扰，回波信号归一化幅值出现波动，影响信号的定位，对流量的测量造成影响。

2. 静态峰值分布的参考波峰提取

在对回波信号中峰值所对应的幅值进行归一化分析后发现，零流量时，顺流、逆流归一化幅值基本一致。因此本书提出了基于静态条件下超声波回波信号峰值分布提取方法。

以静态条件下提取出峰值所对应的归一化幅值数据作为参考信号，通过对比发现有流量时，归一化幅值数据受到干扰会有所波动，其中第 2、3、4、5 号波峰的幅值数据波动较大。因此以回波信号归一化幅值变化较大的逆流方向为例，作出第 2、3、4、5 号波峰静态归一化幅值分布图，如图 6.10 所示。

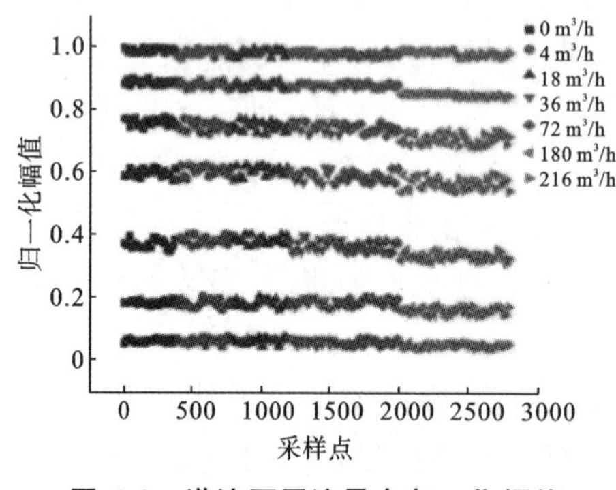

图 6.9 逆流不同流量点归一化幅值

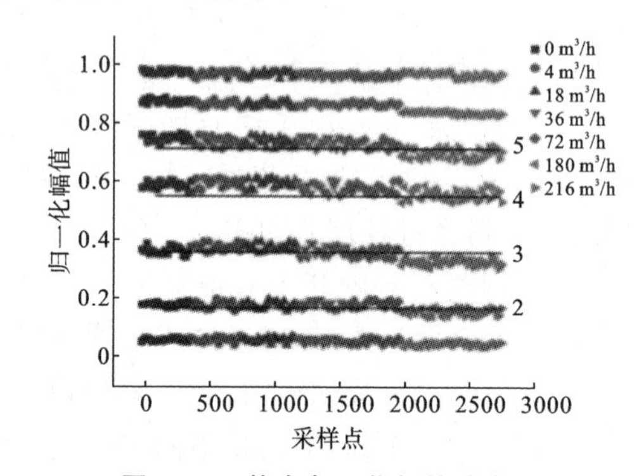

图 6.10 静态归一化幅值分布图

用线分别画出第 2、3、4、5 号波峰在静态条件下流量的归一化幅值水平。从图 6.10 中可以看出随着流量的增大，各个波峰归一化幅值数据波动也增大。

3. 静态峰值参考波峰识别及误差分析

通过分析前文提取的静态峰值参考波，本书提出了基于静态峰值分布的回波信号参考波峰识别方法，以静态时回波信号峰值的归一化幅值分布为参考模型，从回波信号中提取参考波峰。由于归一化幅值受到干扰后会波动，幅值之间的间距可能过小，导致幅值分布关系容易受干扰，因此本书选用中间部分的第 2、3、4、5 号波峰建立回波信号的归一化幅值分布参考模型。假定参考模型中的归一化幅值分别为 V_{REF2}、V_{REF3}、V_{REF4}、V_{REF5}，那么针对上述测试实验中气体流量测量系统的归一化幅值参考模型应为

$$\begin{cases} V_{REF2}=0.25 \\ V_{REF3}=0.45 \\ V_{REF4}=0.64 \\ V_{REF5}=0.81 \end{cases} \tag{6.1}$$

在进行流量测量时，回波信号归一化后的上升段波峰（最大波峰之前的 7 个波峰）分别定义为 V_{p1}、V_{p2}、V_{p3}、V_{p4}、V_{p5}、V_{p6}、V_{p7}。由于干扰以及流体流动的影响，回波信号的峰值位置可能发生改变，因此需要通过阈值比较法，先预判回波信号峰值的对应关系。设定阈值：

$$V_{REF\_T}=\frac{1}{2}(V_{REF4}+V_{REF5}) \tag{6.2}$$

通过阈值比较法初步确定峰值对应关系，依据静态峰值分布模型进一步确定参考波峰，其具体过程如下。

（1）依次将 V_{REF_T} 与归一化幅值比较，得到 V_{REF_T} 在 V_{p1} 至 V_{p7} 之间的具体位置，即

$$V_{pi}<V_{REF\_T}<V_{p(i+1)} \tag{6.3}$$

式中：i 为当前回波中的峰值序号，那么归一化幅值的对应关系为

$$\begin{cases} V_{REF3}\rightarrow V_{p(i-1)} \\ V_{REF4}\rightarrow V_{p(i)} \\ V_{REF5}\rightarrow V_{p(i+1)} \\ V_{REF6}\rightarrow V_{p(i+2)} \end{cases} \tag{6.4}$$

（2）根据归一化幅值的对应关系，计算此时峰值参考模型的各部分偏差分别为

$$\begin{cases} S^2_{REF3\_i}=(V_{REF3}-V_{p(i-1)})^2 \\ S^2_{REF4\_i}=(V_{REF4}-V_{p(i)})^2 \\ S^2_{REF5\_i}=(V_{REF5}-V_{p(i+1)})^2 \\ S^2_{REF6\_i}=(V_{REF6}-V_{p(i+2)})^2 \end{cases} \tag{6.5}$$

参考模型的总偏差为

$$S^2_{REF\_i}=\frac{1}{4}(S^2_{REF3\_i}+S^2_{REF4\_i}+S^2_{REF5\_i}+S^2_{REF6\_i}) \tag{6.6}$$

（3）计算当前位置的总偏差 $S^2_{REF\_i}$ 与前后错位总偏差 $S^2_{REF\_(i-1)}$，$S^2_{REF\_(i+1)}$，当满足式(6.7)时，则说明 V_{REF4} 与 V_{pi} 的对应关系成立；若不满足上述条件，则应当往总

偏差减小的方向修改对应关系，再一次执行操作步骤(3)，直至得到正确的 V_{REF4} 与 V_{pi} 对应关系。

$$\begin{cases} S^2_{REF\_i} < S^2_{REF\_(i-1)} \\ S^2_{REF\_i} < S^2_{REF\_(i+1)} \end{cases} \tag{6.7}$$

根据总偏差最小的 V_{REF4} 与 V_{pi} 的对应关系即可确认参考波峰的位置。当选定系统中 V_{REF4} 为静态时的参考波峰时，V_{REF4} 对应的 V_{pi} 就是当前回波信号中的参考波峰。

6.2.2 基于曼哈顿距离快速判别回波信号特征点定位方法

本节通过对回波信号幅值的形态进行分析，提出基于曼哈顿距离快速判别回波信号特征点的处理方法。该方法的核心原理在于不同压力及不同流量的情况下，回波信号的上升阶段波形都基本一致，不会受到工作介质压强大小及流速的影响。因此得到各个回波信号的正波峰与负波峰的距离对比与静态下各个回波信号峰值距离的相似程度，即可判断所需要的特征点。将各个峰值点之间的距离计算出来后，将该值转变为每个特征点的坐标向量，利用曼哈顿距离相似度判别两个坐标向量之间的相似度，距离最小的即为需要的特征点。

基于相似度判别的方法有很多种，坐标点之间的相似度很多情况下使用欧氏距离来判别，但是在计算欧氏距离时计算公式较为复杂，需要计算坐标点空间直线距离。所以本书选用曼哈顿距离来计算空间坐标距离，这极大减少了计算量，并且能够准确定位特征点[70]。以下选择了其中一对换能器在逆流、不同压力与不同流量状态为例进行介绍。

1) 采集不同压力、流量下回波信号并分析特点

采集超声波换能器在 0 m^3/h、18 m^3/h 和 180 m^3/h 流量环境下的 A 声道逆流超声波回波信号，经过 L 形数控衰减器与放大低噪声运算放大器结合的回波信号处理电路处理后的回波信号，形态基本保持一致，随着流量的逐渐升高回波信号传播时间增加，大流量下衰弱的回波信号经过 AGC 增益后形态基本与零流量下的形态保持一致，如图 6.11 所示。

再采集超声波换能器在 0.1 MPa、0.7 MPa 和 1.5 MPa 压力环境下的 A 声道逆流超声波回波信号，经过 L 形数控衰减器与放大低噪声运算放大器结合的回波信号处理电路处理后的回波信号，上升阶段回波信号基本一致，在高压环境下回波信号的第 4 个峰值开始趋近于饱和度 700 mV，如图 6.12 所示。

分析图中的回波信号特性可知，在超声波换能器接收到激励产生回波信号的初期，回波信号开始逐渐上升，回波信号的第 1、3、5、7 号峰值点逐渐升高，第 2、4、6、8 号峰值点逐渐降低，这 8 个峰值点基本不受换能器所处的压力环境所影响，形态基本保持不变。但在回波信号上升阶段的第 1～4 号峰值之间的过零点并不稳定，由两个正负峰之间拟合直线的斜率并不与稳定后拟合直线的斜率一致，可以判断上升阶段的前 4 个峰值点并没有稳定，导致过零点不一致，相位略有偏差，因

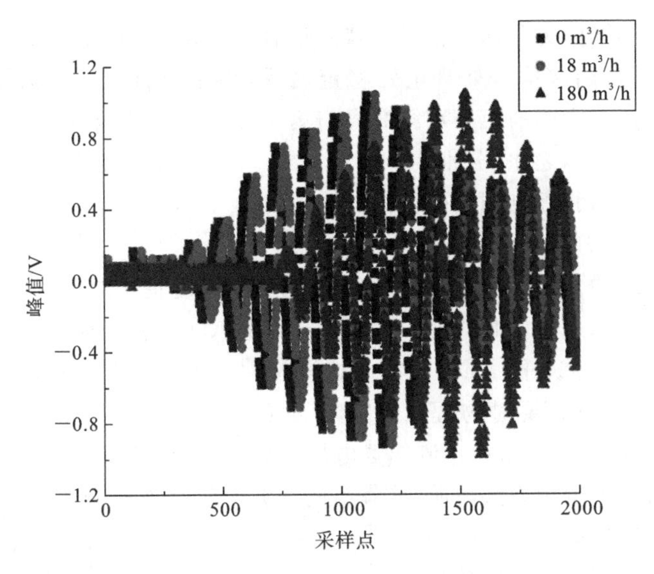

图 6.11 不同流量下回波信号波形图

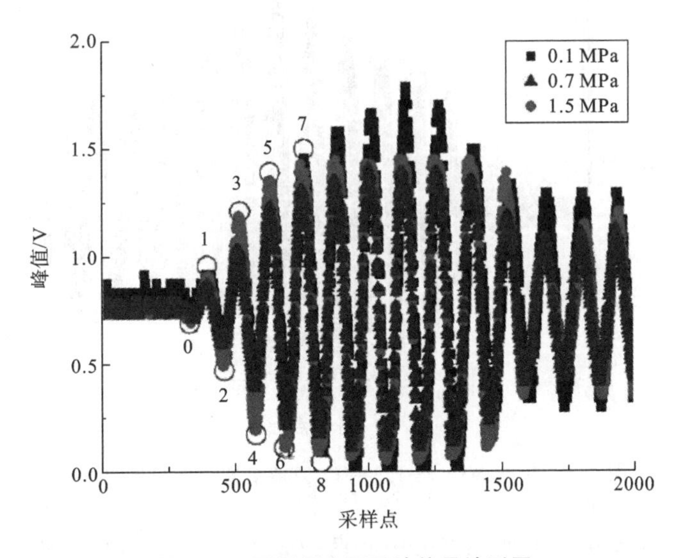

图 6.12 不同压力下回波信号波形图

此不能使用这 4 个峰值点进行过零点计算。回波信号上升段中间部分即第 7 号峰值点开始，在 0.5 MPa 以上的压力环境下压电换能器的灵敏度开始接近饱和，正负峰之间的斜率与饱和后的正负峰之间的斜率基本一致，峰值点幅值趋近于 700 mV。虽然过零点比较稳定，但是在第 7 号峰值后中间部分的峰值，在 0.5 MPa 以上的压力环境下幅度变化不大，不能够很好地区分峰值点，因此，在回波信号上升段中的第 5 号与第 6 号峰值点最适合作为特征点的判断依据。第 5 号与第 6 号峰值点之间的斜率在不同压力环境下基本一致，不会与相邻的正负峰值混淆，效果较好。从图中不同压力下回波信号的特性很容易分析出，上升阶段正负峰值之间的直线距离，经过回波信号处理电路稳定之后，相比较而言基本保持一致。第 1 号与第 2 号峰值点之间的距离和第 3 号与第 4 号、第 5 号与第 6 号、第 7 号与第 8 号峰值点之间的距离之比，分别为 1/2、1/4、1/5，可见区别较为明显，正负峰值之间的距离可以作为特征点判断的依据。

2）基于曼哈顿距离快速寻找定位特征点

本书所采用的 MSP430FR6047 微控制器具有高度集成的 USS 模块，MCU 采用集成式低功耗加速器（LEA），可实现基于高速 ADC 的信号采集以及后续优化数字信号处理，高速 12 位 ADC 具有高达 8 Mb/s 的数据输出速率。为了有效采集回波信号的负波峰，要对物理层（PHY）设置 750 mV 的偏置电压。进入高速 ADC 采集之前添加 700 mV 直流偏置电压，以 0.1 MPa 和 1.5 MPa 信号为例进行回波信号特征点定位方法说明，采集后的回波信号如图 6.13 所示。

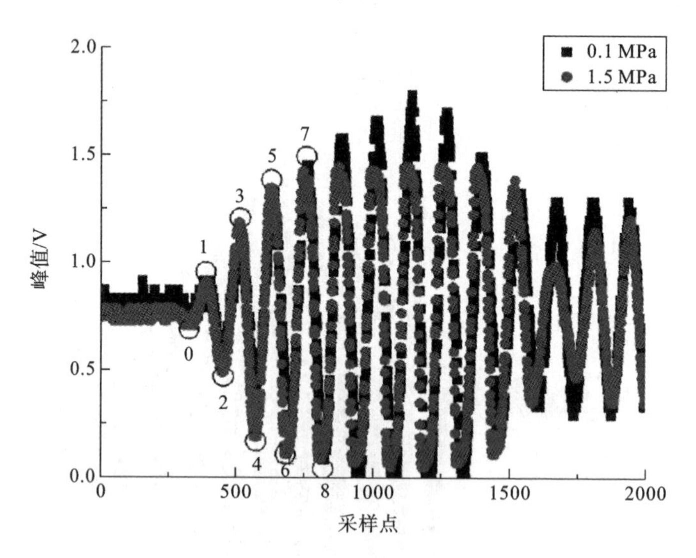

图 6.13 0.1 MPa 与 1.5 MPa 直流偏置回波信号波形图

LH-QB200-4 型压电换能器的中心谐振频率为 200 kHz，回波信号的过零点之间的时间间隔基本不变，均为 2.5 μs。系统集成的 USS 模块的采样频率为 8 MHz，所以涵盖整个回波信号波形需要采集 500 个采样点，并且各个波峰与波谷之间的距离也相对不变，为 2.5 μs，所以只需要确定第一个峰值点再加上固定的检测时间间隔就可以快速定位其他峰值点，采用这种方法可以最大限度减小系统资源开销，快速定位峰值点。按 8 MHz 的系统采样频率，检测一个峰值点需要 10 个检测点，通过排序比较的方法就可以确定最大、最小值。在第一个最大峰值点被确认后，向后偏移 15 个采样点再进行峰值检测即可确定下一个峰值点。连续检测直到采集完 500 个采样点，停止峰值检测，进行峰值点数据处理，并保存各峰值点幅值与对应的采样点序号。以图 6.13 中 0.1 MPa 和 1.5 MPa 两种压力环境为例，通过 USS 模块感应回波信号，并对这些信号进行处理，通过串口通信将数据上传至 PC 端，最终将数据导出，形成如表 6.2 所示的峰值点幅值与采样点检测表。表中的峰值点序号与图 6.13 中的 1 号峰至 8 号峰一一对应，峰值点坐标的横坐标为检测点序号，纵坐标为峰值点幅值，单位为 mV。

表 6.2　峰值点幅值与采样点检测表

峰值点序号	0.1 MPa 峰值点坐标	1.5 MPa 峰值点坐标
1	(084,0905)	(084,0910)
2	(104,0659)	(104,0492)
3	(124,1024)	(123,1193)
4	(143,0449)	(143,0195)
5	(163,1183)	(163,1351)
6	(183,0362)	(183,0114)
7	(203,1274)	(203,1432)
8	(223,0248)	(223,0094)

以下以其中一对换能器顺流 0.1 MPa 与 1.5 MPa 压力环境为例进行介绍，确定特征点的具体步骤如下。

第一步，在通过曼哈顿距离快速判别各个特征点之间的差异之前，需要通过计算距离得出来的值的转变来进行相关度的特征放大。以 0.1 MPa 和零流量条件下的峰值点为相似度比较多基准峰值点，各个峰值点的幅值分别为 $V_{p1(905)}$、$V_{p2(659)}$、$V_{p3(1024)}$、$V_{p4(449)}$、$V_{p5(1183)}$、$V_{p6(362)}$、$V_{p7(1274)}$、$V_{p8(248)}$。由以上峰值点计算第一个峰值点的幅值 V_{p1} 与后三个峰值点的幅值之间差的绝对值，计算结果如下：

$$\begin{cases} |V_{p1}-V_{p2}|=246 \\ |V_{p1}-V_{p3}|=119 \\ |V_{p1}-V_{p4}|=456 \end{cases} \tag{6.8}$$

然后，计算各峰值点的幅值与第一个峰值点幅值之间差的绝对值，并将这个绝对值以 $|V_{p1}-V_{p2}|$ 数值为基准进行变量转换。具体而言是将每个差值绝对值除以 $|V_{p1}-V_{p2}|$ 的数值，从而得到一个比例系数，就转变为坐标之间相关性判别。使用衡量坐标之间相似性、相关性的度量指标来探究特征点的特征变化，计算结果如下：

$$\begin{cases} \dfrac{|V_{p1}-V_{p2}|}{|V_{p1}-V_{p2}|}=1.0000 \\ \dfrac{|V_{p1}-V_{p3}|}{|V_{p1}-V_{p2}|}=0.4837 \\ \dfrac{|V_{p1}-V_{p4}|}{|V_{p1}-V_{p2}|}=1.8537 \end{cases} \tag{6.9}$$

得到第一个峰值点的比例坐标 K_{p1}(1,0.4837,1.8537),根据上述相同步骤计算出第二个峰值点与第三个峰值点的比例坐标 K_{p3}(2.1341,0.6463,2.6911)、K_{p5}(3.3374,0.2177,3.8008)。根据前一节分析的不同压力与不同流量下超声波回波波形的形态特征,选用第二个峰值点的比例坐标 K_{p3}(2.1341,0.6463,2.6911)作为相似度判断的基准点。

第二步,记录零流量 1.5 MPa 压力环境下回波信号的上升段波峰(最大波峰与最小波峰之前的 8 个波峰)分别为 $V_{p1(910)}$、$V_{p2(492)}$、$V_{p3(1193)}$、$V_{p4(195)}$、$V_{p5(1351)}$、$V_{p6(114)}$、$V_{p7(1432)}$、$V_{p8(94)}$。对记录的 8 个峰值点采用与第一步相同的处理方法处理上升段波峰,将其划分为 3 组:a 组{418,283,715}、b 组{998,158,1079}、c 组{1337,81,1251};然后分别计算每组数据的比例系数,如前所示数据比例系数坐标分别为 N_{p1}(1,0.6670,1.7105)、N_{p3}(2.3876,0.3780,2.5813)、N_{p5}(2.7201,0.1938,2.9928)。

第三步,分别计算比例系数坐标组 N_{p1} 与 K_{p3},N_{p3} 与 K_{p3},N_{p5} 与 K_{p3} 的曼哈顿距离,用于评估相似程度。计算结果如下:

$$\begin{cases} E_1 = |1.0000-2.1341| + |0.6670-0.6463| + |1.7105-2.6911| \\ E_2 = |2.3876-2.1341| + |0.3780-0.6463| + |2.5813-2.6911| \\ E_3 = |2.7201-2.1341| + |0.1938-0.6463| + |2.9928-2.6911| \end{cases} \tag{6.10}$$

式中:E_1 为坐标 N_{p1} 与 K_{p3} 的曼哈顿距离;E_2 为坐标 N_{p3} 与 K_{p3} 的曼哈顿距离;E_3 为坐标 N_{p5} 与 K_{p3} 的曼哈顿距离。计算工况下每组比例系数的曼哈顿距离,计算结果如下:$E_1=2.1354$、$E_2=0.6316$、$E_3=1.3402$。从以上数据可知坐标 N_{p3} 与比例系数坐标基准点 K_{p3} 的曼哈顿距离最接近,所以 N_{p3} 作为回波信号定位特征点,以这个定位特征点来检测过零点,从而得出传播时间。

基于曼哈顿距离快速判别回波信号特征点的处理方法,能够准确定位到第二个峰值点并将其作为特征点,可以从这个点开始计算超声波的到达时刻 T_0。

6.2.3 基于峰值检测的变阈值、变增益超声波回波检测

为了提高超声波燃气表在大流量点的测量精度与重复性,本书提出了一种基于峰值检测的变阈值、变增益方法。通过采集超声波回波包络的峰值,调整超声波信号处理电路的比较阈值与放大增益,从而实现超声波回波信号特征点的准确定位,提高时差测量的准确性。变阈值、变增益回波检测原理图如图 6.14 所示。

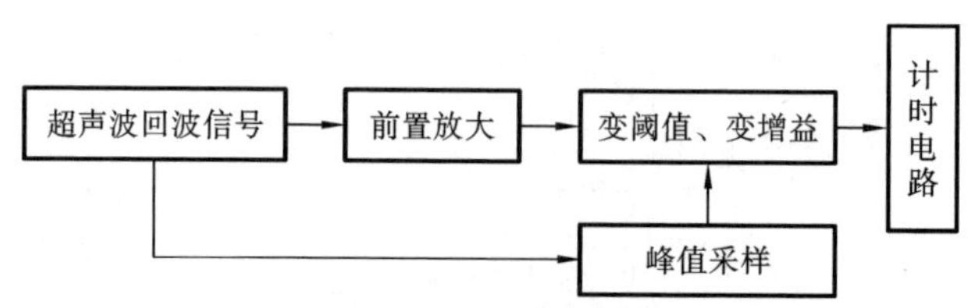

图 6.14 变阈值、变增益回波检测原理图

固定阈值过零比较方法中，随着流速增加，超声波信号衰减，同时各个波峰之间的间距变小，很容易导致测量误差。实测超声波信号波形图如图6.15所示。

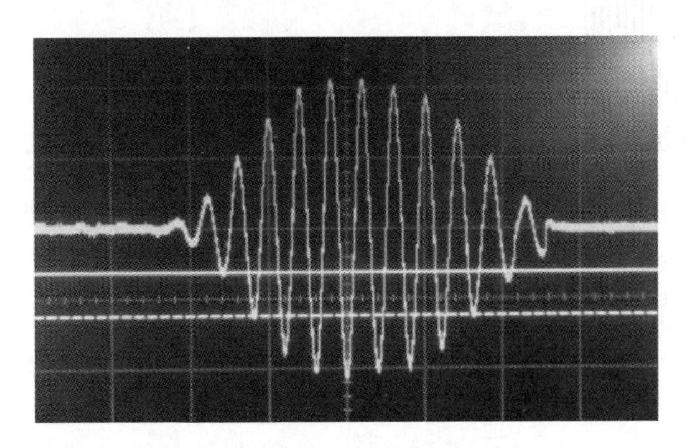

图6.15　实测超声波信号波形图

而变阈值与变增益均以峰值采样为基础，通过峰值采样了解超声波回波信号的衰减程度，从而确定放大增益参数，再进一步调整比较阈值，使阈值总能处在最佳的位置，极大地避免了由气流波动引起的“串波问题”。在大流量（大流速）点处，提高了超声波燃气表的测量精度与重复性。

6.3　超声波回波信号到达时刻点判别阈值设置技术研究

超声波回波信号到达时刻点的判别阈值设置技术是超声波测距、超声波流量计等应用中的关键技术之一。该技术通过设定合理的阈值来判断回波信号何时到达，进而准确测量距离或流速等参数。本节主要讲述本课题组进行超声波回波信号到达时刻点判别的阈值设置方法。

6.3.1　阈值法和1/2 VCC“零点”检测法

采用阈值法和1/2 VCC“零点”检测法获得了超声波传播时间值及其差值[136]。到达时间的特征点由回波的阈值定义，即下一个回波周期的过零点。传播时间和差值可以从满足回波阈值的几个特征点中得到。

传播时间是气体超声波流量计测量超声波信号在气体中顺流和逆流方向的传播时间 t。另外，检测激发信号发出后，超声波回波信号到达特征点的时间值，即超声波信号在该方向上的传播时间，如图6.16所示，然后根据两个方向传播时间的差值计算流速。然而，如何选择回波信号的特征点是保证测量精度的关键。

本书采用阈值法和1/2 VCC“零点”检测法，将回波信号的零点移动到

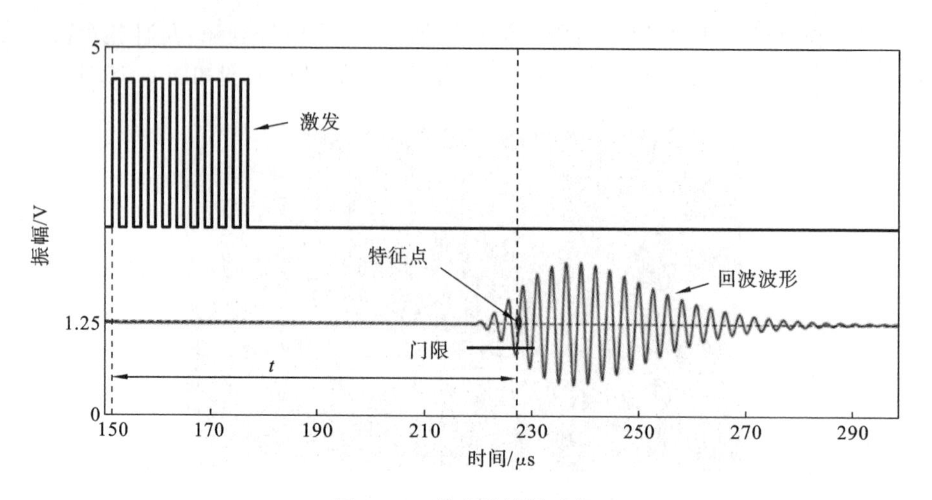

图 6.16 超声波传播时间

1/2 VCC 点，其原因是传统的过零检测以零电压点作为超声波信号接收的参考，但这样也会产生过零的假触发。但是，如果基准过高或过低，也会导致过零误报。

根据试验中的实际测量，本书采用 1/2 VCC 作为新的超声波信号接收的基准，避免了低幅值热噪声、弹射噪声以及换能器和电路产生的其他噪声。其中，VCC 是模拟电路的电源。如图 6.17 所示，将阈值设置为一个有效回波，该回波可以是多个数值，用于检测到达时间点。因此，还可以得到多个到达时间点。

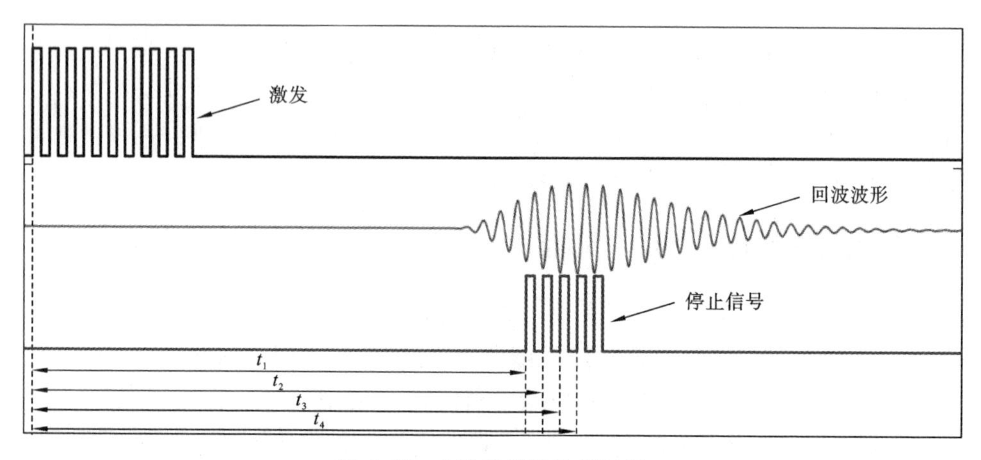

图 6.17 几种超声波传播时间

实时测量的回波信号可与 10～20 mV 的噪声信号叠加。此外，超声波信号在气体介质传播过程中受到不稳定流动的影响，导致回波信号周期或相位出现轻微波动。这两个贡献者将导致零点交叉触发的偏差。如果只采用到达时间的一个过零停止点来测量传播时间差，将会产生很大的测量误差。本书采用在一次测量过程中产生多个过零停止点，即在下游和上游方向测量中分别得到几个 t_{up} 和 t_{down} 值，从而可以相应计算出 $\Delta t_i + \varepsilon_i$。因此，通过均值滤波法可以得到每次测量的平均透射时间差值，即 $\Delta t = 1/n \sum_{i=0}^{n-1} (\Delta t_i + \varepsilon_i)$。

6.3.2　基于离散信号相关性的回波信号动态阈值

利用微控制器内部集成的高速 ADC 完成信号采集。STM32L443 内部集成了 12 位模数转换器，该芯片以 12 位采集分辨率运行时所需的转换时间为 0.188 μs(采样频率约为 5.3 MHz)，则在一个回波信号周期内能采集到 26 个离散数据点，并利用二次插值方法处理回波采样点，快速获取回波信号波峰值[137]，并得到各流量下的顺流回波信号波峰值，如表 6.3 所示。

表 6.3　各流量点下的顺流回波信号波峰值

流量点 /(m^3/h)	1 号波峰 /mV	2 号波峰 /mV	3 号波峰 /mV	4 号波峰 /mV	5 号波峰 /mV	6 号波峰 /mV
4.0	1195	1330	1575	1797	1924	1987
2.8	1195	1335	1575	1770	1926	1990
1.6	1192	1330	1561	1780	1910	1960
0.4	1190	1320	1547	1760	1875	1934
0	1189	1320	1540	1752	1870	1935

针对不同流量点下回波信号波峰波动造成的特征点定位困难问题，本书提出了一种基于离散信号相关性的回波信号动态阈值选取方法，即以相关性计算结果为依据来表征信号在时域上移动的波形匹配程度。对于两个离散信号 $x[n]$、$y[n]$，即在时域上不断移动 $y[n]$，去计算不同时间偏移量 m 下 $x[n]$波形与 $y[n]$波形的匹配程度，匹配程度越高，互相关计算结果越大。两离散信号互相关计算表示为

$$\mathrm{Corr}[m] = \sum_{-\infty}^{+\infty} x[n]y[n-m] \tag{6.11}$$

本书使用互相关计算判别静态回波与动态回波之间的匹配程度以完成不同流量点下的动态阈值选取。针对不同流量下的回波信号进行归一化幅值处理，发现其上升段回波信号波峰值具有一致性，此特性可作为波形匹配程度依据。选取顺流流量为 2.8 m³/h 的回波信号与静态回波信号为例，进行离散信号相关性的阈值电压分析如下。

第一步，由回波信号归一化结果可知，回波信号第 1 号波峰幅值较小，第 5 号波峰与第 6 号波峰区分度差，故选取第 2、3、4、5 号波峰作为基准波峰。在流量点为

0.0 m^3/h 的顺流静态条件下，其基准值分别为 $V_{p2(1320)}$、$V_{p3(1540)}$、$V_{p4(1752)}$、$V_{p5(1870)}$，逐一进行归一化处理，对应值分别为 0.7059、0.8235、0.9369、1，静态回波信号基准峰值序列 $x[n]$的互相关计算值计算如下：

$$\mathrm{Corr}_{xx}[0]=\sum_{-\infty}^{+\infty}x[n]x[n-0]=0.7059^2+0.8235^2+0.9369^2+1^2=3.0542 \tag{6.12}$$

第二步，根据 ADC 采样处理后，得到顺流传播流量为 2.8 m^3/h 的动态回波信号上升段波峰值 $V_{p1(1195)}$、$V_{p2(1335)}$、$V_{p3(1575)}$、$V_{p4(1770)}$、$V_{p5(1926)}$、$V_{p6(1990)}$，并依次划分为 3 组：$y_a[n]$组为{1195,1335,1575,1770}、$y_b[n]$组为{1335,1575,1770,1926}、$y_c[n]$组为{1575,1770,1926,1990}。

经过归一化处理后，分别计算上述三组动态波峰和静态基准波峰的互相关函数值，分别为

$$\begin{cases}\mathrm{Corr}_{xy_a}[0]=[0.7059\ 0.8235\ 0.9369\ 1]\times[0.6751\ 0.7542\ 0.8898\ 1]^{\mathrm{T}}=2.9413\\ \mathrm{Corr}_{xy_b}[0]=[0.7059\ 0.8235\ 0.9369\ 1]\times[0.6931\ 0.8178\ 0.9190\ 1]^{\mathrm{T}}=3.1077\\ \mathrm{Corr}_{xy_c}[0]=[0.7059\ 0.8235\ 0.9369\ 1]\times[0.7915\ 0.8894\ 0.9678\ 1]^{\mathrm{T}}=3.1895\end{cases} \tag{6.13}$$

第三步，计算得到 $\mathrm{Corr}_{xy_a}[0]$、$\mathrm{Corr}_{xy_b}[0]$、$\mathrm{Corr}_{xy_c}[0]$与 $\mathrm{Corr}_{xx}[0]$之间差值 M_1、M_2、M_3，用于判断动态波峰与静态基准波峰的匹配程度。

$$\begin{cases}M_1=|3.0542-2.9413|=0.1129\\ M_2=|3.0542-3.1077|=0.0535\\ M_3=|3.0542-3.1895|=0.1353\end{cases} \tag{6.14}$$

由计算可得 M_2 的值最小，表明在流量为 2.8 m^3/h 的动态条件下 b 组的回波信号波峰与静态条件下回波信号差异度小，匹配程度最高。

第四步，由上述计算结果确定电压阈值，结果如图 6.18 所示，静态条件下的回波信号 2 号波峰与 3 号波峰之间差值最大，确定该条件下的阈值$(V_{p2}+V_{p3})/2$为 1430 mV，即图中静态阈值电压，找到与其对应的动态条件下 b 组回波波峰即第 1、2 号波峰，并设置动态阈值为对应波峰中间值，即图中动态阈值电压。

动态阈值电压的正确选取在很大程度上解决了特征波识别的窜波与衰减问题。为了验证基于离散信号相关性的回波信号动态阈值对特征波选取的可行性，本书对不同流量点下回波信号的动态波峰与零流量下的静态基准波峰匹配程度进行验证，得到静态条件下回波信号基准波峰的互相关函数值，以及动态条件下回波信号各组波峰与基准波峰的互相关函数值，两者之差决定了动态阈值的选取，最终波峰对应关系分别如图 6.19 所示。

由图 6.19 可知，基于离散信号相关性的回波信号动态阈值能有效地识别到

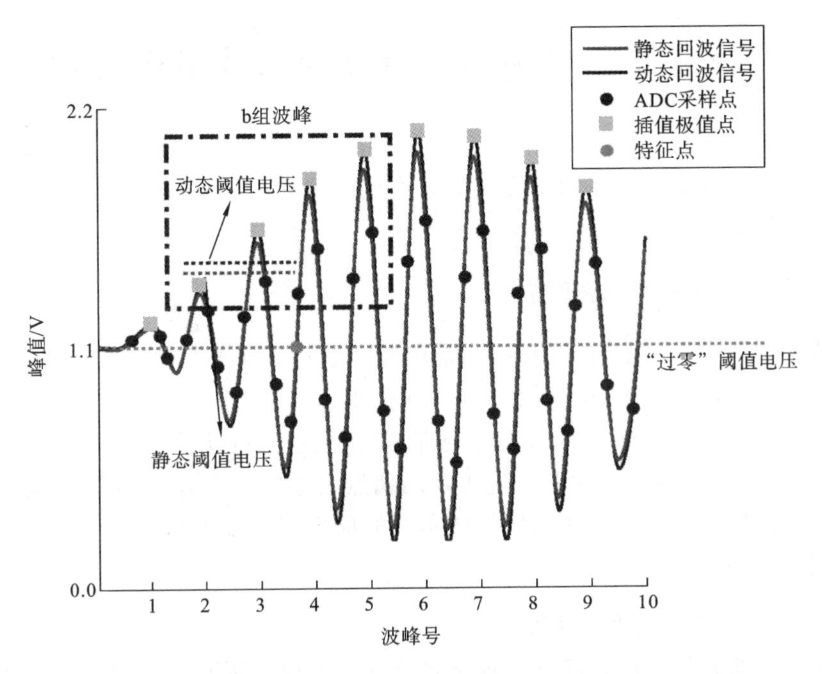

图 6.18 回波信号动态阈值设定示意图

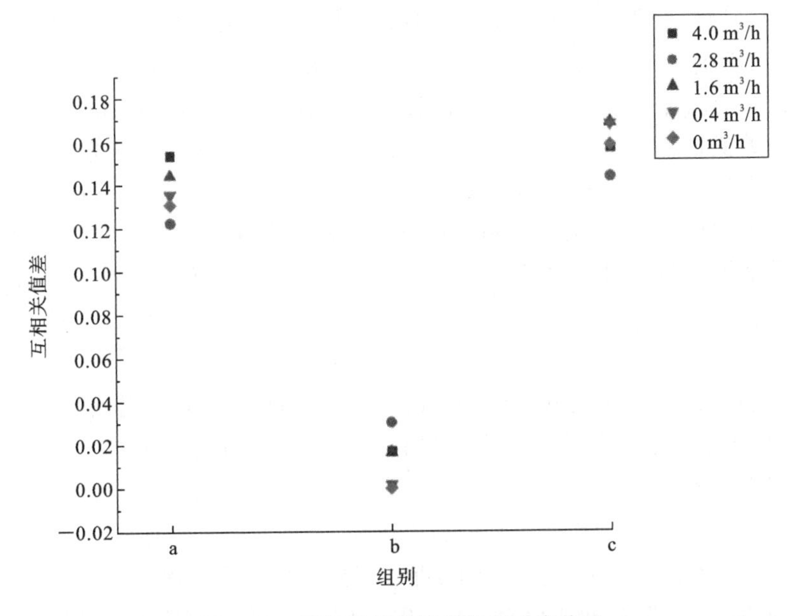

图 6.19 顺流回波信号峰值组对应关系

与静态基准波峰对应的波峰组。在顺流传播条件下，各流量点下的 b 组波峰与静态基准波峰的匹配程度最高，从而实现了动态阈值的有效设定。

6.4 超声波传播时间(差)数据处理技术研究

超声波传播时间(差)数据处理技术是超声波测量技术中的一个关键环节。本节的主要内容是对本课题组提出的超声波时差数据的处理改进方法和测量数据处理流程进行介绍。

6.4.1 改进的卡尔曼滤波算法

在超声波时差数据的处理中,最常用的算法有滑动平均滤波算法、中位值平均滤波算法,实验结果表明这几种算法在使用的过程中取得了一定的滤波效果。这几种算法对某一组样本数据进行处理,可得到这组样本中的接近真值的测量值,但是滑动平均滤波算法对系统出现的偶然误差抑制能力差,且平均滤波算法需要一定的样本量。如何在不增加样本量的前提下实现平均滤波?本书采用卡尔曼滤波方法[138]。

1. 传统的卡尔曼滤波算法

卡尔曼滤波算法在滤波平滑效果以及数据处理的实时性方面都有很好的效果,该滤波算法是一种时域的滤波算法,适合递推求解,数据可以逐一实时处理,即将每一个采样时刻获得的数据立即处理,并与基于该时刻以前的状态估计值,由递推方程随时给出新的状态估计。卡尔曼滤波算法可分为两个部分:时间更新方程和测量更新方程。时间更新方程负责及时向前推算当前状态变量和误差协方差估计的值,以便为下一个时间状态构造先验估计。测量更新方程负责反馈,也就是说它将先验估计和新的测量变量结合以构造改进的后验估计。时间更新方程也可视为预估方程,测量更新方程可视为校正方程。最后的估计算法成为一种具有数值解的预估-校正算法。在流量测量系统中,下面的线性差分方程描述了整个过程:

$$x_k = Ax_{k-1} + Bu_{k-1} + w_k = x_{k-1} + w_k \tag{6.15}$$

式中:x_k 为状态变量;增益 A 为将上一时刻 $k-1$ 的状态线性映射到当前时刻 k 的状态;B 为可选的控制输入 u 的增益;随机信号 w_k 为过程激励噪声。

观测变量 z 为

$$z_k = Hx_k + v_k = x_k + v_k \tag{6.16}$$

式中:矩阵 H 为状态变量 x_k 对观测变量 z_k 的增益;v_k 为观测噪声。

过程的状态不随时间变化而变化,所以 $A=1$;没有控制输入,所以 $u=0$;包含噪声的观测值是状态变量的直接体现,所以 $H=1$。因为对应的系数为常数,所以下标 k 被忽略,因此系统简化后,时间更新方程为

$$\hat{x}_k^- = \hat{x}_{k-1}, \quad P_k^- = P_{k-1} + Q \tag{6.17}$$

式中：$\hat{x}_k^-$ 为在已知第 k 步以前状态情况下第 k 步的先验状态估计；$\hat{x}_{k-1}$ 为已知测量变量 z_{k-1} 时第 $k-1$ 步的后验状态估计；Q 为过程激励噪声协方差；P_k^- 为先验估计误差协方差；P_k 是后验估计误差的协方差。

测量更新方程为

$$K_k = P_k^-(P_k^- + R)^{-1} = \frac{P_k^-}{(P_k^- + R)} \tag{6.18}$$

式中：$\boldsymbol{R}$ 为观测噪声协方差；K_k 为卡尔曼增益。

$$\hat{x}_k = \hat{x}_k^- + K_k(z_k - \hat{x}_k^-) \tag{6.19}$$

式中：$\hat{x}_k$ 为后验状态估计。

$$P_k = (I - K_k)P_k^- \tag{6.20}$$

在预测过程中，滤波效果由卡尔曼增益 K_k 决定，K_k 权衡 Q 和 R 哪个参数更重要。相信预测，则 R 的权重小；相信观测，则 R 的权重大。在稳定的流量点下，系统认为每一时刻的流速是稳定为一个值的，在设计中可以将 R 设定为一个较小的且合理的值，这样有利于消除干扰带来的误差。

将传统的卡尔曼滤波器运用在流量测量系统中，应用在稳定流量点的测量可发现其滤波效果显著，如图 6.20 所示。

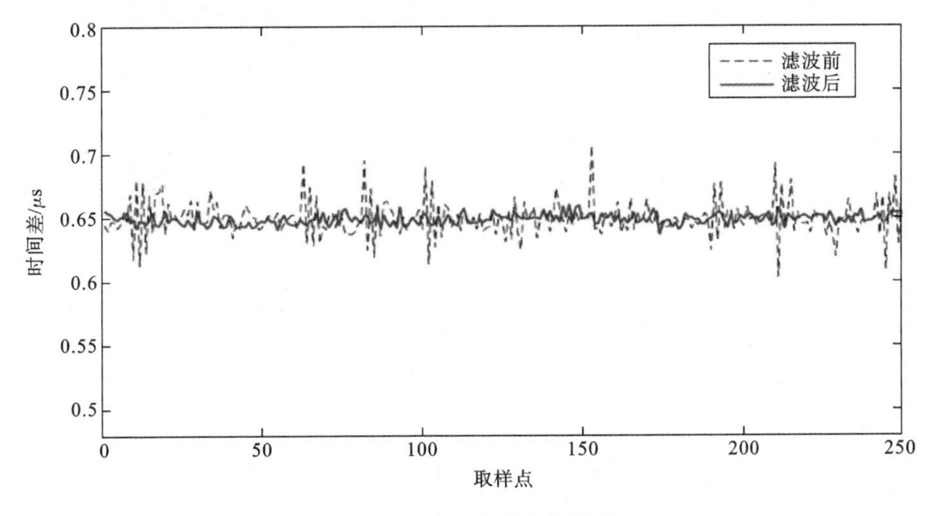

图 6.20　卡尔曼滤波效果图

2. 改进的卡尔曼滤波算法

前面验证了卡尔曼滤波算法在稳定流速下有良好的滤波效果，但在实际的流量测量过程中，流速可能会发生突变。在突变的流量条件下，传统的卡尔曼滤波算法能否快速响应还需进一步研究。

图 6.21 为不同 R 值对应的卡尔曼滤波曲线。由图 6.21 可知，R 值越小，滤波响应速度越快，但滤波平滑效果越差。

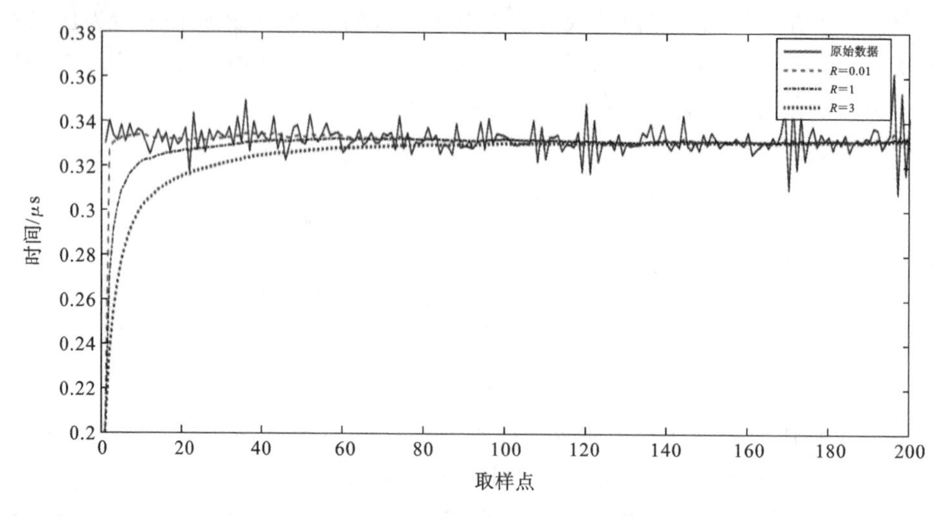

图 6.21 不同 R 值对应的卡尔曼滤波曲线

因此，卡尔曼滤波算法的应用关键在于如何做到在消噪和突变响应间的快速切换。实现快速切换的方法就是改变滤波算法中过程激励噪声协方差 Q 以及观测噪声协方差 R。在超声波燃气表中 Q 的变化是难以计算和观测的，因此设置一个合理且较小的值，而 R 可以根据测量值实时计算得到，且很容易分析：R 越小，滤波器对观测值的反应越快，得到的估测方差越大，滤波效果越不明显；R 越大，得到的估测方差越小，滤波效果越明显。在流量突变情况下，系统需要快速响应，应使用较小的 R 值；而在稳定流速下需要的是较强的抗随机干扰能力，应使用较大的 R 值。超声波燃气表通过系统测量程序识别是随机干扰还是信号状态突变，来决定使用的 R 值。

在系统设计中，将测量值 z_k 和预测值 $\hat{x}_k^-$ 的差值 $z_k-\hat{x}_k^-$ 作为 R 值切换的依据，则切换函数为

$$J(k)=\frac{1}{3}\sum_{i=k-3}^{k}(z_k-\hat{x}_k^-)^2 \tag{6.21}$$

将 $J(k)$ 与实际测量数据噪声方差 δ 比较，作为阈值条件，则有以下切换公式：

$$R=\begin{cases}R_1, & J(k)\leqslant A\delta\\ R_2, & J(k)>A\delta\end{cases} \tag{6.22}$$

式中：R_1 为滤波噪声协方差；R_2 为信号突变响应协方差；A 为加权因子，其作用是防止噪声的个别峰值较大而造成切换函数误判。改进的卡尔曼滤波流程图如图 6.22 所示，图中 x 为先验估计值，p 为先验状态估计值的协方差，P 为修正值的协方差，K 为卡尔曼增益，X 为修正后的预测值，J 为切换条件值，Q 为激励过程协方差，R_1 为滤波噪声协方差，R_2 为信号突变响应协方差，δ 为实际测量数据噪声方差，另有两个三元素组 $z[n]$、$x[n]$ 分别存储最新的 n 个测量值和预测值。

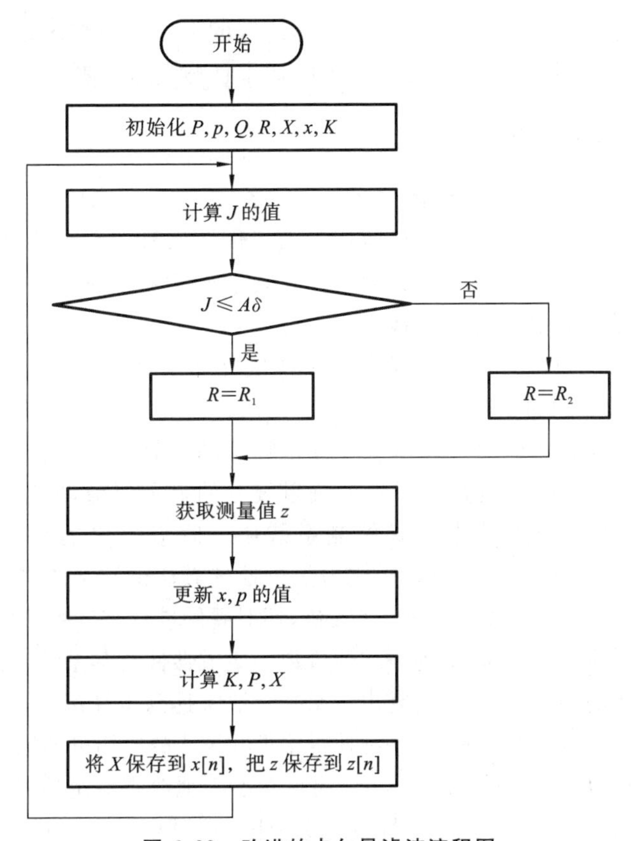

图 6.22 改进的卡尔曼滤波流程图

为验证改进的卡尔曼滤波效果，我们做如下试验：在标准测试台进行 0.125 m^3/h 流量点下的测试，通过控制进气阀门的开合模拟气体流速状态的突变，测试算法的响应速率。测试结果如图 6.23 所示，虚线部分为测量原始数据，实线部分

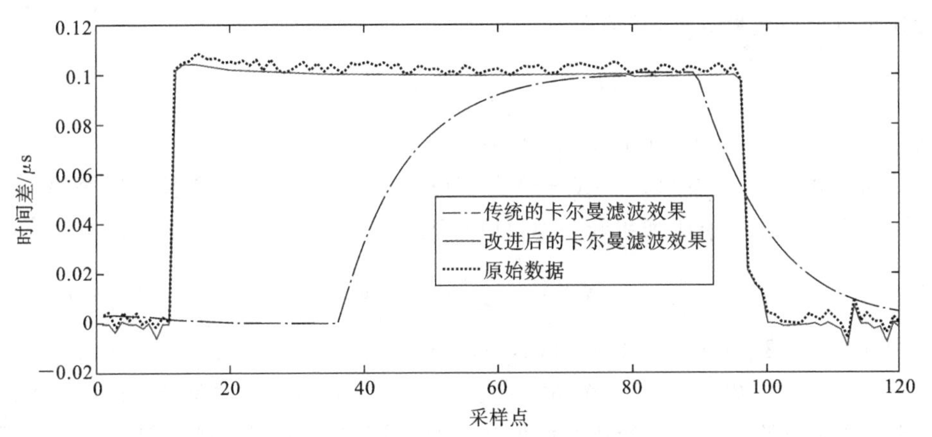

图 6.23 改进的卡尔曼滤波响应速度

为改进后的卡尔曼滤波效果，点画线部分为传统的卡尔曼滤波效果。由测试结果知，改进后的卡尔曼滤波不仅有较好的平滑效果且响应速度快。

6.4.2 频率估计算法研究

1. 快速傅里叶变换频率估计

离散傅里叶变换(DFT)被广泛应用于随机离散信号的数字信号处理中，DFT能够用不同频率的正弦波信号的无限叠加来表达连续测量的时序或信号，实现时域信号与频域信号之间的完美转换。

数字信号处理(DSP)过程中经常采用傅里叶变换来实现数字信号的分析处理。但是采用常规的傅里叶变换算法，完成一次运算约需要采样时序长度 N 的平方次操作运算量，显然运用常规傅里叶变换算法的运算量会比较大，其运算所耗费的时间长达几秒钟，不满足实时性的测量设备的显示要求，所以不适用于一些需要高速实时运行处理的嵌入式控制系统中。后来提出的快速傅里叶变换(FFT)就可以明显地降低其运算量，成为信号处理算法的重要工具。随着集成芯片技术的发展，人们不仅对算法进行了改进，还对硬件进行了升级，这些使得快速傅里叶变换被广泛应用，也逐渐成为一项评价数字集成器件与其系统性能的标准。在不增加存储资源的条件下，已经研究出一系列算法来提高运算速度，同时，超大规模集成电路系统性能的不断改善，这些都使得傅里叶算法的应用更加地方便。

随着大规模集成电路的开发，TI公司也在不断地改善数字信号处理芯片的性能。DSP系列芯片中的位反序寻址方式为FFT运算中的混序操作提供了方便。针对较长时序长度的快速傅里叶运算，在设计结构和总线管理上也提供更大的容量和更快的吞吐速度。同时提供了并行操作相乘累加、移位累加等指令，为编程提供方便，使快速傅里叶运算速度更快。

对于有限长度 N 的离散随机数字信号 $\{x[n]\}$ $(0 \leqslant n \leqslant N-1)$，离散傅里叶变换可以求得其离散谱，其定义为

$$X(k) = \sum_{n=0}^{N-1} x(nT)\mathrm{e}^{-\mathrm{j}(2\pi/N)kn} \tag{6.23}$$

式中：$n=0,1,2,\cdots,N-1$；$k=0,1,2,\cdots,N-1$。

而序列 $\{x[n]\}$ $(0 \leqslant n \leqslant N-1)$ 为 $X(k)$ 的有限傅里叶反变换。若令 $W_N = \mathrm{e}^{-\mathrm{j}2\pi/N}$，则式(6.23)有限傅里叶变换可以写成

$$X(k) = \sum_{n=0}^{N-1} x(nT) W_N^{kn} \tag{6.24}$$

式中：$n=0,1,2,\cdots,N-1$；$k=0,1,2,\cdots,N-1$。

由式(6.24)知，每求解一个 $X(k)$ 就需要 N 个乘法运算，通常 N 值很大，因此需要很大的计算量。所谓的快速傅里叶变换(FFT)，就是利用蝶形算子 W_N 的性质而大大地减少计算量的一种行之有效的计算方法。

显然,W_N 有如下性质。

W_N 的周期性:$W_N^{kn}=W_N^{k(N+n)}=W_N^{kN}W_N^{kn}$,即 $W_N^{kN}=1$。

W_N 的对称性:$W_N^{(kn+N/2)}=W_N^{kn}W_N^{N/2}-W_N^{kn}$。

由离散傅里叶变换的定义可以得到,在离散数字信号$\{x[n]\}$为一系列复数时,对其直接进行完全的离散傅里叶变换运算中需要进行 $N(N-1)$ 次的复数加法运算和$(N-1)^2$ 次的复数乘法运算。所以,当直接计算一个比较长的时序信号时,所需要的计算量将会是很大的。

而快速傅里叶变换(FFT)就是在离散傅里叶变换(DFT)的基础上改进的一种更快速的算法。其基本原理是:将原来为 N 点的时序或信号不断地分成两个较短的序列,所以原来的离散傅里叶变换(DFT)就可以由分开的较短的序列通过简单的组合表达出来。假设 N 为偶数,将原始的 N 点序列分成两个$(N/2)$点序列,那么计算 N 点的 DFT 将只需要完成 $N/2$ 点的 DFT 所需的乘法次数,这样就少做了一半的乘法运算。同理,将分开的较短的序列不断地一分为二,将有效地减少乘法运算次数,有效降低运算操作的复杂度,从而提高运算效率。

将序列 $x[n]$分为两个$(N/2)$点序列,定义偶数项点序列为 $x_1[n]$,奇数项点序列为 $x_2[n]$,即

$$x_1[n]=x[2n],\quad n=0,1,2,\cdots,N/2-1 \tag{6.25}$$

$$x_2[n]=x[2n+1],\quad n=0,1,2,\cdots,N/2-1 \tag{6.26}$$

那么,N 点$\{x[n]\}$序列的 DFT 可写为

$$\begin{aligned}X(k) &= \sum_{n=0}^{N/2-1} x(2n)W_N^{2nk} + \sum_{n=0}^{N/2-1} x(2n+1)W_N^{(2n+1)k} \\ &= \sum_{n=0}^{N/2-1} x(2n)(W_N^2)^{nk} + W_N^k \sum_{n=0}^{N/2-1} x(2n+1)(W_N^2)^{nk}\end{aligned} \tag{6.27}$$

式中:$W_N^2=(\mathrm{e}^{-\mathrm{j}2\pi/N})^2=(\mathrm{e}^{-\mathrm{j}2\pi/N})^2=\mathrm{e}^{-\mathrm{j}4\pi/N}=W_{N/2}$。

所以有

$$\begin{aligned}X(k) &= \sum_{n=0}^{N/2-1} x(2n)W_{N/2}^{nk} + W_N^k \sum_{n=0}^{N/2-1} x(2n+1)W_{N/2}^{nk} \\ &= Y(k) + W_N^k Z(k)\end{aligned} \tag{6.28}$$

式(6.28)为 $N/2$ 点序列 $x_1[n]$和 $x_2[n]$离散傅里叶变换 DFT 的 $Y(k)$和 $Z(k)$,图 6.24 所示为 N 点 DFT 算法的计算示意图。

由图 6.24 可知,$X(k)$可以分解为两个区间序列:$0\leqslant k\leqslant N/2-1$ 和 $N/2\leqslant k\leqslant N-1$。若 $N/2\leqslant k\leqslant N-1$,$X(k)$可以写为

$$\begin{aligned}X(k+N/2) &= \sum_{n=0}^{N/2-1} x(2n)W_{N/2}^{n(k+N/2)} + W_N^{(k+N/2)} \sum_{n=0}^{N/2-1} x(2n+1)W_{N/2}^{n(k+N/2)} \\ &= \sum_{n=0}^{N/2-1} x(2n)W_{N/2}^{nk}W_{N/2}^{nN/2} + W_N^{N/2}W_N^k \sum_{n=0}^{N/2-1} x(2n+1)W_{N/2}^{nk}W_{N/2}^{nN/2}\end{aligned} \tag{6.29}$$

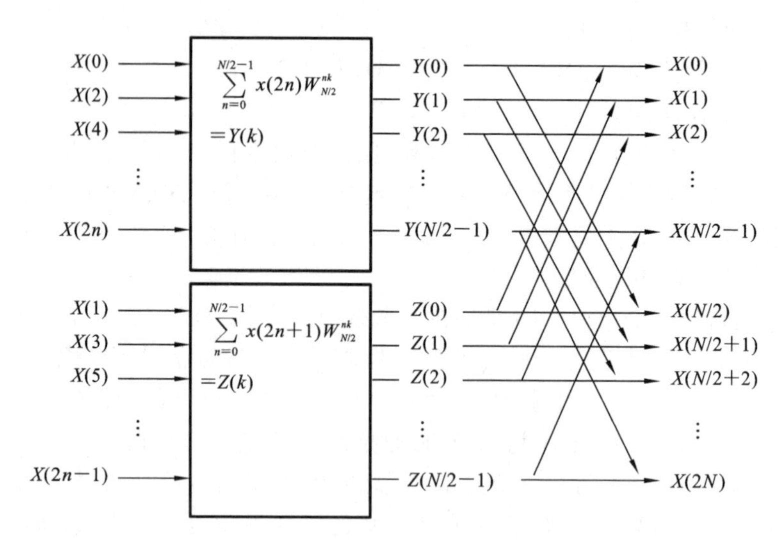

图 6.24 N 点 DFT 算法的计算示意图

式中

$$W_{N/2}^{nk}W_{N/2}^{nN/2}=W_{N/2}^{nk}(W_N^2)^{nN/2}=W_{N/2}^{nk}W_N^{nN}=W_{N/2}^{nk}(\mathrm{e}^{-\mathrm{j}2\pi/N})^{nN}$$
$$=W_{N/2}^{nk}\mathrm{e}^{-2\mathrm{j}n\pi}=W_{N/2}^{nk}$$

同理

$$W_N^{N/2}W_N^k=\mathrm{e}^{-\mathrm{j}\pi}W_N^k=-W_N^k$$

因此式(6.29)简化为

$$\begin{aligned}X(k+N/2)&=\sum_{n=0}^{N/2-1}x(2n)W_{N/2}^{nk}W_{N/2}^{nN/2}+W_N^{N/2}W_N^k\sum_{n=0}^{N/2-1}x(2n+1)W_{N/2}^{nk}W_{N/2}^{nN/2}\\&=\sum_{n=0}^{N/2-1}x(2n)W_{N/2}^{nk}-W_N^k\sum_{n=0}^{N/2-1}x(2n+1)W_{N/2}^{nk}\\&=Y(k)-W_N^kZ(k)\end{aligned}\tag{6.30}$$

式中：$k=0,1,2,\cdots,N/2-1$。

综合以上的推论，得到如图 6.25 所示的蝶形算子，称其为快速傅里叶变换(FFT)的蝶形算子。

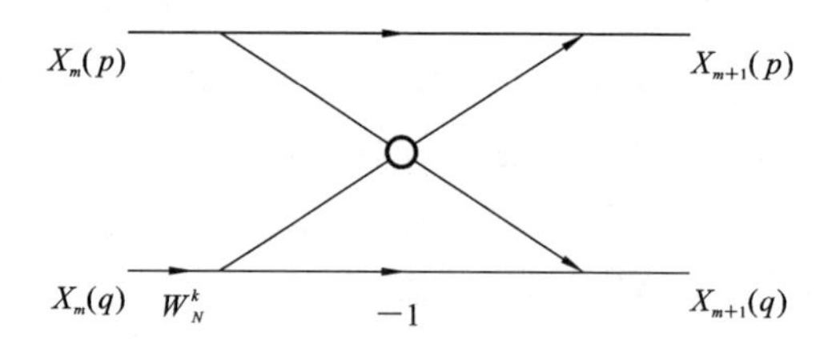

图 6.25 第 m 级 FFT 蝶形算子

由上述推导过程，可以类推出如图 6.26 所示的 N 点序列的蝶形信号流示意图和图 6.27 所示的逐级分解框图。

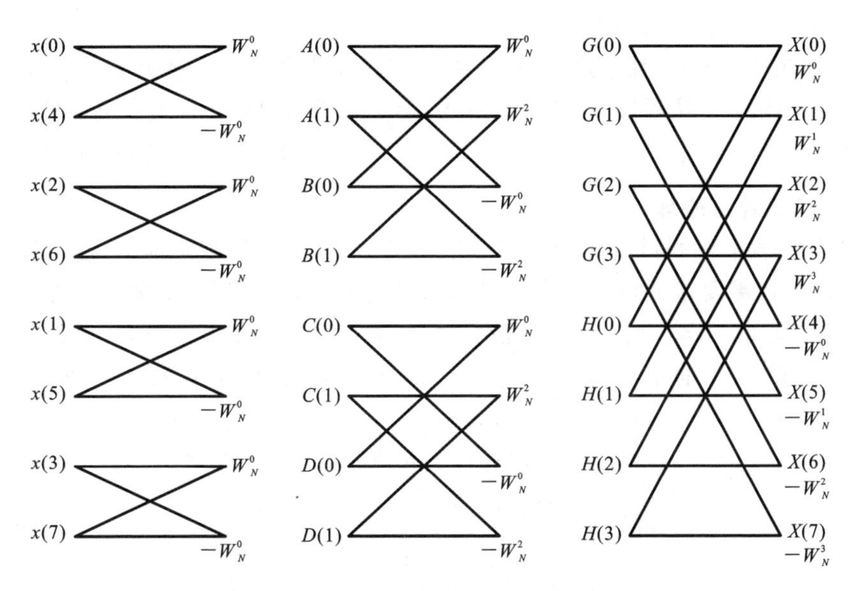

图 6.26 N 点序列的蝶形信号流示意图

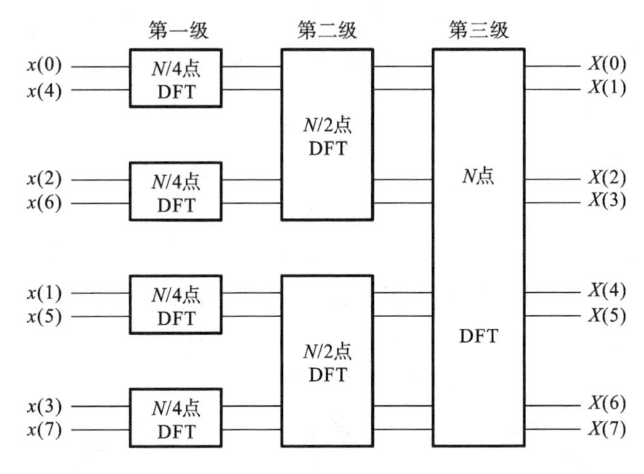

图 6.27 逐级分解框图

通常进行快速傅里叶变换可以将时域序列和频域序列信号进行不断的分级，即按频域抽取(decimation in frequency, DIF)FFT 算法和按时间抽取(decimation in time, DIT)FFT 算法。在对每一级输入的序列分级过程中，都要分成较小的序列来处理，而对于每一级的输出的序列同样要分成更加小的序列来处理，这样重复着输入输出，不断地分级，最后实现快速傅里叶变换(FFT)。两种算法之间的区别在于 DIT 输入是混序，输出是顺序，而 DIF 输入是顺序，输出是混序，两者之间截然相反；同时，在编程时应该注意和区别 DIT 、DIF 蝶形运算的不同，辨别运算中的乘法与加法的先后顺序。

应用快速傅里叶变换的频谱分析算法，实现了多普勒法流量测量方法的快速、实时性。利用该方法来分析散射回波信号谱，可以更高效地分辨出流速信号与噪声干扰信号，增强了各频率成分的分辨能力，提高了多普勒法流量计的测量精度。

2. 插值算法原理

为了提高有限长度的离散随机数字信号$\{x[n]\}$的频率分辨率，使采样频率提高L倍，就需要增加采样点数，也即增长采样时间，但此时就需要增加数据的运算量，降低运算效率。所以，为了提高采样频率而又不增加其运算量，对信号进行插值处理就是一种行之有效的方法，即将有限长度的离散随机数字信号$\{x[n]\}$内的每相邻两个采样点之间填补上$L-1$个“0”值，得到新的有限长度的离散随机数字信号$v(n)$，最后可以通过低通滤波对该数字信号进行处理，有

$$v(n)=\begin{cases}x(n/L), & n=0,\pm L,\pm 2L,\cdots \\ 0, & \text{其他}\end{cases} \tag{6.31}$$

记$x(n)$和$v(n)$的DFT分别为$X(e^{j\omega_x})$和$V(e^{j\omega_x})$，则有

$$\omega_y=\frac{2\pi f}{f_y}=\frac{2\pi f}{Lf_x}=\frac{\omega_x}{L} \tag{6.32}$$

$$V(e^{j\omega_y})=\sum_{n\to-\infty}^{\infty}v(n)e^{jn\omega_y}=\sum_{n\to-\infty}^{\infty}x\left(\frac{n}{L}\right)e^{jn\omega_y} \tag{6.33}$$

那么

$$V(e^{j\omega_y})=X(e^{jL\omega_y})=X(e^{j\omega_x}) \tag{6.34}$$

当$z=e^{j\omega_y}$时，有

$$V(z)=X(z^L) \tag{6.35}$$

因为ω_x的周期为2π，所以$\omega_y=2\pi/L$。从式(6.34)可以得出信号序列$V(e^{j\omega_y})$是将原始信号$X(e^{j\omega_x})$作了周期性的压缩变化，得到如图6.28所示的插值前后的频谱示意图。

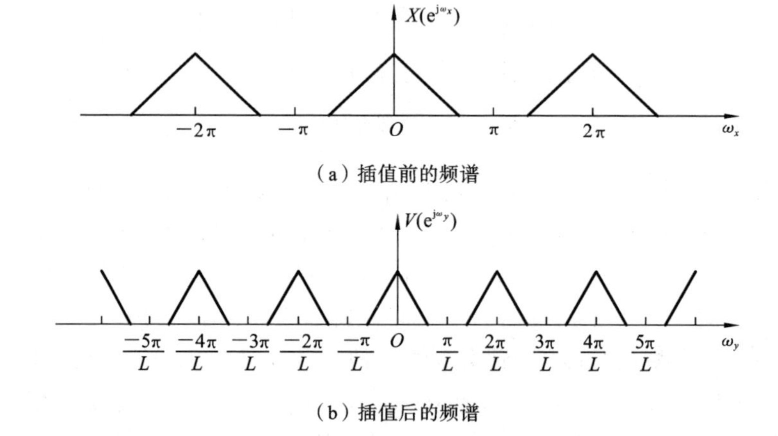

图6.28 插值前后的频谱图

由图 6.28 可以看出，经过插值补位后，由一个原来为 2π 周期的 $X(e^{j\omega_x})$序列变成了周期为 $2\pi/L$ 的 $V(e^{j\omega_y})$的信号。

因此，在使用低通滤波器将多余的 $L-1$ 个周期的 $X(e^{j\omega_x})$的映像滤波掉后，就得到了滤波器的频域公式为

$$H(e^{j\omega_y})=\begin{cases}C, & |\omega_y|\leqslant\pi/L\\0, & \text{其他}\end{cases} \tag{6.36}$$

那么 $X_1(e^{j\omega_y})=H(e^{j\omega_y})X(e^{j\omega_x})=X(e^{jL\omega_y}),\quad |\omega_y|\leqslant\pi/L$

则有如下关系式：

$$\begin{aligned}x_1(0)&=\frac{1}{2\pi}\int_{-\pi}^{\pi}Y(e^{j\omega_y})\mathrm{d}\omega_y=\frac{C}{2\pi}\int_{-\pi/L}^{\pi/L}X_1(e^{jL\omega_y})\mathrm{d}\omega_y\\&=\frac{C}{L}\frac{1}{2\pi}\int_{-\pi}^{\pi}X_1(e^{jL\omega_y})\mathrm{d}\omega_x\\&=\frac{C}{L}x(0)\end{aligned} \tag{6.37}$$

因此，当取 $C=L$ 时，就有 $v(0)=x(0)$，即

$$H(e^{j\omega_y})=\begin{cases}L, & |\omega_y|\leqslant\pi/L\\0, & \text{其他}\end{cases} \tag{6.38}$$

3. 复自相关频率估计算法

我们将使用协方差逼近法（简称 PPP 脉冲对处理）处理频率的估计算法称为复自相关频率估计算法。

假设待测信号是平稳的，而有效信号 $s(t)$与白噪声信号 $n(t)$组成的待测信号为 $x(t)$，即

$$x(t)=s(t)+n(t) \tag{6.39}$$

那么，待测信号 $x(t)$的互相关函数可以写成

$$\begin{aligned}R_x(\tau)&=\int^{t}[s(t)+n(t)][s(t+\tau)+n(t+\tau)]^*\,\mathrm{d}t\\&=E[s(t)s^*(t+\tau)]+E[s(t)n^*(t+\tau)]\\&\quad+E[n(t)s^*(t+\tau)]+E[n(t)n^*(t+\tau)]\\&=R_{ss}(\tau)+R_{sn}(\tau)+R_{ns}(\tau)+R_{nn}(\tau)\end{aligned} \tag{6.40}$$

继续假设，若有效信号与噪声之间不相关，则

$$R_{sn}(\tau)=-R_{ns}(\tau) \tag{6.41}$$

$$R_{ss}(\tau)=R_{nn}(\tau) \tag{6.42}$$

$$R_x(\tau)=R_s(\tau)+R_n(\tau) \tag{6.43}$$

由窄带噪声的互相关函数的特性知：

$$R_n(\tau)=\begin{cases}R_n(0), & \tau=0\\0, & \tau\neq0\end{cases} \tag{6.44}$$

因此,可以将式(6.44)写为

$$R_x(\tau)=R_s(\tau),\quad \tau\neq 0 \tag{6.45}$$

由式(6.45)可知,通过对待测信号的互相关函数 $R_x(\tau)$ 进行估计就可以得到有效信号的互相关函数 $R_s(\tau)$。

根据维纳-辛钦定理得,有效信号的互相关函数与其信号的功率谱密度 $S_s(\omega)$ 之间的关系是傅里叶变换对,那么:

$$R_s(\tau)=\frac{1}{2\pi}\int_{-\infty}^{\infty}S_s(\omega)\exp(j\omega\tau)d\omega \tag{6.46}$$

$$S_s(\omega)=\int_{-\infty}^{\infty}R_s(\tau)\exp(-j\omega\tau)d\tau \tag{6.47}$$

式中:$S_s(\omega)$ 为信号的功率谱密度。

将待测信号的互相关函数表示为极坐标形式,有

$$R_x(\tau)=A_x(\tau)\exp(j\varphi_x(\tau)) \tag{6.48}$$

式中

$$|A_x(\tau)|=\sqrt{\mathrm{Re}R_x(\tau)^2+\mathrm{Im}R_x(\tau)^2} \tag{6.49}$$

$$\varphi_x(\tau)=\arctan\frac{\mathrm{Im}R_x(\tau)}{\mathrm{Re}R_x(\tau)} \tag{6.50}$$

同理

$$R_s(\tau)=A_s(\tau)\exp(j\varphi_s(\tau)) \tag{6.51}$$

$$R_n(\tau)=A_n(\tau)\exp(j\varphi_n(\tau)) \tag{6.52}$$

由互相关函数的定义知,$A_x(\tau)$、$A_s(\tau)$、$A_n(\tau)$ 为偶函数,$\varphi_x(\tau)$、$\varphi_s(\tau)$、$\varphi_n(\tau)$ 为奇函数。

将式(6.51)两边求导可得:

$$R'_s(\tau)=\frac{d}{d\tau}R_s(\tau)=(A'_s(\tau)+jA_s(\tau)\varphi'_s(\tau))\exp(j\varphi_s(\tau)) \tag{6.53}$$

式中:$A_s(\tau)$ 为偶函数,其导函数为奇函数,就有 $A'_s(0)=0$,所以

$$R'_s(0)=jA_s(0)\varphi'_s(0)\exp(j\varphi_s(0))=j\varphi'_s(0)R_s(0) \tag{6.54}$$

将式(6.46)两边求导得:

$$R'_s(\tau)=\frac{j}{2\pi}\int_{-\infty}^{\infty}\omega S_s(\omega)\exp(j\omega\tau)d\omega \tag{6.55}$$

将 $\tau=0$ 代入式(6.55)得

$$R'_s(0)=\frac{j}{2\pi}\int_{-\infty}^{\infty}\omega S_s(\omega)d\omega \tag{6.56}$$

$$R_s(0)=\frac{1}{2\pi}\int_{-\infty}^{\infty}S_s(\omega)d\omega \tag{6.57}$$

由式(6.56)和式(6.57)可以得到功率谱密度 $S_s(\omega)$ 的一阶导数,即 $S_s(\omega)$ 平均频率为

$$w_{\mathrm{Aver}}(\omega)=\frac{\int_{-\infty}^{\infty}\omega S_s(\omega)d\omega}{\int_{-\infty}^{\infty}S_s(\omega)d\omega}=\frac{-jR'_s(0)}{R_s(0)}=\varphi'_s(0)$$

$$=\lim_{\tau\to 0}\frac{\varphi_s(\tau)-\varphi_s(0)}{\tau} \tag{6.58}$$

由于 $\varphi_s(0)=0$，所以回波的平均频率为

$$w_{\text{Aver}}(\omega)=\frac{\varphi_s(\tau)}{\tau} \tag{6.59}$$

根据互相关函数的性质可以求得 $\varphi_s(\tau)$：

$$\varphi_s(\tau)=\arctan\frac{\text{Im}[R_x(\tau)]}{\text{Re}[R_x(\tau)]},\quad \varphi_s(\tau)\in\left(-\frac{\pi}{2},\frac{\pi}{2}\right) \tag{6.60}$$

$$\varphi_s(\tau)=\arctan\frac{\text{Im}[R_x(\tau)]}{\text{Re}[R_x(\tau)]}\pm\pi,\quad \varphi_s(\tau)\in\left(-\frac{\pi}{2},\frac{\pi}{2}\right) \tag{6.61}$$

所以，当 $\varphi_s(\tau)\in(-\pi,\pi)$ 时，平均频率的频率区间范围为

$$w_{\text{Aver}}(\omega)\in\left(-\frac{1}{2\tau},\frac{1}{2\tau}\right) \tag{6.62}$$

由以上推论可知，多普勒频移的平均频率的估计可以根据待测信号的复自相关函数估计其功率谱密度的一阶导数，由式(6.59)求得其估计值。

4. 算法的比较优化

在多普勒频率估计算法方面的研究，还有诸多方法值得去深究。随着各方面测量技术和数据处理能力的提高，数据的采样频率会不断地提高。但当不增加数据采样的长度，而采样频率又固定不变时，如何提高数据的处理能力就需要在数据处理算法上，寻找突破口，不断地优化算法，寻找解决问题的方法。

若有限长度的离散随机数字信号 $\{x[n]\}$ $(0\leqslant n\leqslant N-1)$ 含有 N 个元素，且 $N=r_1\times r_2\times\cdots\times r_m$，这里 $r_1,r_2,\cdots,r_m$ 为不等于 1 的正整数。那么，不难推导，可以分 m 级进行 FFT 运算，则 FFT 运算所需的乘法运算量 T 为

$$T=N(r_1+r_2+\cdots+r_m) \tag{6.63}$$

直接定义的傅里叶运算所需的乘法运算量为 N^2。假设 $N=2^m$，则有

$$T=N(2+2+\cdots+2)=2mN=2N\text{lb}N \tag{6.64}$$

那么，FFT 与直接定义的傅里叶运算的计算量比值为

$$\frac{T}{N^2}=\frac{2\text{lb}N}{N} \tag{6.65}$$

本书采用的 DSP 器件 TMS320C5517 含有 10 位逐次逼近 ADC，即 $N=2^{10}$，则

$$\frac{T}{N^2}=\frac{2\text{lb}N}{N}=\frac{10}{2^9}=\frac{10}{512} \tag{6.66}$$

可见，快速傅里叶运算(FFT)是一种十分快速的、改进的频率估计算法[132]。

插值算法的使用可以在不增加算法运算量的前提下，通过在相邻采样点之间插“0”值，再通过滤波器滤波来提高采样频率，进而实现了提高频率谱的分辨率。

综合比较以上算法后，结合硬件主控芯片 DSP 器件 TMS320C5517 中包含了

一个紧密耦合的 FFT 硬件加速器,可以支持 8～1024 点(2 的 n 次幂)的实数值和复数值的 FFT 计算。因此,本书中将 FFT 算法与插值算法相结合共同使用,来实现数据的快速处理。

6.5 本章小结

本章对课题组已采用的部分超声波信号处理技术进行了介绍,以超声波多普勒法管道污水流量测量、超声波燃气表小流量点、超声波燃气表大流量点等研究采用的超声波信号处理技术进行详细分析。提高超声波流量测量的信号处理能力,提升回波信号接收和数据处理的精度,为气体超声波流量计的设计添砖加瓦。

7

多声道气体超声波流量计的实验与校准

7.1 多声道气体超声波流量计样机电路设计

本章主要介绍气体超声波流量计的整体硬件设计,主要内容包括多声道气体超声波流量计总体方案和各个电路模块的设计与实现。首先,介绍多声道气体超声波流量计系统的总体方案,说明系统的总体架构;然后,介绍系统主要模块的硬件设计,阐明各部分电路的设计思路与功能。

7.1.1 气体超声波流量计硬件总体方案

为了保证多声道气体超声波流量计在拥有较高的测量精度的同时,还能保持较低的功耗,本书选用 TI 公司的 MSP430FR6047 混合微控制器,其拥有集成的 USS 模块。围绕这款微控制器规范设计外围电路,构成具备完整功能的双声道气体超声波流量计,其系统结构框图如图 7.1 所示。

双声道气体超声波流量计系统主要可分为四部分:超声波发送与感测模块、电源模块、标准仪表通信模块以及通用功能模块。超声波发送与感测模块主要完成超声波激励信号的发送与超声波回波信号的接收、处理,并完成多声道测量时序的声道分配,计算实时流量值;电源模块负责进行仪表电池电压的升压、降压和外电源供电的电源分配,保证各个主要模块的供电并保证低功耗;标准仪表通信模块包含 4-20 mA 通信模块、RS485 通信模块、脉冲输出模块以及仪表状态输出模块;通用功能模块包含仪表显示模块、按键模块、时钟模块、存储模块以及加密芯片等电路。

7.1.2 气体超声波流量计的硬件设计

本书采用微控制器 MSP430FR6047 作为系统的主控芯片,该型微控制器是

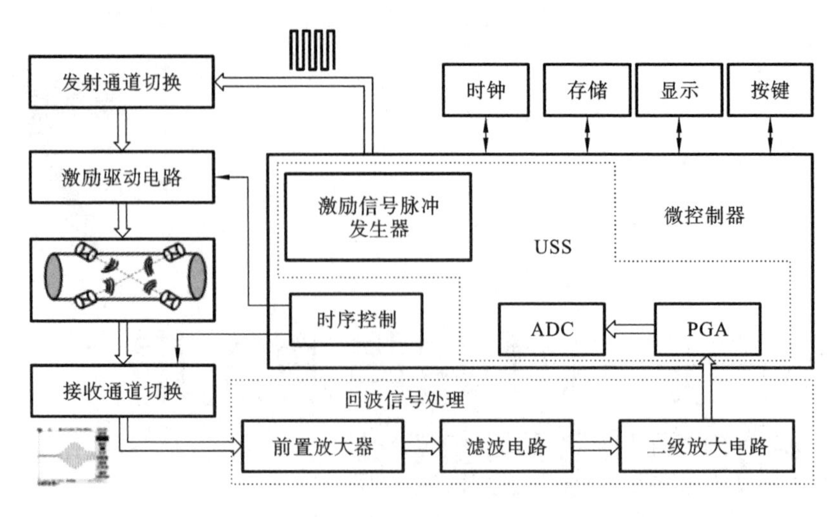

图 7.1　双声道气体超声波流量计系统结构框图

针对超声波流量测量进行高度优化与集成的微控制器(MCU),主要亮点在于具有集成的 USS 模块,该部分在第 5.3 节已进行详细介绍,在此不再赘述。

7.1.3　换能器驱动与回波信号接收电路设计

本书设计的超声波压电换能器激励电路使用高压电驱动的形式,通过使用变压器将低电压驱动信号进行升压,使得激励脉冲达到较高的电压来提升驱动功率[139]。激励信号脉冲驱动电路如图 7.2 所示,先由微控制器提供 5 个单极性 3.3 V 200 kHz方波,该脉冲方波经过 GT5G131 绝缘栅双极性晶体管在变压器初级转变为双极性交变脉冲信号,再通过变压器次级形成高电压双极性脉冲信号。

电路中单极性脉冲方波通过分压与限流后进入晶体管,C3、C4 作为旁路电容可以提高信号在变压器初级的信号驱动质量。本书通过变压器两端并联续流二极管来切断能量释放回路,将能量限制在激励升压电路中,经过升压后的脉冲信号如图 7.3 所示,激励信号形态良好能够激励换能器,激励完成后再打开 PVA3055N 光耦隔离电路以释放换能器激励中多余的能量。

本课题组设计的双声道气体超声波流量计有四个换能器,其中两个构成一个测量声道,一个声道中存在两个方向的超声波信号链路,总共四条超声波信号链路。收发两用的超声波换能器在流量测量过程中交替工作,当某个声道中的一个换能器作为发射换能器使用时,该声道的另一个换能器则作为信号接收换能器使用。为了降低成本以及消除非对称性误差,所有通道共用同一套激励信号电路与接收处理电路。因此,为满足不同超声波换能器分时发射与接收的需求,必须采用通道切换技术来实现信号链路的调整。对流量进行测量时,系统根据当前需要

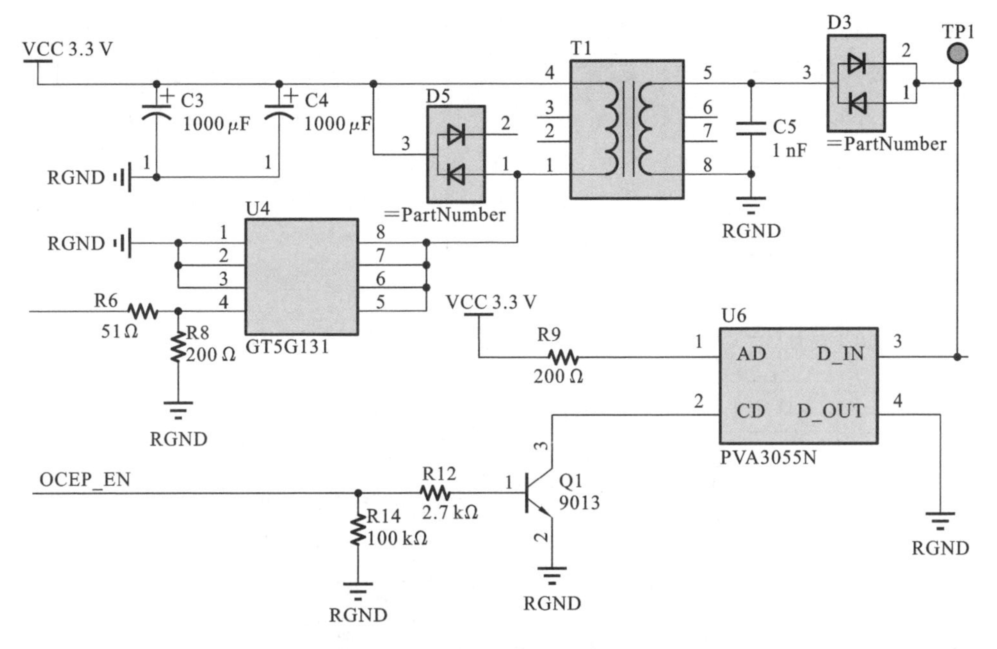

图 7.2 激励信号脉冲驱动电路

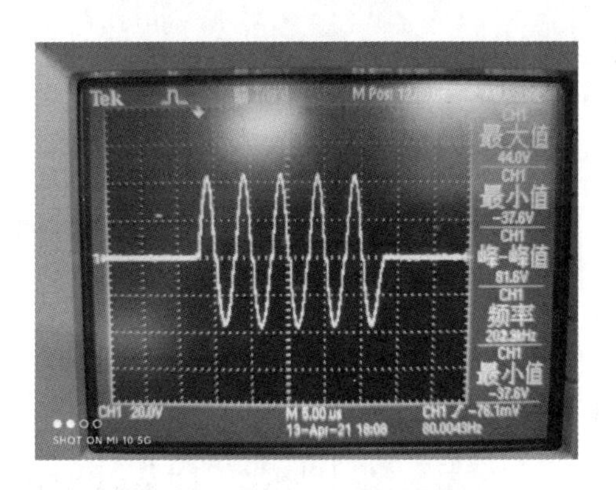

图 7.3 升压后的脉冲信号波形

测量的声道与方向，驱动通道切换电路选择相应的发射与接收换能器。

本书讨论的信号切换电路分为两路前级信号切换电路。使用 MP4816A 高压模拟开关来进行切换，该模拟开关是一款 16 通道高压单刀单掷 SPST 模拟开关，模拟开关可以承受±90 V 的模拟电压，其中 Swin-5、Swin-6、Swin-7、Swin-8、Swin-9、Swin-10、Swin-11、Swin-12 为激励信号输入端；Swout-5、Swout-6、Swout-7、Swout-8、Swout-9、Swout-10、Swout-11、Swout-12 分别连接八个压电换能器，本文研究的是双声道气体超声波流量计，再预留两对超声波压电换能器为研制四声道气体超声波流量计的预留接口，Swin-13 连接八个压电换能器并将 Swout-13

接地，以便测试完成之后将压电换能器剩余能量泄放。压电换能器为高压信号驱动后端必须使用高压保护开关进行保护，防止前端高压信号进入后端信号处理电路，加上并接续流二极管将能量阻断保护后级电路。高压保护开关的型号为MD0100，该高压隔离芯片为双向限流保护器，仅允许±2 V低压信号通过，后端回波信号接入模拟开关ADG734进行相应切换。MP4816A、MD0100、ADG734器件的电路图如图7.4所示。

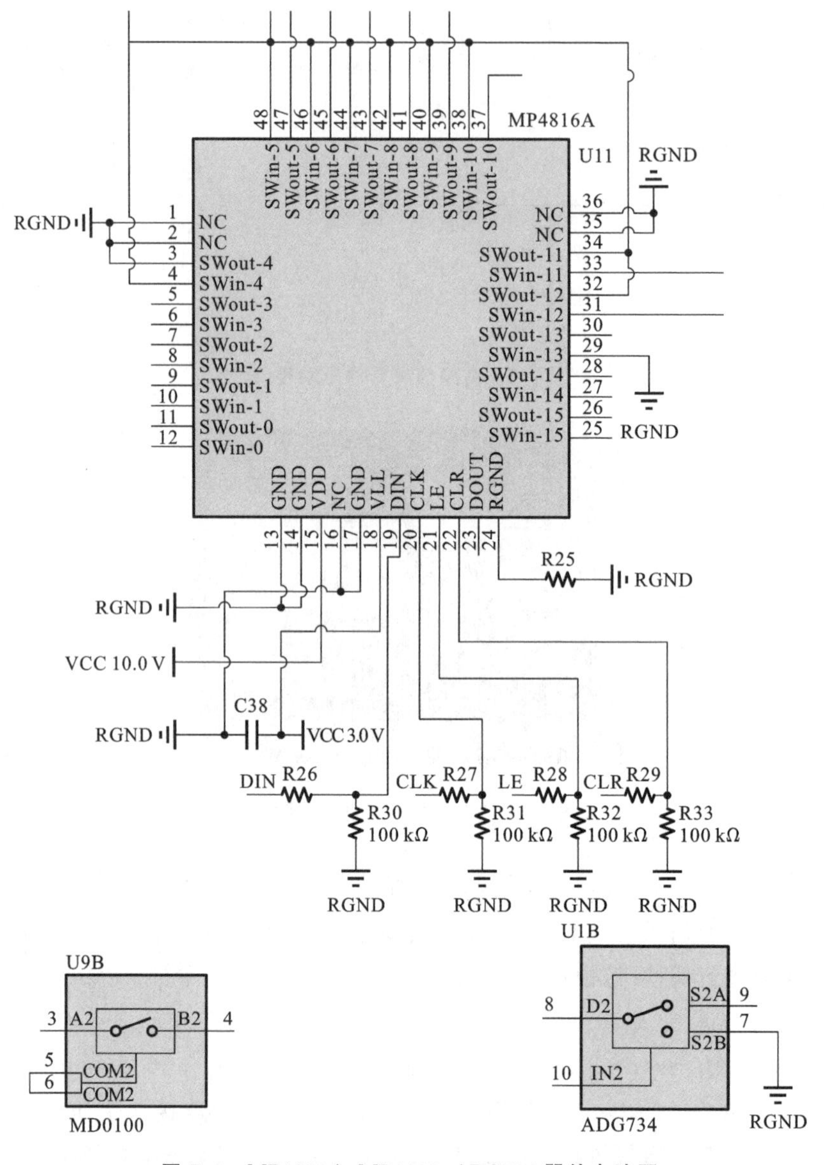

图7.4 MP4816A、MD0100、ADG734器件电路图

7.1.4　电源供电电路设计

本课题组设计的双声道气体超声波流量计的电源供电采用双电源供电，内电源采用的是惠州亿纬锂能股份有限公司生产的 ER34615C 锂-亚硫酰氯电池，外电源采用 24 V 与 5 V 直流外电源供电。ER34615C 锂-亚硫酰氯电池标称电压为 3.6 V，而 24 V 直流外电源需要通过降压芯片后对主电路进行供电。该电路通过简单的防反向二极管进行双电源切换，24 V 外电源先经过防雷击模块与防反向二极管后，直接对仪表脉冲输出电路和 4～20 mA 输出电路进行供电，然后经过隔离电源后连接防反向二极管，通过 S-1142B40I-E6T1U 芯片将电压降为 4.0 V，以对主电路进行供电。隔离电源采用 B2424S2W DC-DC 隔离电源，输出最大电流为 84 mA，可以满足后级电路需求；S-1142B40I-E6T1U 输入电压范围较宽，可达 50 V，输出电压精度为±1%，输出最大电流为 200 mA。RS485 的外电源供电为独立 5 V 供电，输入至 RS485 芯片，该 5 V 电源再经过 B0505S1W DC-DC 隔离电源，也同样通过防反向二极管输入 S-1142B40I-E6T1U 芯片降压后给主电路进行供电。外电源供电电路如图 7.5 所示。

当外电源供电时，主电路供电电压为 4.0 V，电池前端串接两个防反向二极管进行能量截断，防止电流倒灌。当接入二极管时也会出现很大的问题，由于二极管的压降作用，当电池电量较低时电压下降严重，后端电源芯片难以维系 3.3 V 的正常工作电压。为了解决压降问题，提高电池利用率，本课题组设计了如下电源供电电路，如图 7.6 所示。该电路的核心是使用了一块 TPS63031，它具有 1 A 开关的高效率、单电感器、降压/升压转换器，该转换器在电压大于 3.3 V 时启用的是降压模式；而当电压低于 3.3 V 时，转换器切换为升压模式，这样可以有效利用电池的剩余电量。

7.1.5　通信电路设计

本课题组设计的气体超声波流量计采用 RS485 有线通信的方式，该类型方式通信稳定，且可以长距离通信，通信电路如图 7.7 所示。RS485 信号要预先经过安全栅再进入仪表的通信电路，整体通信电路需要对仪表主电路进行电源隔离才能满足本质安全设计。RS485 通信芯片采用 MAX3485ECSA 将单片的串口信号转变为 RS485 差分信号，单片机 I/O 接口通过高速光耦 6N137 与 MAX3485ECSA 芯片的 $\overline{RE}$、DE 和 DI 引脚相连接，在满足高速通信的同时进行隔离，并使用隔离电源设计，提高通信电路的抗干扰能力。

7.1.6　其他外围电路设计

气体超声波流量计的其他外围电路包括液晶显示电路、温度压力传感器电

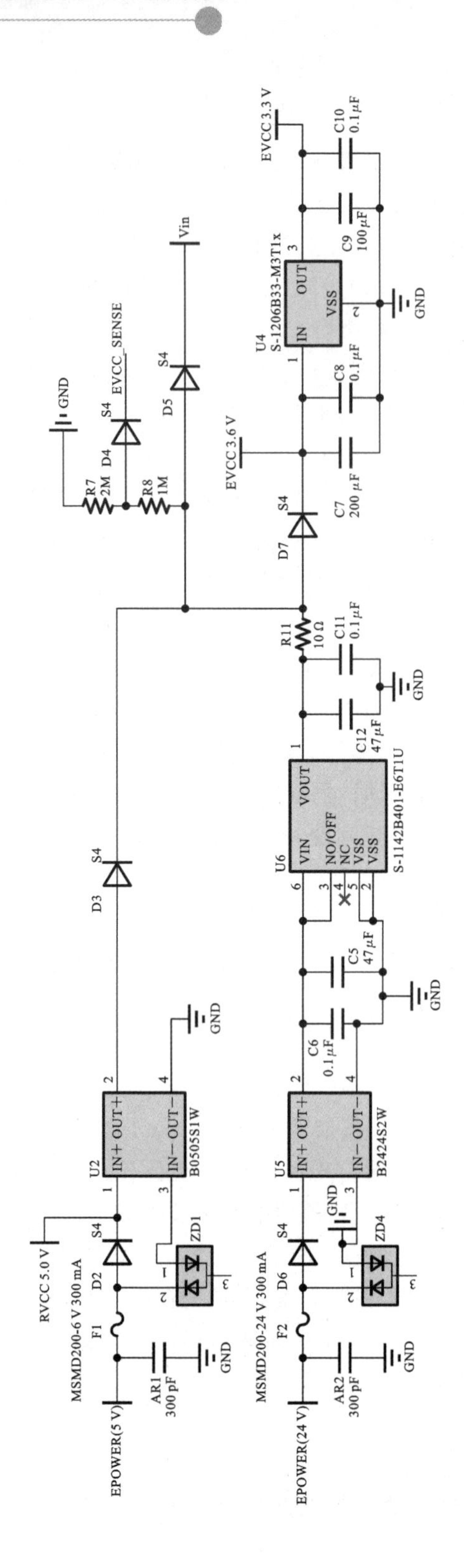
EPOWER(5 V)
MSMD200-6 V 300 mA
F1
AR1
300 pF
GND
D2
S4
RVCC 5.0 V
ZD1
U2
IN+ OUT+
IN− OUT−
B0505S1W
D3
EPOWER(24 V)
MSMD200-24 V 300 mA
F2
AR2
300 pF
D6
ZD4
U5
B2424S2W
C6
0.1 μF
C5
47 μF
U6
VIN
NO/OFF
NC
VSS
VOUT
S-1142B401-E6T1U
C12
47 μF
C11
0.1 μF
R11
10 Ω
R7
2M
R8
1M
D4
EVCC_SENSE
D5
Vin
D7
EVCC 3.6 V
C7
200 μF
C8
0.1 μF
U4
S-1206B33-M3T1x
IN
OUT
C9
100 μF
C10
0.1 μF
EVCC 3.3 V

图 7.5 外电源供电电路

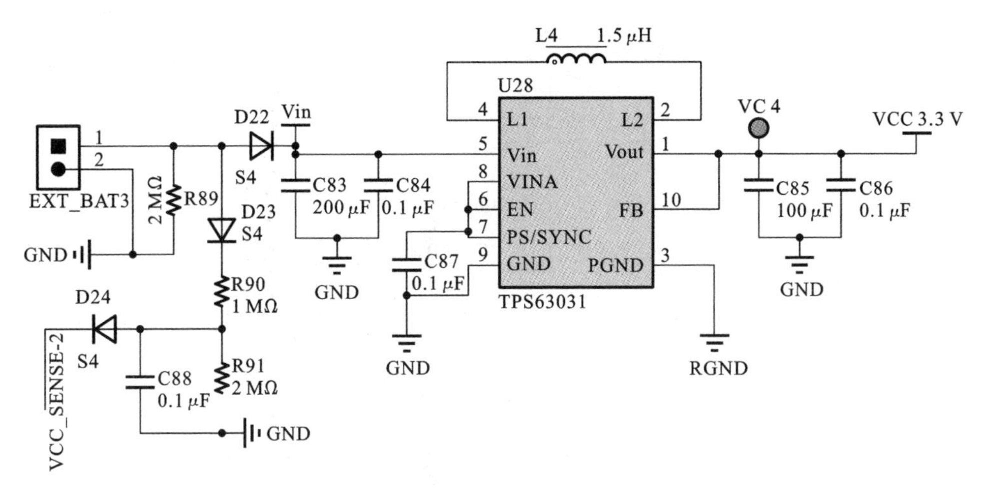

图 7.6　电源供电电路

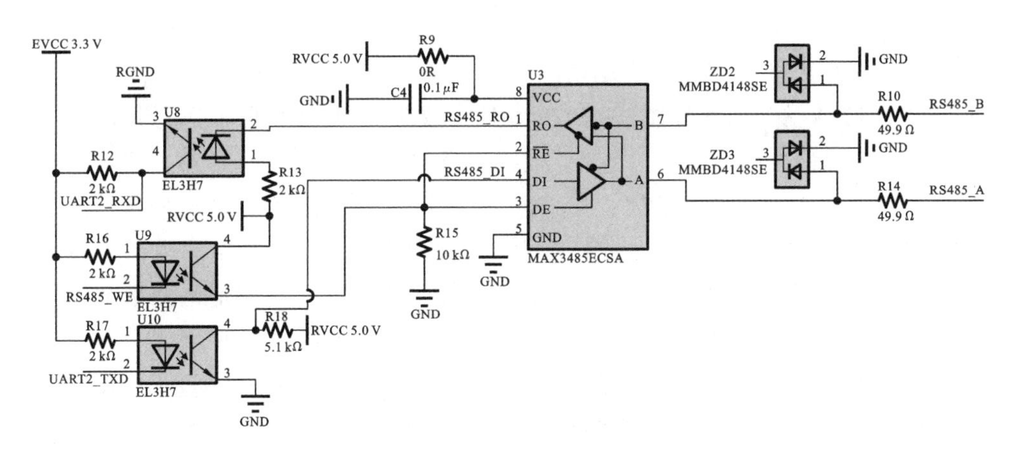

图 7.7　RS485 通信电路

路、人机交互按键电路和时钟电路。人机交互按键电路和时钟电路较为简单，而仪表的状态输出电路主要有三种状态需要输出，分别为仪表的瞬时流量状态、电池欠压报警信号和 IC 卡信号，该类型电路均为微控制器输出的开关信号，所以就不进行赘述。

下面主要介绍液晶显示电路与温度压力传感器电路。液晶显示电路采用断码液晶显示屏与点阵液晶相组合的方式，该类型液晶显示屏功耗低，显示较为清楚，适合用来显示仪表运行参数与人机交互界面。本系统中的段码液晶显示屏采用多片 HT1620 驱动芯片组合的方式来实现仪表参数的显示功能，通过 ST7920 控制显示屏的点阵液晶来显示人机交互界面，液晶显示接口如图 7.8 所示，其中 HT1620_DATA 为数据线，HT1620_WR 为写时序控制，HT1620_CS1、HT1620_

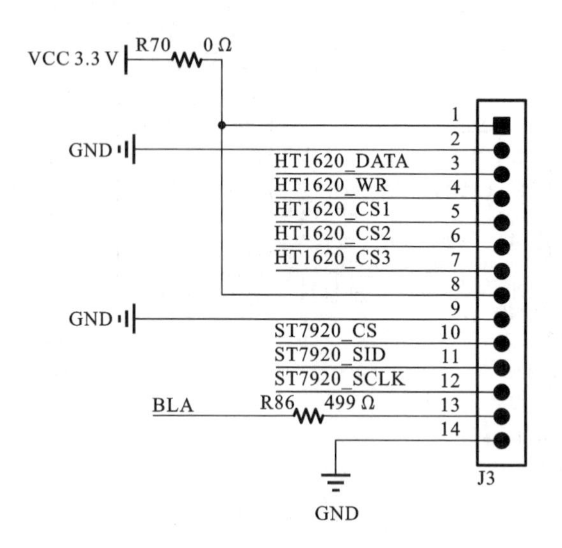

图 7.8　液晶显示接口

CS2、HT1620_CS3 分别为三片驱动芯片的片选信号。ST7920_CS 为片选信号，ST7920_SCLK 为写时序控制，ST7920_SID 为数据线，BLA 为屏幕背光供电。

压力传感器选用 SM3011 型 I^2C 数字压力传感器，该型压力传感器采用金属膜隔离充油式压力传感器芯体，产品内置温度补偿传感器，可对传感器信号的零点误差及温漂、灵敏度误差、非线性度误差进行实时补偿，其数字输出信号采用 I^2C 接口协议。其测量范围可进行定制，本系统中定制压力传感器的测量范围为 0～2000 kPa，在 25 ℃的测量精度为±5%，功耗低；在工作状态下，电流小于 0.3 mA，待机电流仅有 0.1 μA。温度传感器选用 TI 公司的 TMP117 型 I^2C 数字温度传感器，其数字输出信号采用 I^2C 接口协议。其测量范围在−20 ℃～50 ℃时，测量精度为±0.1 ℃，在工作状态下 1 Hz 转换周期时，功耗电流为 3.5 μA、待机电流仅有 150 nA。该两种传感器外壳均使用不锈钢进行铠装，如图 7.9 所示。

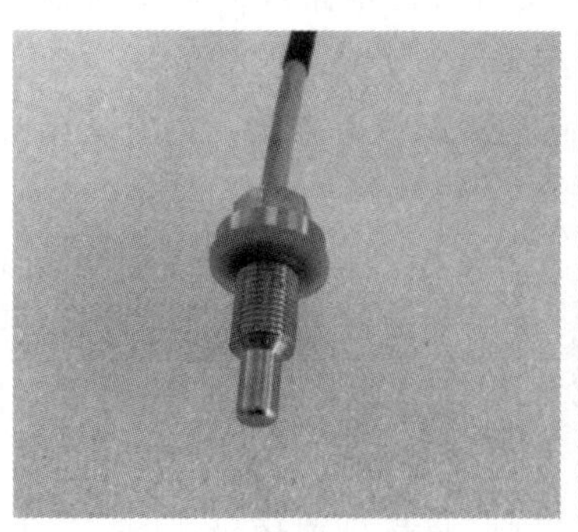

图 7.9　数字温度传感器与数字压力传感器实物图

7.2 多声道气体超声波流量计程序设计

本节主要介绍DN50双声道气体超声波流量计系统软件的总体设计，主要包括系统软件总体方案和各个软件模块方案。首先，介绍流量计样机的系统软件总体方案，说明系统的组成结构与系统工作方式；然后，介绍系统中各个子软件模块，阐述各个子软件模块的设计思路与功能；最后，进行总结。

7.2.1 总体系统软件方案

本课题组研制的双声道气体超声波流量计以MSP430FR6047为微控制器，通过该控制器内部集成的USS模块可以完成超声波激励信号的发送与回波信号的检测和处理，并完成显示、通信与状态输出等功能。整体系统软件包含很多功能，如流量的实时检测、仪表状态输出、实时流量显示、与上位机实时通信、温度压力检测等功能。为了保证系统整体的低功耗与系统功能完备、运行可靠，本书将系统分为一个主模块与多个子模块。主模块为系统监控主程序，该模块主要负责系统各个子模块的调用与配合。子模块包括系统初始化模块、激励信号控制模块、通道切换模块、回波信号采集与处理模块、系统中断模块、仪表状态输出模块、人机交互模块、通信模块、显示模块以及低功耗模块。流量计样机的系统软件总体框图如图7.10所示。

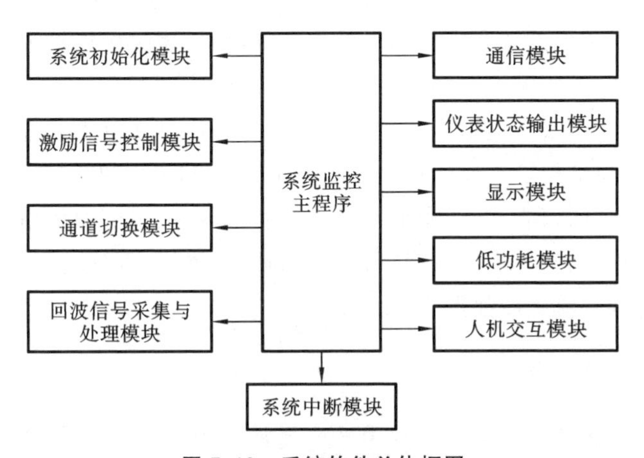

图7.10 系统软件总体框图

7.2.2 系统监控主程序

系统监控主程序主要用来调度整个系统的各个子模块，在系统中能一直执行循环。为了改善系统的运行效率，在不影响主要测量程序的条件下及时处理系统外围中断事件，如人机交互与实时通信等动作。为此系统监控主程序采用了主循环与中断循环的方式调用各个任务模块，主循环程序中主要调用的是系统流量测量模块，测量结束后调用低功耗模块以进入低功耗模式，并开启定时器定时唤醒以退出休眠。而中断循环程序主要调用的是人机交互模块和通信模块，该循环程序执行时间短，但需要限定运行时间，如果运行时间较长会影响每秒内系统的流量测量。

本书对各个软件模块的优先级分为两大优先级，主要优先级模块包括流量测量模块和低功耗模块。流量测量模块是系统资源占用最多与耗时最长的模块，该模块控制激励信号输出与回波信号的输入通道的选用，随后启用高速 ADC 子模块(SDHS)检测超声波回波信号，通过数字信号处理方法得到超声波回波信号的传播时间后将其存入数组，随即进入低功耗模式。定时器定时为 0.1 s 时，唤醒 MCU 退出低功耗模式，主循环程序继续测量各个声道的超声波传播时间，总计循环测量 8 次后进行超声波传播时间汇总并计算出每秒的实时流量值，读取压力与温度传感器数据后调用显示模块以显示数据，进行脉冲输出和仪表状态输出。从中断模块中调用优先级较低的软件模块，如通信模块和人机交互模块，一般情况下通信模块通过 RS485 与仪表进行通信，通信时间与内容都较短。而人机交互模块则通过按键进行输入，通过按键调用中断，操作之后通过液晶显示屏显示操作内容。这类中断随时都有可能被触发，为了不影响主要测量程序的运行，将其设为较低的优先级。人机交互模块的流程为：当用户通过按键操作时，系统通过按键操作指令进入相应的查询界面标志位并进行存储，这时按键输入扫描为优先级较低的按键中断，不影响主程序的运行与低功耗模式的开启。当主程序运行结束时，随即调用显示模块以显示实时流量与用户的操作界面反馈。通信模块同样以这个流程运行，通信模块主要通过串口转为 RS485 与上位机进行通信。其中传输的数据为实时流量、仪表状态、剩余气量和温度压力等信息，通信格式为固定通信协议，其中传输数据均不需要占用较长的时间，但同样为低优先级，不影响主要测量程序。系统软件流程图如图 7.11 所示。

7.2.3 系统子模块介绍

本课题组研制的双声道气体超声波流量计使用 MSP430FR6047 集成的超声波传感器解决方案模块产生激励脉冲，其可编程脉冲发生器可以生成最大可达 2.5 MHz 的脉冲信号，用来驱动标准超声波换能器。系统设置通过具有低阻抗的输出驱动器的集成物理接口(PHY)输出 5 个频率为 200 kHz 的方波进行驱动，该方波经过激励脉冲升压电路升压至±80 V 的双极性正弦脉冲信号。通过微控制器控制 16 通道的 MP4816A 高压单刀单掷 SPST 模拟开关来选用当前测量时序

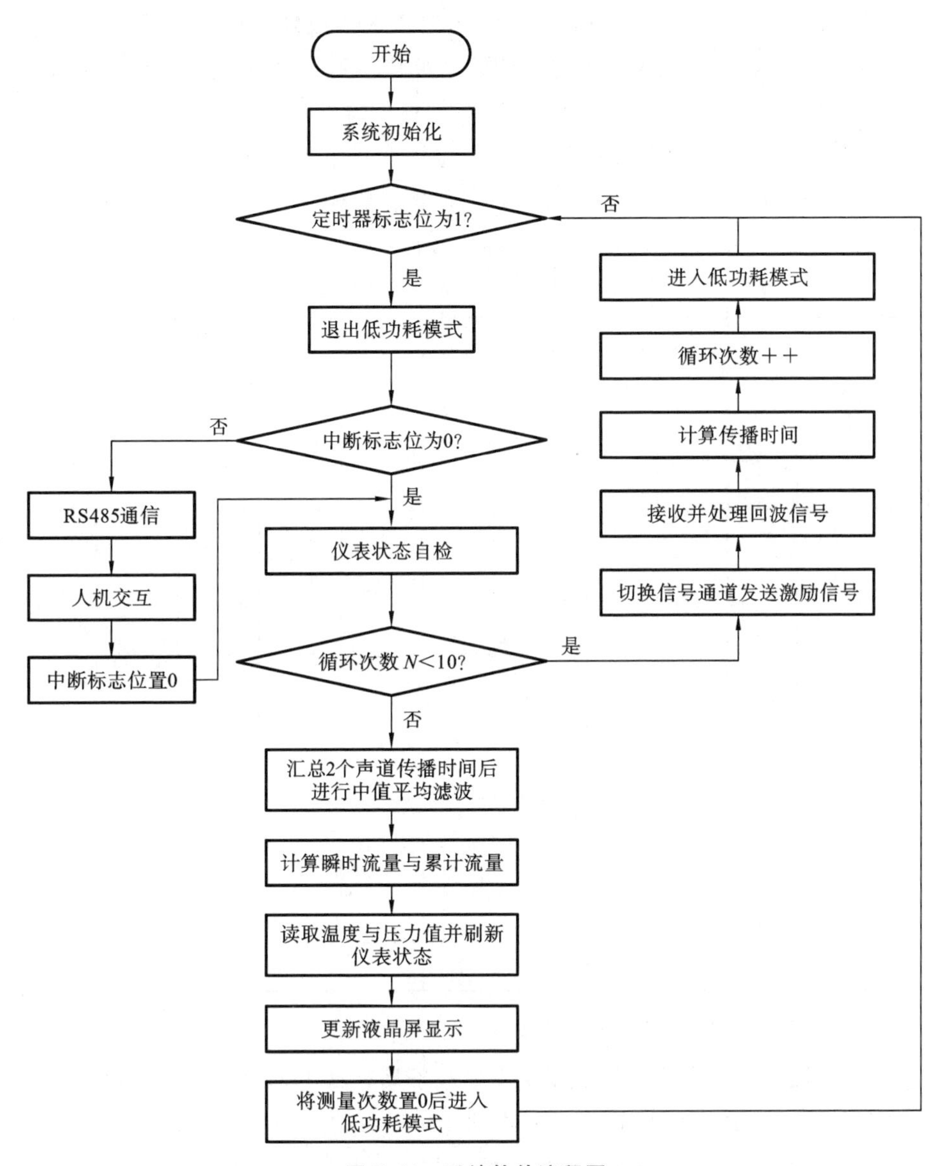

图 7.11　系统软件流程图

中所需的超声波压电换能器，该高压单刀单掷模拟开关由 16 位串行移位寄存器来控制，需要微控制器的四个 I/O 接口进行连接。这四个接口分别为 D_{IN}——16 位串行移位寄存器的数据输入口；Clk——16 位串行移位寄存器的时钟输入口为上升沿有效；$\overline{LE}$——输入使能接口，当$\overline{LE}$为逻辑低电平时，则传输从移位寄存器到锁存器的数据，当$\overline{LE}$为逻辑高电平时，则保持模拟开关先前状态；Clr——可以清除 16 位锁存器的数据，当逻辑为高电平时，则清除在锁存器中的数据，将它们全部设置为 0，但移位寄存器中的数据保持不变。

模拟开关的数据为上升沿时钟有效，数据依次移位到寄存器 0 至寄存器 15。当使能$\overline{LE}$为低电平时，在移位寄存器的数据被转移到 16 位锁存器中。当使能$\overline{LE}$为高电平时，可以输入新数据进入 16 位串行移位寄存器，但不影响 16 位锁存器中的数据，模拟开关输出开关状态按照 16 位锁存器中的数据进行设置。Clr 引脚的逻辑输入只清除 16 位锁存器中的数据，但不会影响 16 位串行移位寄存器的数据输入。模拟开关输入与输出真值表如表 7.1 所示。

表 7.1　模拟开关输入与输出真值表

逻辑输入							开关状态				
D0	D1	D2	…	D15	$\overline{LE}$	Clr	SW0	SW1	SW2	…	SW15
L	—	—		—	L	L	Off	—	—		—
H	—	—		—	L	L	On	—	—		—
—	L	—		—	L	L	—	Off	—		—
—	H	—		—	L	L	—	On	—		—
—	—	L		—	L	L	—	—	Off		—
—	—	H		—	L	L	—	—	On		—
⋮	⋮	⋮	…	⋮	⋮	⋮	⋮	⋮	⋮	…	⋮
—	—	—		L	L	L	—	—	—		Off
—	—	—		H	L	L	—	—	—		On
×	×	×		×	H	L	保存先前状态				
×	×	×		×	×	H	所有开关关闭				

L＝逻辑低电平；H＝逻辑高电平；×＝数值无关。

超声波回波信号采集与处理模块主要基于具有高达 8 Mb/s 输出数据速率的高性能高速 12 位 Σ-ΔADC (SDHS)，本课题组设计的 DN50 双声道气体超声波流量计包含有四个超声波压电换能器，每两个收发一体的超声波压电换能器构成一个声道，回波信号输入通道的选择通过 74VHC238 编码器控制模拟开关 ADG734 来实现，74VHC238 编码器输入与输出真值表如表 7.2 所示。当激励信号发射通道选通换能器 A_2 时，回波信号接收通道则选通换能器 A_2，MCU 使能编码器 E_1、E_2 引脚为低电平，E 引脚为高电平，A_0、A_1、A_2 引脚为低电平则编码器 Y_0 引脚输出高电平，模拟开关的开关打开状态为高电平使能，此时回波信号输入通道选通压电换能器 A_1。回波信号进入信号处理电路进行放大与滤波后再进入 USS 模块。

表 7.2　74VHC238 编码器输入与输出真值表

输入						输出							
使能编码器			选通换能器										
$\overline{G2B}$	$\overline{G2A}$	G1	C	B	A	Y_0	Y_1	Y_2	Y_3	Y_4	Y_5	Y_6	Y_7
×	×	L	×	×	×	L	L	L	L	L	L	L	L
×	H	×	×	×	×	L	L	L	L	L	L	L	L
H	×	×	×	×	×	L	L	L	L	L	L	L	L
L	L	H	L	L	L	H	L	L	L	L	L	L	L
L	L	H	L	L	H	L	H	L	L	L	L	L	L
L	L	H	L	H	L	L	L	H	L	L	L	L	L
L	L	H	L	H	H	L	L	L	H	L	L	L	L
L	L	H	H	L	L	L	L	L	L	H	L	L	L
L	L	H	H	L	H	L	L	L	L	L	H	L	L
L	L	H	H	H	L	L	L	L	L	L	L	H	L
L	L	H	H	H	H	L	L	L	L	L	L	L	H

回波信号进入 USS 模块之前会有一个时间差，这个时间差不仅包含回波信号固有的传播时间，还包含电路中传播路径引起的时间差。这段间隔时间内会有电路中的噪声干扰，如果这时 USS 模块开启检测就会引起回波信号检测的误判，从而导致过早的回波信号测量，进而引起不必要的误差[140]。在本系统的检测软件中设置了检测时间窗口，所以以激励信号发送时刻为起始时刻值，度过窗口时间之后再开启 ADC 检测，这样就避免了窗口时间内的噪声干扰。其原理如图 7.12 所示。

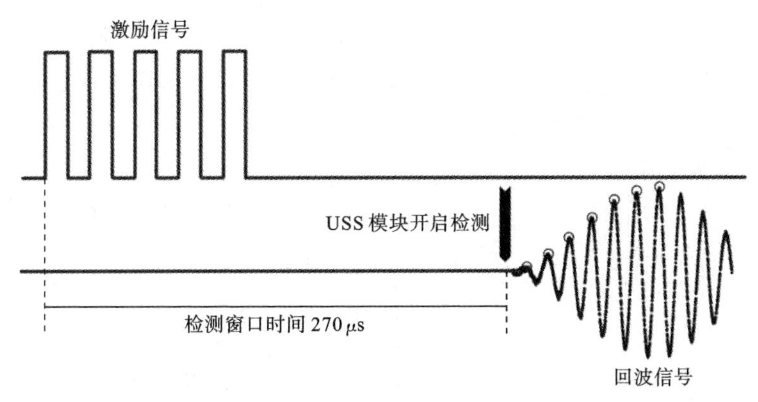

图 7.12　回波信号检测原理

根据实际测量，压电换能器的回波信号在 DN50 口径管体中的传播时间约为 270 μs，设置为固定检测时间作为回波信号的初始传播时间。当压电换能器刚接收到激励信号时，回波信号很不稳定且幅值较低，所以一般不将第一个过零点作为判断点。一般选用回波信号上升阶段的第一个最大峰值点之后的任意一个峰值点作为特征点，进行过零检测，判断回波信号到达时刻值。

使用 USS 模块检测回波信号时，为了减少占用的系统资源，提高系统的运行效率，本课题组设计的系统将信号采集的窗口宽度设为 500 个采样点，宽度约为 100 μs，可以完全涵盖整个回波信号波形。虽然已经跳过了较长的窗口时间，但是持续检测回波波形所需的数据点的数据量很大，因为回波信号为固定 200 kHz 的超声波信号，峰值之间的间隔为 5 μs，几乎不变，因此当定位到第一个波峰时就可以加以固定检测时间再检测后续波峰。当系统开启峰值检测时，系统会不断检测回波信号的幅值。以第一个最大峰值点为例，当 ADC 检测到幅值下降时，则为第一个有效最大峰值点。系统采用 8 MHz 的频率进行扫描，所以使用 5 个采样点就可以基本包含最大峰值点，当检测到最大峰值时向后偏移 15 个点进行检测第一个最小峰值点。这样就可以比较快速地定位到所有最大、最小峰值点。

得到 8 个峰值点之后，基于曼哈顿距离快速判别回波信号特征点的处理方法，能够准确定位到第二个最大峰值点并将其作为特征点，可以从这个点开始计算超声波的到达时刻 T_0，这样实际的传播时间就是窗口时间加上 USS 模块检测的到达时间。本系统采用数字过零检测的方法，这种方法是基于 ADC 检测到的离散的峰值点与对应的时刻值进行数字拟合计算过零时间。拟合方法有很多种，传统的两点线性拟合插值方法会产生不必要的相位误差，为了减小相位误差，本书使用拉格朗日插值方法进行过零点的计算[141]。

拉格朗日插值方法主要通过构建一个多项式 $y=p_n(x)$，有 $n+1$ 个不同的插值点 (x_0, y_0)，…，(x_n, y_n)，即满足以下多项式

$$p_n(x_a)=y_a, \quad a=0, 1, 2, \cdots, n \tag{7.1}$$

由于在 USS 模块添加了 750 mV 的直流偏置，所以本书所求过零点是当峰值点为 750 mV 时的横坐标值，如图 7.13 所示。

将 USS 模块采集到的四个采样点 (x_0, y_0)，(x_1, y_1)，(x_2, y_2)，(x_3, y_3) 代入拉格朗日多项式中，但直接计算拉格朗日方程需要高次方程的计算，对图 7.13 中的坐标轴进行调换，以构建新的多项式并代入以下公式。

$$L(y)=\sum_{j=0}^{3}\left(x_j \prod_{i=0, i\neq j}^{3} \frac{y-y_i}{y_j-y_i}\right) \tag{7.2}$$

当 $y=0$ 时，就可以算出过零时间点，这种方法不但减小了计算量，也提高了计算过零点的精度。

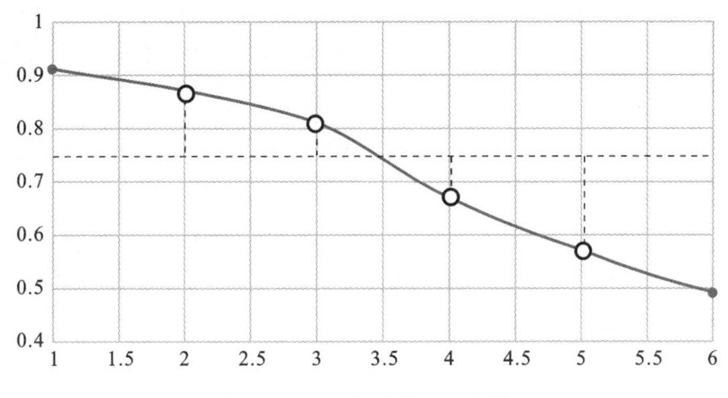

图 7.13 四点拉格朗日插值

系统为了低功耗选用 MSP430 系列单片机，该类型单片机有六种低功耗模式，包括 AM、LPM0、LPM1、LPM2、LPM3、LPM4，这六种低功耗模式的工作状态如表 7.3 所示。

表 7.3 低功耗模式的工作状态

工作模式	控制位	CPU 状态、振荡器及时钟
活动模式（AM）	SCG1=0，SCG0=0，OscOff=0，CPUOff=0	CPU 处于活动状态，MCLK 活动，SMCLK 活动，ACLK 活动
低功耗模式 0（LPM0）	SCG1=0，SCG0=0，OscOff=0，CPUOff=1	CPU 处于禁止状态，MCLK 禁止，SMCLK 活动，ACLK 活动
低功耗模式 1（LPM1）	SCG1=0，SCG0=1，OscOff=0，CPUOff=1	CPU 处于禁止状态，若 DCO 未用作 SMCLK 或 MCLK，则自流，发生器禁止，否则仍保持活动。MCLK 禁止，SMCLK 活动，ACLK 活动
低功耗模式 2（LPM2）	SCG1=1，SCG0=0，OscOff=0，CPUOff=1，CPU 处于禁止状态	若 DCO 未用作 SMCLK 或 MCLK，则 DCO 自动被禁止。MCLK 禁止，SMCLK 禁止，ACLK 活动
低功耗模式 3（LPM3）	SCG1=1，SCG0=1，OscOff=0，CPUOff=1	CPU 处于禁止状态，DCO 被禁止；自流发生器被禁止。MCLK 禁止，SMCLK 禁止，ACLK 活动
低功耗模式 4（LPM4）	SCG1=x，SCG0=x，OscOff=1，CPUOff=1	CPU 处于禁止状态，DCO 被禁止；自流发生器被禁止。所有振荡器停止工作。MCLK 禁止，SMCLK 禁止，ACLK 活动

本系统启用 LPM3 模式低功耗模式，在该模式下 ACLK 还处于工作状态，便于系统退出低功耗模式。MSP430FR6047 微控制器的定时器、I/O、看门狗等外设都可以在主 MCU 休眠的情况下继续保持运行，因此当 MCU 休眠时，系统还保持

对于液晶显示屏显示状态的控制，4-20 mA 模块、仪表脉冲输出口等 I/O 接口还能保持当前的状态进行输出[142]。系统由定时器 TB0 进行唤醒，退出低功耗模式，系统每 0.1 s 唤醒一次，完成双声道的顺流与逆流的超声波传播时间的测量，并将所测得的超声波传播时间存入数组，随即进入低功耗模式，如图 7.14 所示。当系统被唤醒第 10 次时，则汇总 10 次所测的超声波传播时间并进行瞬时流量值的计算，测量此时一次仪表的温度与压力进行补偿，得到较为准确的瞬时流量，更新仪表脉冲与 4-20 mA 输出值，刷新液晶显示屏显示内容再进入低功耗模式。通过实际测试得到，仪表正常工作时间占比为 10%，低功耗模式占比为 90%，仪表在正常工作模式下运行的电流为 18.3 mA，低功耗模式下运行的电流为 2.2 mA，每秒平均电流为 3.81 mA。仪表使用 ER34615 专用 3.6 V 仪表锂电池供电，其容量为 19000 mA · h，共计使用四节。经过计算，仪表的功耗为 13.716 mW，通常按照仪表锂电池使用 75%电量的情况下，模拟计算仪表使用年限为 3 年以上，满足设计要求。在保证仪表准确度的情况下，还可以进一步减少仪表测量次数，减少正常工作模式的时间占比以降低功耗。

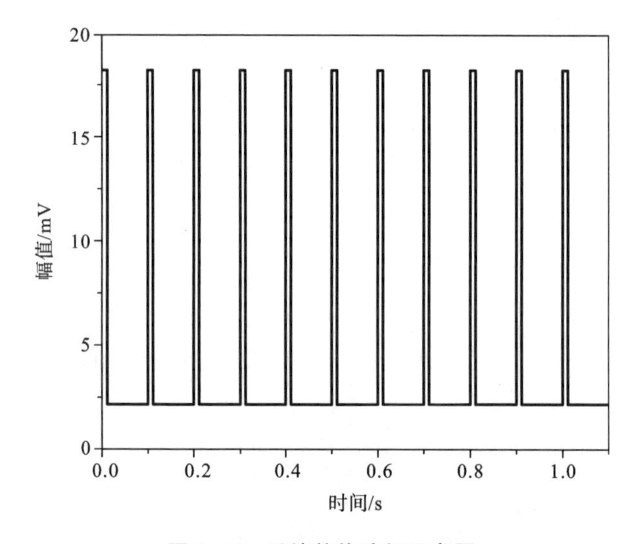

图 7.14　系统整体功耗示意图

其他软件子模块包括初始化模块、通信模块、显示模块、仪表状态输出模块。初始化模块、显示模块和仪表状态输出模块较为简单，通信模块则直接沿用较为成熟的通信协议进行通信。初始化模块主要包括系统时钟初始化、外设初始化、USS 模块初始化、系统参数初始化。其中系统时钟初始化包括系统的时钟初始化晶振 LF=32.768 kHz、HF=8 MHz、DCO=8 MHz，其中 DCO 为 USS 模块使用的晶振与系统 HF 晶振在低功耗模式下关闭，LF 则在低功耗模式下保持开启；外设初始化包括系统的I/O接口初始化，串口波特率设置为115200 b/s并初始化看门狗；以默认参数初始化USS测量软件库，并初始化定时器、累计流量值、瞬时流量值、压力值和温度值等参数。系统的通信模块主要有RS485通信与NBIOT物联网通信两种方式，该两种通信方式均按照厂家所给的通信格式进行编写，这里不进行详细的赘述。系统的显示模块主要显示累计流量值、瞬时流量值、温度值、压力值、仪表故障代码、外接电动阀开关状态、仪表电池容量、物联网模块信号强度以及用户操作界面，该模块每秒刷新一次；仪表的状态输出模块通过4-20 mA、以脉冲输出的方式来实现瞬时流量状态输出，其他状态包括仪表IC卡余额状态、仪表电池状态与阀门状态。

7.3　实验室气体流量标准装置下校准实验研究

前面介绍了双声道气体超声波流量计的测量原理以及样机的研制，本节以四声道流量计样机为例，设计完成之后，需要对其性能进行测试与标定。本节将介绍流量计样机校验的性能指标、实验平台以及实验步骤，最后对实验的结果进行分析。

7.3.1　超声波流量计性能测试

本课题组设计的四声道气体超声波流量计的管径为DN100，流量计的声道安装方式采用平行交叉布置方式，测量精度等级需要达到1.0级仪表要求，流量计计量范围设定为5～700 m^3/h，DN100四声道气体超声波流量计样机如图7.15所示。

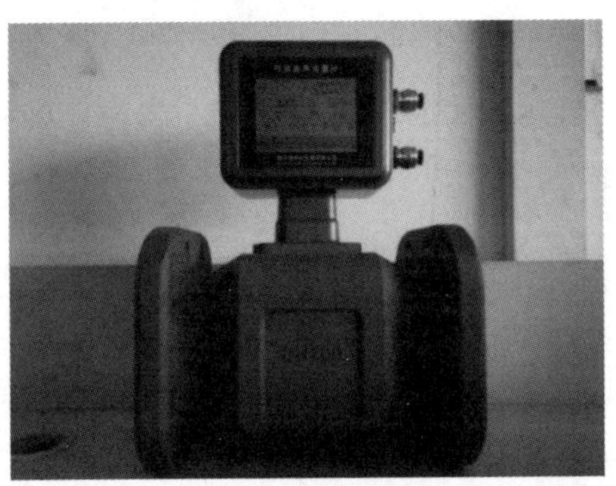

图7.15　DN100 **四声道超声波流量计样机**

1. 性能指标要求

根据国家计量检定规程规定，气体超声波流量计计量性能需要满足测量精度等级的要求，本课题组设计的样机测量精度需要达到国标 1.0 级精度等级的仪表精度，具体指标如表 7.4 所示。

表 7.4　国标 1.0 级精度等级的仪表性能指标

指标内容	低流量区	高流量区
测量流量范围	$q_{min} \leqslant q \leqslant q_t$	$q_t \leqslant q \leqslant q_{max}$
最大允许误差	±2%	±1%
重复性误差	<0.4%	<0.2%

针对不同流量区间的流量点，流量计的精度要求有所差别。q_{min} 为最小流量点，q_{max} 为最大流量点，q 为当前测量的流量点，q_t 为分界流量点，一般规定为最大流量点的 10%。当 $q_{min} \leqslant q \leqslant q_t$ 时，为低流量区，又称为小流量点；当 $q_t \leqslant q \leqslant q_{max}$ 时，为高流量区，又称为大流量点。针对低流量区，国标 1.0 级精度等级的仪表最大允许误差为±2%，重复性误差小于 0.4%；针对高区流量，国标 1.0 级精度等级的仪表最大允许误差为±1%，重复性误差小于 0.2%。通过表 7.4 可以看出，气体超声波流量计的计量精度需要满足最大允许误差和重复性误差这两项重要指标。

流量计单次检定示值误差为

$$E_{ij} = \frac{q_{ij} - (q_s)_{ij}}{(q_s)_{ij}} \times 100\% \tag{7.3}$$

式中：q_{ij} 为被检表第 i 个检定点第 j 次检定的瞬时流量值；$(q_s)_{ij}$ 为第 i 个检定点第 j 次检定时，标准器换算到被检表处的瞬时流量值；E_{ij} 为被检表第 i 个检定点第 j 次检定时的示值误差。

被检表各检定点相对示值误差为

$$E_i = \frac{1}{n}\sum_{j=1}^{n} E_{ij} \tag{7.4}$$

式中：n 为被检表第 i 个检定点检定次数；E_i 为被检表第 i 个检定点相对示值误差。

流量计的重复性误差为

$$(E_r)_i = \left[\frac{1}{(n-1)}\sum_{j=1}^{n}(E_{ij} - E_i)^2\right]^{\frac{1}{2}} \tag{7.5}$$

根据检定规程中的规定，需要检定的流量点为 q_{min}、q_t、$0.4q_{max}$ 和 q_{max}。为了充分验证仪表的可靠性，除了在检定规程中规定了的流量点外，还增加了 $4q_{min}$、$8q_{min}$、$0.25q_{max}$ 和 $0.75q_{max}$，即需要检测 5 m^3/h、20 m^3/h、40 m^3/h、70 m^3/h、175 m^3/h、280 m^3/h、525 m^3/h 和 700 m^3/h 这 8 个流量点。

2. 检定测试平台

常见的实流标定装置有临界流音速标准喷嘴标定装置、钟罩式气体流量检定装置和标准表法气体流量标定装置。本课题组具有临界流音速标准喷嘴标定装置和钟罩式气体流量检定装置两种气体流量的检定装置。钟罩式气体流量检定装置只适用于低流速小管径的燃气表检定实验,并不适合本课题组设计的DN100四声道气体超声波流量计,因此选择临界流音速标准喷嘴标定装置来进行检定实验。临界流音速标准喷嘴标定装置是由多个文丘里音速组成的装置,通过选择不同的喷嘴,气体连续流过喷嘴的流量和被检表流过的流量进行对比,得到被检表的计量性能。图7.16所示为临界流音速标准喷嘴标定装置。

本课题组检定装置主要由真空气泵、稳压罐、文丘里喷嘴、收集容器、滞止容器、温度压力变送器、长直圆管段、上位机以及计时控制数据采集与处理的辅助设备组成。该标准装置工作介质为空气,适用口径为DN25～DN100,不确定度误差不大于0.3%,可以对国标1.0级精度等级的仪表进行检定实验。

3. 样机检定过程

针对本课题组设计的DN100多声道气体超声波流量计,为了验证其可靠性,将进行校准检定实验,具体的检定实验流程如图7.17所示。

图7.16　临界流音速标准喷嘴标定装置

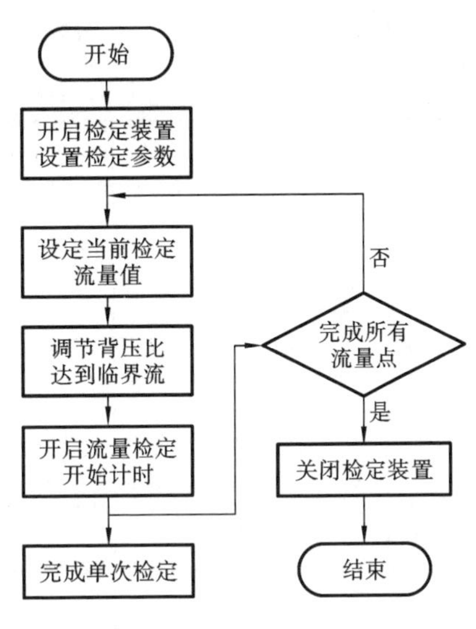

图7.17　检定实验流程图

具体检定步骤如下。

(1) 样机安装,将DN100多声道气体超声波流量计样机安装在检定装置上,壳体前后至少有前10D后5D长直圆管,加装垫片,并采用法兰连接。保证了整个管道不会漏气,且样机壳体轴心和管道轴心在一条直线上。

(2) 样机安装完成后,打开检定控制柜供电电源,开启检定装置,通过上位机软件,进入临界流音速标准喷嘴标定装置主控界面。

(3) 通过控制系统设置检定参数,包括选择对应的DN100管径、被检表流量范围、单个流量点的检定次数以及单次检定时间。

(4) 设定当前检定的流量值,系统自动选择音速喷嘴。打开真空气泵,手动调节变频泵以及背压比,使标准喷嘴达到临界流状态。

(5) 等喷嘴达到临界流状态,管道内流场相对比较稳定后,开始流量检定并计时,单次检定时间为 30 s,每个流量点总共检定 3 次。

(6) 单个流量点检定完成后,返回到步骤(4),继续对下一个流量点进行检定,直到完成所有流量点的检定工作,最后结束整个检定过程,关闭检定装置。

7.3.2 检定结果与误差分析

本节将根据 7.3.1 节介绍的实验过程进行校准检定实验,对 DN100 四声道气体超声波流量计样机进行检定实验,并分析其检定结果及误差。

1. 初次检定结果及分析

按照前文的检定过程对样机进行初次检定实验,对样机的性能进行测试,得到样机检定数据,如表 7.5 所示。

表 7.5 初次检定结果

流量点/(m^3/h)	示值误差/(%)	重复性误差/(%)
5	5.65	0.134
20	4.62	0.093
40	3.56	0.131
70	2.72	0.089
175	1.94	0.083
280	1.52	0.058
525	1.25	0.047
700	0.89	0.026

通过初次检定结果数据,在低流量区内,最大示值误差为 5.65%,重复性误差为 0.134%;在高流量区内,最大示值误差为 2.72%,重复性误差为0.089%。可以发现样机具有较好的重复性,但是相对误差却达不到国标 1.0 级精度等级的仪表的要求。

2. 仪表系数修正后检定结果

影响气体超声波流量计测量精度的因素有很多,管道的制造工艺、换能器安装的位置、流场的扰动、所用电子元器件的性能，以及环境中的噪声，都会引起测量的误差。针对这些影响因素，在实际的应用过程中，不可能对每一个影响因素都能进行规避。

由于该样机的重复性较好，检定规程规定，允许对完成初次检定后流量计的系数进行修正，将样机的示值误差减小。

本课题组采用分段线性修正的方法来减小样机的示值误差，利用修正系数对所测流量值进行修正，其具体表达式为

$$q' = K_C \cdot q \tag{7.6}$$

式中：q'为修正后的流量值；K_C 为流量修正系数；q 为初次检定时流量的测量值。具体修正方法如下。

(1) 通过流量实验对流量计在各流量点下的流量测量值进行统计，得到各流量点的修正系数：

$$K_{Ci} = \frac{q'_i}{q_i} \tag{7.7}$$

式中：q'_i 为第 i 流量点下的实际流量值；q_i 为第 i 流量点下被检流量计的流量测量值；K_{Ci}为第 i 流量点的修正系数。

(2) 利用不同流量点的流量修正系数 K_{Ci}进行分段线性拟合，得到流量修正系数 $K_C(q)$与流量测量值 q 的关系为

$$K_C(q) = K_{Ci} + \frac{K_{C(i+1)} - K_{Ci}}{q_{(i+1)} - q_i}(q - q_i) \tag{7.8}$$

式(7.8)中，q 应满足 $q_i < q < q_{(i+1)}$。

(3) 最后根据式(7.8)完成流量系数分段线性拟合，将得到的修正系数 K_C，植入样机中，通过式(7.6)完成流量修正。

通过分段线性修正方法，完成气体超声波流量计样机系数修正后，需要对气体超声波流量计样机进行重新检定实验。通过重新修正后检定结果可以判定该气体超声波流量计样机是否达到了设计要求，并满足国标 1.0 级精度等级的仪表的要求。将修正后的系数植入气体超声波流量计样机中，按照第 7.3.1 节的样机检定过程再进行一次检定实验，得到气体超声波流量计样机修正后检定结果，如表 7.6 所示。

表 7.6　修正后检定结果

流量点/(m^3/h)	示值误差/(%)	重复性误差/(%)
5	1.21	0.125
20	0.94	0.074
40	0.82	0.069

续表

流量点/(m^3/h)	示值误差/(%)	重复性误差/(%)
70	0.86	0.038
175	0.77	0.058
280	0.49	0.017
525	0.56	0.047
700	0.48	0.021

从表 7.6 所示的修正后检定结果可以发现，通过流量系数的修正，在低流量区内，最大示值误差为 1.21%，重复性误差为 0.125%；在高流量区内，最大示值误差为 0.86%，重复性误差为 0.058%。通过检定结果可以看出，样机的性能符合国标 1.0 级精度等级的仪表的要求。

7.4 高压气体流量标准装置下校准实验研究

本节的主要内容是对所设计的 DN50 双声道气体超声波流量计样机进行仪表系数修正，并在常压与中高压气体管道环境下进行符合国家检定规程的检定实验。首先简要介绍 DN50 双声道气体超声波流量计样机与仪表系数修正装置，并对流量计样机进行仪表系数修正，然后完成流量计在不同气体管道压力环境下的检定实验，通过检定结果，验证所设计的气体超声波流量计性能是否满足设计要求。

7.4.1 双声道气体超声波流量计样机

通过上文对不同气体管道环境下超声波回波信号的分析与识别方法的实现，本课题组研制了 DN50 双声道气体超声波流量计样机，如图 7.18 所示。该样机的一次仪表口径为 50 mm，采用双声道测量方式，声道布置结构采用交叉平行的方式。该气体超声波流量计的二次仪表通过对两个声道的超声波回波信号进行顺序采集并处理汇总，得到各个声道顺流与逆流的超声波传播时间，再基于时差法换算得到流量值[143]。该样机拥有 RS485、4-20 mA 和脉冲输出等通信接口，可以通过存储器存储使用状态时的样机状态信息，并通过显示屏实时显示流量值与累计流量值。

7.4.2 流量计样机仪表系数修正

虽然 DN50 双声道气体超声波流量计样机整体设计满足稳定的流量测量的

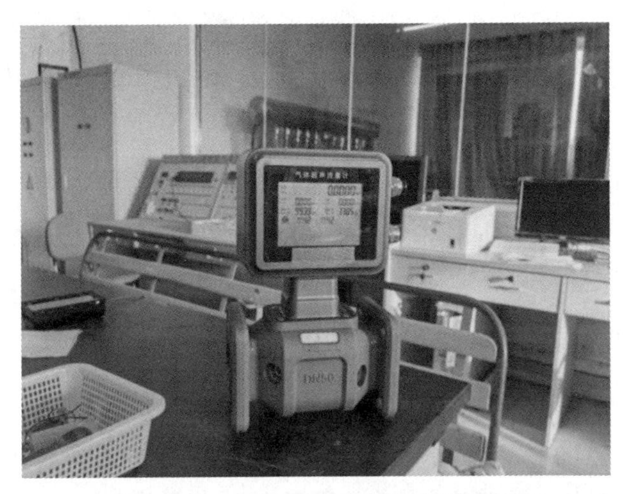

图 7.18　DN50 双声道气体超声波流量计样机

要求，但是由于压电换能器的动态特性、样机的声道布置方案和回波信号识别误差等因素，测量得到的流量值与实际流量值有一定的误差，需要进行流量计的仪表系数修正，修正过后的流量计样机才能够进行流量的准确测量。

本课题组实验室拥有一套负压法临界流文丘里喷嘴气体流量标准装置(见图7.19)，该检定校准装置的检定范围为 0.5～300 m³/h，可以检定不大于 DN100 口径的仪表不确定等级不大于 0.3%。其测量精度与测量范围满足检定校准研制的 DN50 气体超声波流量计样机。

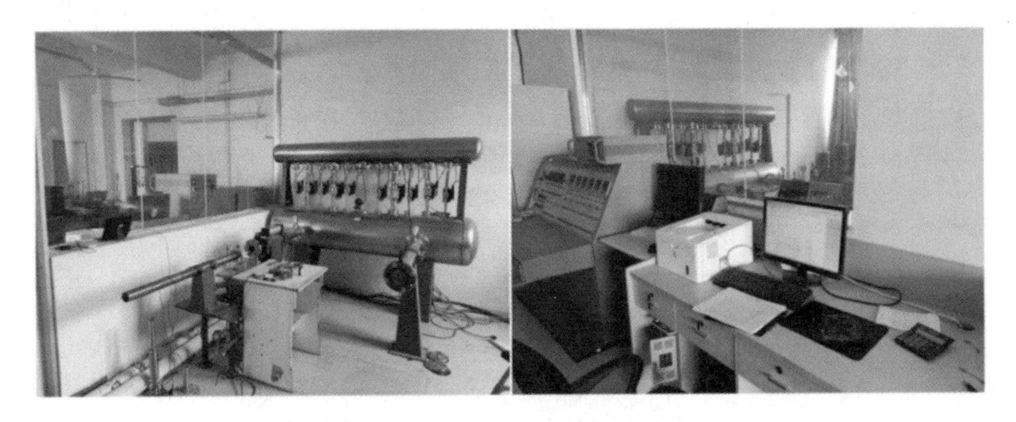

图 7.19　气体流量标准装置示意图

DN50 气体超声波流量计样机的仪表系数校准流程为：通过负压法临界流文丘里喷嘴气体流量标准装置检定 0.5 m³/h、1 m³/h、1.5 m³/h、2 m³/h、2.5 m³/h、3 m³/h、4 m³/h、5 m³/h、5.5 m³/h、6 m³/h、7 m³/h、8 m³/h、9 m³/h、10 m³/h、12 m³/h、14 m³/h、16 m³/h、18 m³/h、45 m³/h、72 m³/h、126 m³/h、180 m³/h 共 22

个流量点，得到常压管道环境下，仪表测量得到的流量值与实际标准流量值之间的比值，计算 DN50 双声道气体超声波流量计样机的各个流量点的修正系数，并通过 TableCurve 2D 软件拟合流量修正系数曲线，然后写入二次仪表中的流量修正程序中。

双声道气体超声波流量计受机械尺寸、管道内流场状态和压电换能器的动态性能等影响，实时流量测量值会出现较大的偏差，因此仅根据双声道气体超声波流量计的声道布置得到的流速计算公式，计算出的流量值难以反映真实流量值。因此需要计算仪表修正系数来进行实际流量校准，一般其校准公式为

$$Q_A = K \cdot q \tag{7.9}$$

式中：q 为仪表测量得到的流量值；K 为根据真实流量值得到的修正系数；Q_A 为修正过后所得的流量值。通常，由于仪表的不同流量点下所得的测量误差是非线性的，往往不同流量值下所需的流量修正系数 K 值差距较大，所以常常采用分段线性修正进行仪表系数的修正[144]。但是采用分段线性修正的方式，在分段点往往不能够进行平滑过渡，这样也会影响流量测量值的流量修正系数的准确性。因此较好的流量值修正方式是采用特殊函数进行修正曲线拟合，这样能够兼顾到不同流量点之间的平滑修正，其修正具体方法如下：

(1) 根据流量校准装置对样机进行各流量点下的流量测量，并对流量值和流量校准装置测得的流量值进行统计，对比流量值计算得到各流量点的流量修正系数为

$$K_{Ci} = \frac{q_i}{q_{Ai}} \tag{7.10}$$

式中：K_{Ci} 为第 i 流量点的修正系数；q_i 为第 i 流量点下样机所测得的流量值；q_{Ai} 为第 i 流量点下流量校准装置所测得的流量值，通过检定获得的仪表流量修正系数统计表如表 7.7 所示。

表 7.7 仪表流量修正系数统计表

被测仪表流量值/(m^3/h)	检定装置流量值/(m^3/h)	仪表流量修正系数 K 值
199.9506802	180.341307	0.90192895
140.7752572	127.1498036	0.903211304
81.06584345	72.79062005	0.897919727
51.03687451	45.78719081	0.897139397
20.35531132	18.24642449	0.896396238
18.04586368	16.1026658	0.892318932
16.34182893	14.56291392	0.891143457

续表

被测仪表流量值/(m^3/h)	检定装置流量值/(m^3/h)	仪表流量修正系数 K 值
13.98105575	12.41426829	0.887934968
11.88771906	10.51304493	0.884361826
10.76068247	9.482136585	0.88118357
9.535081391	8.373354536	0.87816288
8.327168691	7.313423684	0.878260542
7.120250301	6.197503752	0.870405321
6.542525881	5.714614962	0.87345699
5.943444337	5.164586675	0.868955168
4.683733804	4.038320292	0.862201069
3.831817158	3.267545048	0.852740335
3.190567584	2.700719661	0.846469974
2.53543307	2.150199672	0.848060119
1.998889089	1.667130615	0.834028573
1.373956144	1.117218018	0.813139505
0.711464786	0.550072418	0.773154805

(2) 将不同流量点得到的流量修正系数值导入软件 TableCurve 2D,经过拟合曲线得到流量修正系数 K 与流量测量值 q 的关系式为

$$K_C = a + b \cdot q + c \cdot \ln q + \frac{d}{\ln q} + \frac{e}{q^{1.5}} \tag{7.11}$$

式中:K_C 为各流量点的流量修正系数;q 为各流量点下未修正所测得到流量值;常数 $a=1.625667391841065$,$b=3.261373778833787$,$c=0.06918733008908037$,$d=2.035601037869963$,$e=-0.0000000675324097869 6016$。

这样就得到了流量修正系数曲线拟合函数,获得流量测量值与修正系数的关系。通过多次对各流量点的流量实验,获得 DN50 双声道气体超声波流量计样机的流量修正系数曲线,如图 7.20 所示。

从流量修正系数曲线函数的变化特征中分析可知,在高速气体流动的情况下,仪表流量修正系数的修正曲线趋于平缓,一次仪表中的管道内经过整流器稳定气流后,流场变化特征稳定,便于仪表流量修正系数的修正;在低速气体流动的情况下,仪表流量修正系数与实时流量值之间呈现非线性关系,应当根据流量点的变化进行动态修正。由此可见,采用分段线性修正的方法很难对流量值进行平

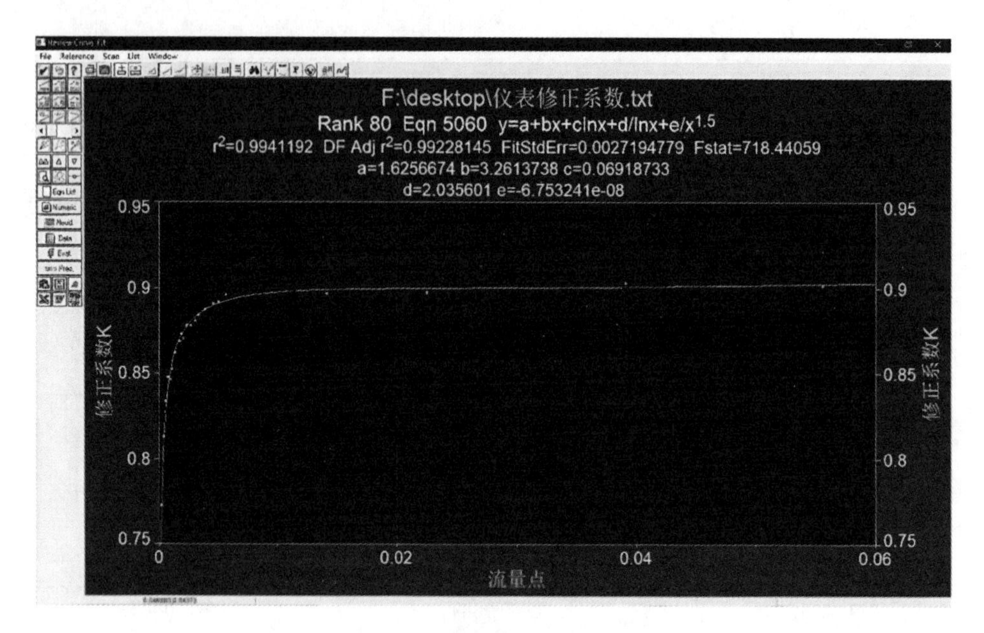

图 7.20 流量修正系数曲线

滑修正，因此使用特殊的修正函数能够很好地匹配仪表流量修正系数修正曲线，修正后的流量计能够满足国标 1.0 级精度等级的气体超声波流量计规定的相对示值误差。

7.4.3 检定实验

通过建立流量修正曲线拟合函数并应用于修正程序中，完成了 DN50 双声道气体超声波流量计样机的常压下流量值的校准。接下来对流量计样机进行常压环境下的流量检定实验，以评估流量计样机是否满足国标 1.0 级精度等级要求的仪表的检定规程。再将实验样机送往河北省计量监督检测研究院进行中高压环境下的检定，验证其是否满足相关检定规程。根据四川弗罗尔仪表有限公司委托项目合同中的要求，本课题组研制的 DN50 双声道气体超声波流量计的流量计量准确度范围为 1～180 m^3/h。为了充分验证该流量计性能，除了按照《JJG 1030—2007 超声流量计检定规程》[145] 内要求的 q_{min}、$2q_{min}$、$4q_{min}$、$8q_{min}$、q_t、$0.4q_{max}$、$0.2q_{max}$、$0.75q_{max}$ 和 q_{max} 流量点进行常压环境下的流量计检定验证，其中 q_{max} 为最大流量点，q_{min} 为最小流量点，q_t 为分界流量点，一般取为 $0.1q_{max}$。常压环境下流量计样机检定实验现场如图 7.21 所示。

常压管道环境下检定实验过程如下。

(1) 将需要被检定的气体超声波流量计放置在被测管道处，一次仪表的中心轴对准测量管道的中心轴。流量计安装直管道应采用前 $10D$ 后 $5D$ 直管安装，管

图 7.21 常压环境下检定现场条件

道内光滑无毛刺，避免较大的流场波动与干扰。

(2) 被检表通过检定装置提供的 24 V 电源进行供电，将被检流量计的检定脉冲输出信号为 24 V 脉冲信号，脉冲线接入检定装置。被检流量计在检定时，将采集的流量值以脉冲信号的形式发送至标准装置的检测系统，确保在比较精确的时间内对比喷嘴与被检测流量计的流量，从而确定被检测流量计的性能。

(3) 开启流量检定装置，根据不同流量点选择相应的喷嘴或者喷嘴组合进行流量检定。

(4) 背压比的调节中，喷嘴组合的流量点临界背压比应采用最低临界背压比，保证所有喷嘴均可达到临界流状态，进而确保检定实验的准确性。

(5) 喷嘴达到临界流状态后，开启流量检定，每个流量点检定三次，检定周期为 60 s。

(6) 依次完成所有流量点的检定，即可得到被检流量计在各个流量点的测量误差与重复性误差。常压环境下样表的检定结果如图 7.22 所示。

按照国家标准检定规程规定，对于精度等级为国标 1.0 级的气体超声波流量计，流量计的范围可以分为“低流量区 ”和“高流量区 ”，其分界流量点为 q_t。对于 DN50 口径的气体超声波流量计，当流量不小于 18 m^3/h 时，最大允许误差为 ±1%，重复性误差小于 0.2%；当流量小于 18 m^3/h 时，最大允许误差为±2%，重复性误差小于 0.4%。

因为本课题组的实验室条件有限，无法完成中高压管道环境下的流量计样机检定实验，故将流量计样机送往河北省计量监督检测研究院进行检定。由于高压管道环境检定装置在低流量下的误差不满足检定要求，河北省计量监督检测研究

超 声 流 量 计 检 定 记 录

送检单位：东华理工大学　　样品名称：超声流量计　　委托单号：/　　证书编号：/

生产厂家：东华理工大学　　型号规格：CU-50Z　　出厂编号：50b3　　设备编号：/50b3

流量范围：(1 - 180) m³/h　　出厂精度：1.0 级　　检定规程：《JJG 1030-2007 超声流量计检定规程》

原系数：60000　　检定介质：空气　　环境温度：13 ℃　　环境湿度：70 %　　大气压力：101.75 kPa

外观及气密性：合格

流量点	喷嘴编号	检定时间	标准器				被检表			仪表系数		重复性误差
			压力	温度	流量	修正流量	压力	温度	脉冲数			
		t	p_s	T_s	q_s	Qs	p_m	T_m	N	K_s	K_i	E_{r_1}
m³/h		s	kPa	℃	m³/h	m³	kPa	℃		1/m³		%
180.5	⑨⑦⑥④	10.005	100.130	12.3	180.511	0.501243	100.356	12.7	29876	59603.842	59602.028	0.038
		10.001	100.131	12.3	180.511	0.501203	100.357	12.8	29861	59578.643		
		10.003	100.131	12.3	180.511	0.501328	100.354	12.8	29891	59623.599		
127.0	⑧⑦⑥⑤④③	10.004	100.821	12.4	127.028	0.353497	100.854	12.9	21226	60045.797	60051.668	0.016
		10.007	100.820	12.4	127.028	0.353613	100.852	12.9	21239	60062.764		
		9.994	100.819	12.4	127.027	0.353127	100.855	12.9	21204	60046.443		
72.6	⑧⑤	10.016	101.304	12.4	72.633	0.202735	101.192	13.0	12179	60073.507	60087.751	0.022
		10.006	101.305	12.4	72.633	0.202516	101.194	13.0	12171	60098.843		
		10.006	101.304	12.4	72.633	0.202527	101.193	13.0	12170	60090.901		
45.7	⑦⑤④②	10.006	101.469	12.5	45.666	0.127395	101.303	13.1	7657	60104.193	60102.594	0.018
		10.005	101.469	12.5	45.666	0.127390	101.302	13.1	7655	60090.903		
		10.007	101.466	12.5	45.666	0.127411	101.299	13.1	7659	60112.687		
18.2	⑥③	10.010	101.560	12.5	18.188	0.050778	101.361	13.1	3051	60085.401	60057.909	0.040
		10.007	101.558	12.5	18.188	0.050763	101.361	13.1	3048	60043.698		
		9.977	101.558	12.5	18.188	0.050612	101.359	13.1	3039	60044.628		
9.5	⑤②	10.006	101.559	12.5	9.451	0.026376	101.355	13.1	1581	59941.964	59941.018	0.035
		10.009	101.558	12.5	9.451	0.026385	101.355	13.1	1581	59919.798		
		10.009	101.558	12.5	9.451	0.026384	101.355	13.1	1582	59961.292		
6.2	④③	10.003	101.547	12.5	6.173	0.017222	101.350	13.1	1029	59750.114	59807.398	0.085
		10.006	101.547	12.5	6.173	0.017227	101.350	13.1	1031	59847.101		
		10.010	101.547	12.5	6.173	0.017234	101.350	13.1	1031	59824.979		
4.0	④	9.945	101.540	12.6	4.033	0.011182	101.346	13.1	666	59562.017	59620.782	0.149
		10.002	101.540	12.6	4.033	0.011246	101.347	13.1	670	59577.656		
		10.007	101.540	12.6	4.033	0.011252	101.345	13.1	672	59722.673		
2.1	③	30.006	101.541	12.5	2.141	0.017917	101.348	13.1	1062	59273.751	59296.913	0.056
		30.001	101.544	12.5	2.141	0.017914	101.349	13.1	1062	59282.067		
		30.003	101.545	12.5	2.141	0.017915	101.350	13.1	1063	59334.923		
1.1	②	30.010	101.546	12.5	1.112	0.009307	101.350	13.1	552	59308.269	59283.316	0.096
		30.002	101.544	12.5	1.112	0.009305	101.349	13.1	551	59218.181		
		30.002	101.547	12.5	1.112	0.009305	101.350	13.1	552	59323.498		
仪表系数			$q_t \leqslant q \leqslant q_{max}$				$q_{min} \leqslant q < q_t$				检定结论	
K= 59612.167 1/m³			示值误差 E= 0.418%		重复性误差 E_r= 0.040%		示值误差 E= 1.194%		重复性误差 E_r= 0.149%		1.0级合格	

检定员：　　核验员：　　检定日期：2021年12月2日

图 7.22　常压环境下样表的检定结果

院的检定实验室要求检定最低流量要在 8 m³/h 以上，因此选择 $8q_{min}$、q_t、$0.4q_{max}$、$0.2q_{max}$、$0.75q_{max}$和 q_{max}流量点进行高压环境下的流量计检定验证，中高压环境下流量计样机检定实验现场如图 7.23 所示。

中高压管道环境下检定实验过程如下。

(1) 将需要被检定的气体超声波流量计放置在被测管道处，被检表通过法兰盘与测量管道相连接，连接处添加金属垫片，避免在中高压环境下管道产生漏气现象以影响测量精度。流量计安装直管道的方式和常压下一致，均采用前 10D 后 5D 直管安装，管道内光滑无毛刺，避免较大的流场波动与干扰。

(2) 将被检流量计的检定脉冲输出信号线接入气体流量标准装置的检定系统。被检流量计在检定时，将采集的流量值以脉冲信号的形式发送至标准装置的检测系统，在规定时间内比较被检表与标准表之间的流量值，从而确定被检表的仪表流量修正系数及重复性。

图 7.23 中高压环境下流量计样机检定实验条件

(3) 预先进行环道内压力的调节，将环道内压力保持在 0.7 MPa 压力环境下，以确保检定实验的压力环境的准确性。

(4) 开启高压环道流量检定装置，根据不同流量点选择相应的环道内风机的转速及合适量程的标准表进行被检表的流量检定。开启流量检定，每个流量点检定三次，检定周期为 180 s。

(5) 依次完成所有流量点的检定，即可得到被检流量计在各个流量点的示值误差与重复性误差。中高压环境下样机检定结果如图 7.24 所示。

高压环道标准装置 河北省计量监督检测研究院 超声流量计检定报告

High pressure calibration facility **Institute of Metrology of Hebei Province** Test Report of Ultrasonic Flowmeter

送检单位 Customer:	0	产品名称 Meter type:	USM	口径 DN [mm]:	50	记录编号 Certificate:	512
制造厂家 Manufacturer:	Maker	型号规格 Model:	Sound	法兰标准 PN:	PN16	检定介质 Test Medium:	空气Air
流量范围 Flow rating:	[10 - 180] m^3/n	出厂编号 Number:	0	G-rating:	100	检定依据 Regulation:	JJG 633-2005
		准确度等级 Accuracy:	0.01			检定日期 Date [YYYY-MM-DD]:	2019-12-17

标准表编号 No.	标准流量 Fs $/(m^3/n)$	标准表压力 Ps /(kPa(o))	标准表温度 Ts /℃	检定时间 Time /s	被检表流量 Fm $/(m^3/n)$	被检表体积 Vm $/(l/m^3)$	被检表脉冲 Pulse	被检表压力 Pm /(kPa(o))	被检表温度 Tm /℃	仪表系数 K $/(l/m^3)$	雷诺数 Reynolds	平均仪表系数 avg K $/(l/m^3)$	示值误差 El /(%)	重复性误差 Er /(%)
7	8.452	694.759	16.93	61.008	8.378	0.1420	8.519	694.710	16.07	59.478.890	19.620	59.497.335	-0.84	0.09
	8.437	693.794	16.90	61.001	8.364	0.1417	8.504	693.751	16.06	59.483.580	19.556			
	8.435	693.817	16.88	61.003	8.369	0.1418	8.509	693.784	16.03	59.529.534	19.564			
7	17.456	693.823	16.83	61.002	17.333	0.2971	17.826	693.771	16.00	60.263.951	41.000	60.292.218	0.49	0.09
	17.454	693.828	16.81	61.000	17.540	0.2972	17.832	693.771	15.98	60.295.700	41.015			
	17.418	693.867	16.79	61.002	17.510	0.2967	17.802	693.810	15.97	60.317.002	40.955			
7	34.821	700.196	16.95	61.000	35.038	0.5937	35.622	700.037	16.94	60.373.970	65.990	60.440.833	0.83	0.25
	34.794	700.110	16.96	61.000	35.041	0.5938	35.625	799.922	16.94	60.425.871	65.973			
	34.741	700.324	16.96	60.999	35.043	0.5938	35.627	700.142	16.95	60.522.659	66.029			
7	44.345	700.418	16.94	60.999	44.768	0.7586	45.513	700.152	16.92	60.571.410	84.357	60.524.212	0.97	0.14
	44.378	700.423	16.94	61.000	44.760	0.7584	45.506	700.186	16.93	60.516.093	84.349			
	44.419	700.440	16.95	61.000	44.779	0.7588	45.525	700.204	16.93	60.485.134	84.375			
7	71.597	701.281	16.87	61.000	71.289	1.2080	72.477	700.802	16.80	59.742.184	134.663	59.717.691	-0.51	0.18
	71.662	701.399	16.87	61.000	71.245	1.2072	72.432	700.862	16.82	59.650.423	134.519			
	71.662	701.307	16.88	60.999	71.376	1.2094	72.564	700.780	16.83	59.760.466	134.798			
7	126.732	700.714	16.95	61.000	125.743	2.1340	128.041	699.178	16.88	59.626.258	236.758	59.621.640	-0.54	0.06
	126.591	700.627	16.95	60.998	125.747	2.1306	127.839	699.136	16.89	59.600.260	236.413			
	126.573	700.737	16.95	61.000	125.810	2.1318	127.906	699.242	16.90	59.638.401	236.585			
6	177.642	701.748	17.02	61.000	175.664	2.9765	178.592	699.387	16.82	59.331.873	330.396	59.362.371	-0.97	0.12
	177.507	701.858	17.00	61.004	175.598	2.9756	178.535	699.473	16.83	59.354.712	330.414			
	177.563	401.814	16.98	61.000	175.789	2.9786	178.718	699.426	16.83	59.400.529	330.825			

仪表系数 Coefficient:	59.943.292 [1/m3]	分界流量点 BoundaryFlow Qt:	20% of Qmax				
介质压力 Medium Pressure:	699.429 [kPa (a)]	输入仪表系数 K-factor:	60000 $[l/m^3]$				
环境大气压 Atmospheric Pressure:	101.694 [kPa (a)]	加权平均误差 Weighted avg error:	0.02 [%]				
介质温度 Medium Temperature:	16.83 [℃]	示值误差 El: Qmin≤Q<Qt	0.84 [%]	重复性 Er:	Qmin≤Q<Qt	0.25 [%]	
湿度 Humidity:	24.24 [%]	Qt≤Q≤Qmax	0.97 [%]		Qt≤Q≤Qmax	0.18 [%]	
检定员 Verified by:		核验员 Inspected by:			第 1 页共 4 页	Page 1 of 4	

图 7.24 中高压环境下样机检定结果

按照国家标准检定规程规定，中高压管道环境下的流量计检定规程与常压下的检定规程相同。被检流量计仪表流量修正系数设置为60000，根据图7.22与图7.24所示的两种检定结果经分析可以得出的，常压管道环境下该流量计样机高流量区示值误差为0.42%，重复性误差为0.04%；低流量区示值误差为1.19%，重复性误差为0.15%。中高压管道环境下该流量计样机高流量区示值误差为0.97%，重复性误差为0.12%；低流量区示值误差为0.84%，重复性误差为0.25%。

从两种不同环境下的流量检定实验结果可以看出，本课题组设计的DN50双声道气体超声波流量计满足国标1.0级精度等级的要求。

7.5 本章小结

本章探讨了多声道气体超声波流量计硬件方面的各电路设计以及软件上的程序和模块设计，并以中高压气体管道环境DN50双声道气体超声波流量计样机和DN100多声道气体超声波流量计样机为例进行校准实验研究。实验表明：DN50双声道气体超声波流量计样机性能满足国标1.0级精度等级的要求；DN100多声道气体超声波流量计通过校正后检定实验结果发现，样机性能满足国标1.0级精度等级的仪表的要求。

8

超声波燃气表的实验与校准

8.1 超声波燃气表总体方案设计

本书研制的超声波燃气表具有测量精度高、系统功耗低等特点，选用微控制器 STM32L443VCT6 为核心，其内部功能模块集成度高、功耗极低，被广泛应用于智能化仪表领域；测时部分采用高精度时间数字转换芯片 TDC-GP22，内部集成了脉冲发生器、模拟输入电路与温度测量单元等功能，在模式 2 的测量范围内的最高测时精度可达 22 ps，满足流量测量精度所需，围绕上述芯片完成超声波燃气表的设计，微处理器电路设计框图如图 8.1 所示。

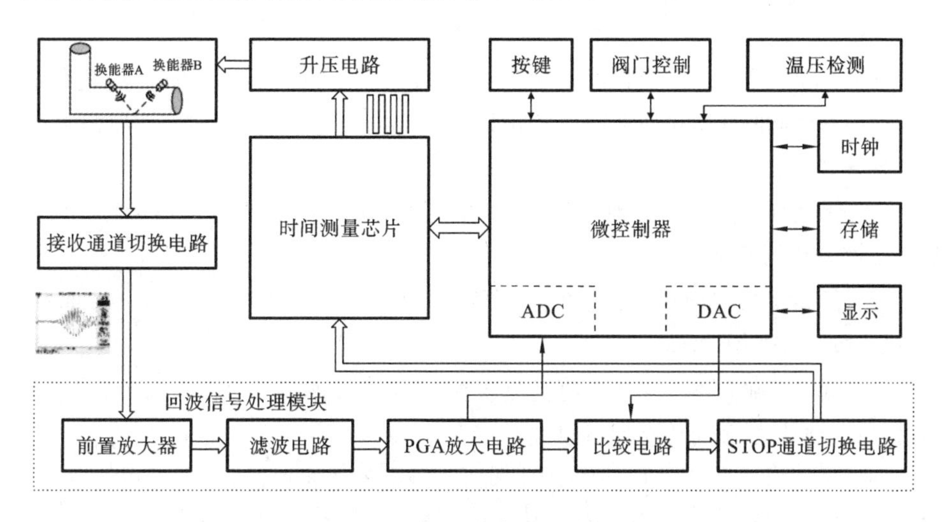

图 8.1 微处理器电路设计框图

超声波燃气表系统主要可以分为激励信号调理模块、回波信号处理模块、时间测量模块以及通用功能模块。

激励信号调理模块用于产生固定频率与脉冲方波信号，并通过升压电路提高其驱动能力后作用于发射换能器。

回波信号处理模块主要由前置放大器、滤波电路、PGA 放大电路、比较电路与 STOP 通道切换电路组成。前三部分电路主要用于回波信号幅值与信噪比的改善；比较电路实现动态阈值调整及过零点的检测；STOP 通道切换电路与接收通道切换电路则由软件控制开关切换时序，从而实现固定传播方向的回波信号产生与停止信号接收。

时间测量模块分别读取顺流、逆流条件下的超声波传播时间，进而求得所需气体流量。

通用模块主要包括按键、阀门控制、温压检测、时钟、存储、显示等外部功能。

8.2 系统硬件电路设计与实现

8.2.1 微处理器电路设计

本书选用微控制器 STM32L443VCT6 为超声波燃气表系统主控芯片，工作频率高达 80 MHz，其内部集成了高性能 Arm Cortex-M4 的 32 位 RISC 内核、内存保护单元(MPU)、高速嵌入式内存(高达 256 KB 的 Flash、64 KB 的 SRAM)与增强型 I/O 和外设，供电工作电压范围为 1.71～3.6 V，工作温度范围为 −40 ℃～125 ℃。

该芯片拥有休眠、低功耗运行、低功耗睡眠、停止、待机与关机等 6 种低功耗模式，通过大量的内部和外部时钟源选择、内部电压来实现自适应低功耗模式，各低功耗模式特性如下。

(1) 休眠模式：CPU 时钟关闭，核心外设 NVIC、SysTick 等可以运行，并在中断或事件发生时唤醒 CPU。

(2) 低功耗运行模式：时钟频率降低到 2 MHz 以下，代码从 SRAM 或闪存执行；稳压器处于低功率模式。

(3) 低功耗睡眠模式：仅低功耗运行模式可进入该模式，CPU 时钟停止被唤醒时，系统将恢复为低功耗运行模式。

(4) 停止模式：SRAM1、SRAM2 和所有寄存器内容保留，V_{CORE}域中的所有时钟停止，PLL、MSI、HSI16 和 HSE 被禁用，LSI 和 LSE 可以保持运行。

(5) 待机模式：V_{CORE}域停止供电，当 PWR_CR3 寄存器中的位 RRS 被清除时，主稳压器和低功率稳压器断电，V_{CORE}域中的所有时钟停止，PLL、MSI、HSI16

和 HSE 被禁用，LSI 和 LSE 可以保持运行。

（6）关机模式：V_{CORE} 域中的所有时钟停止，内部稳压器关闭，PLL、MSI、HSI16、LSI 和 HSE 均失效，当发生复位事件、触发事件（可配置成上升或下降沿触发模式）或唤醒时，设备退出关机模式，唤醒后的系统时钟为 MSI，频率为 4 MHz。

同时，该芯片提供多种模拟功能，包括 12 位分辨率 ADC、DAC，超低功率比较器，运算放大器，32 位定时器，RTC，SysTick 与看门狗等功能；其内部嵌入了多种标准通信接口，如 3 个 I^2C、2 个 SPI、3 个 USART、1 个低功耗 UART、1 个全速 USB 设备与一个单线协议总接口。除此之外，STM32L443VCT6 内部还包括一个实时时钟和一组在待机模式下保持供电的备份寄存器，内部集成 LCD 控制器有一个内置的 LCD 电压发生器，可以驱动多达 8×44 段 LCD，支持低功耗模式下的显示。

该微控制器基本外围电路包括 MCU 端口供电电路、MCU 晶振电路、系统复位电路、SWD 下载接口电路，如图 8.2 所示。

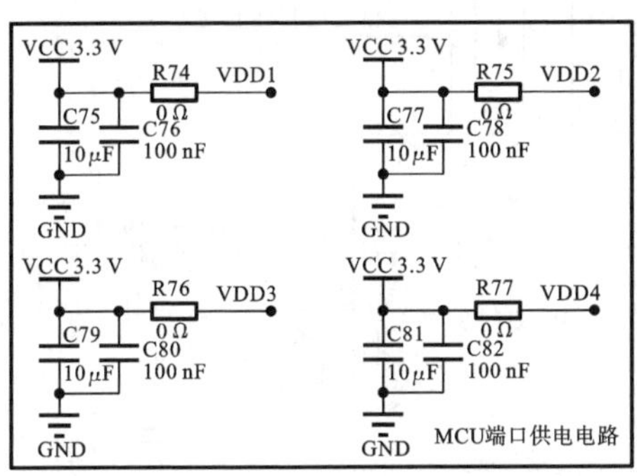

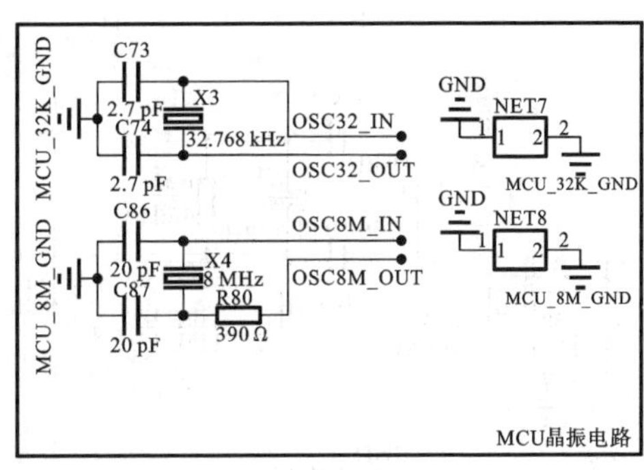

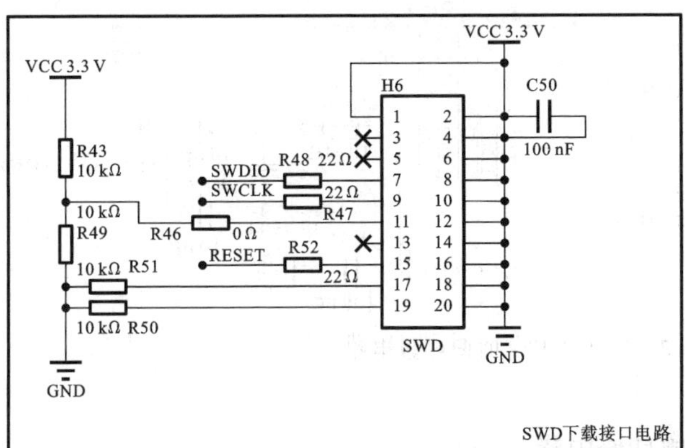

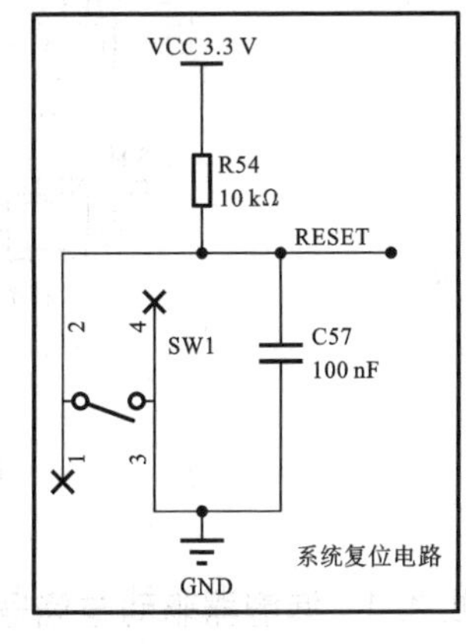

图 8.2 微控制器基本外围电路

8.2.2 TDC-GP22 时间测量电路

时间测量精度是决定超声波燃气表性能指标的关键因素，相较于工业用的大管径流道的气体超声波流量计，本课题组设计的超声波燃气表声程较短，超声波传播时间仅为微秒级，综合考虑多种测时方案的成本与功耗因素，最终选择ACAM公司研制的高精度时间数字转换芯片TDC-GP22，以实现皮秒级的测量分辨率。在5.1.2节我们讲述过本课题组利用TDC-GP22作为高精度测时芯片，在此不再赘述。TDC-GP22芯片内部结构框图可参见图5.1。

在该超声波燃气表系统设计中，TDC-GP22采用测量方式2进行高精度渡越时间检测，TDC-GP22时间测量电路如图8.3所示。

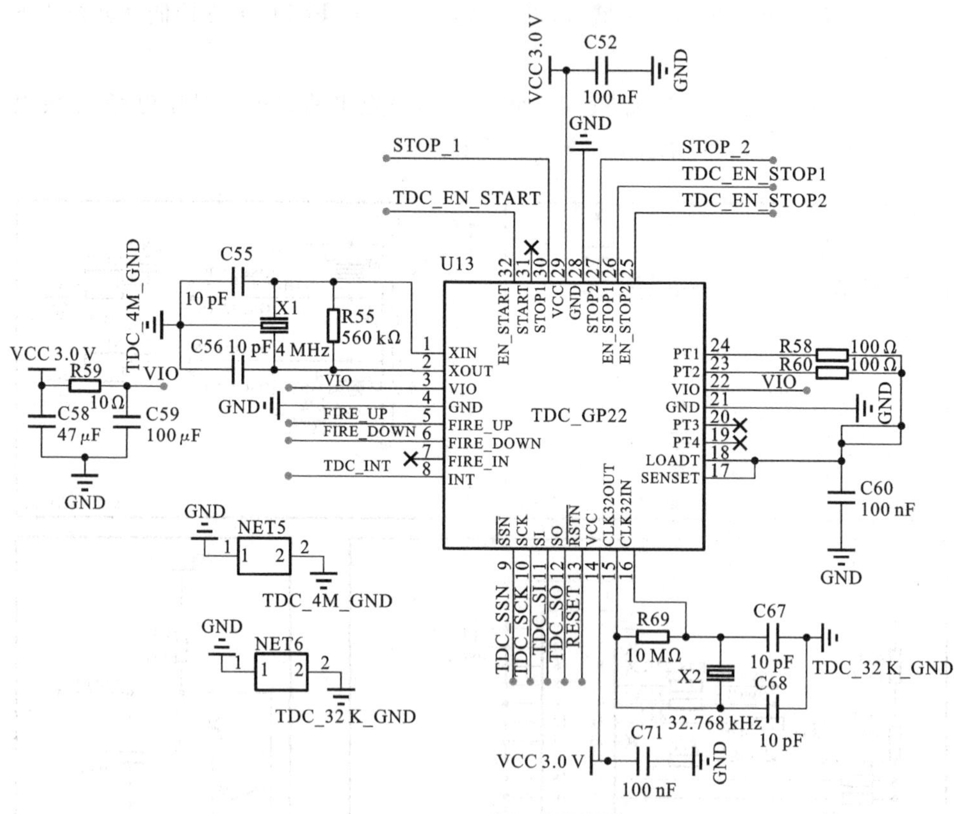

图 8.3 TDC-GP22 时间测量电路

8.2.3 换能器驱动与信号通道切换电路

在该超声波燃气表系统中，原始的激励信号由TDC-GP22产生，配置其寄存器0的值为0x88D4E800，得到频率为200 kHz的8个脉冲信号，此时激励信号的幅值仅为 3.3 V,不足以驱动换能器,故通过双路高速同相栅极驱动器 TPS2812 提高激励信号幅值,以获得更大的功率,该芯片最大上升/下降时间为 25 ns,最大传播延迟为 40 ns,信号的峰值电流可达 2 A。图 8.4 所示为换能器驱动电路,当进行上游渡越时间测量时,FIRE_UP 上的方波信号经升压后输出 12 V 方波信号 Signal_1,将该信号作用于发射换能器实现驱动后,接收换能器产生回波信号 Signal_2 并进入后级回波信号处理电路,未经后级电路处理的回波信号幅值仅为几十毫伏,故须经过后级回波信号放大滤波电路处理,以满足系统设计要求。

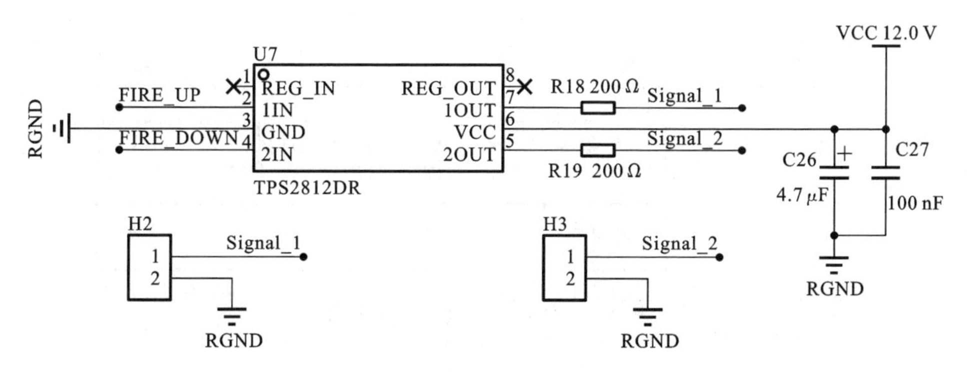

图 8.4 换能器驱动电路

该信号通道切换电路主要包括接收通道切换电路与 STOP 通道切换电路,如图 8.5 所示,其中 MAX4782 为双路 4 通道模拟开关,在 3.3 V 供电条件下的开关切换时间为 25 ns,最大导通电阻为 1 Ω,关断隔离为 −75 dB,通道间串扰为 −65 dB,泄漏电流为 500 pA,上述关键性指标可满足系统设计所需。图中 X、X1、X3 为回波信号接收通道,Y、Y1、Y3 为 STOP 信号输出通道,根据真值表对选择输入端 A、B 赋值以决定内部开关的连接状态,实现顺流、逆流方向上回波信号与

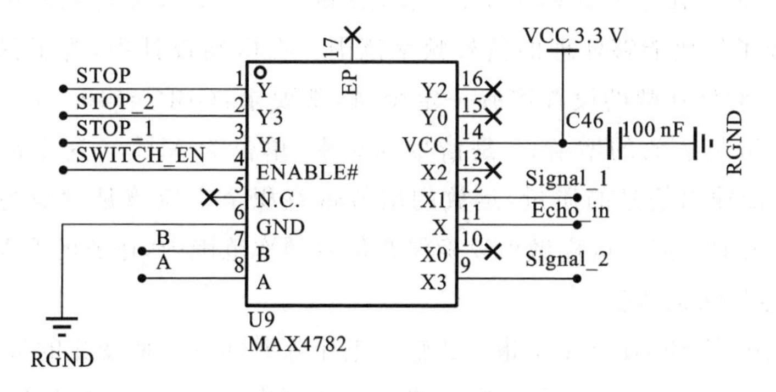

图 8.5 信号通道切换电路

STOP通道切换。

8.2.4 回波信号处理电路

本课题组研制的超声波燃气表的回波信号处理电路由回波信号放大滤波模块与STOP信号检测模块组成,如图8.6所示。原始接收回波信号幅值极为微弱,同时还叠加大量的噪声信号,故须通过回波信号放大滤波模块得到幅值理想、信号质量较高的回波信号;STOP信号检测模块使用双路比较电路得到多路信号脉冲,最终得到超声波信号传播时间。

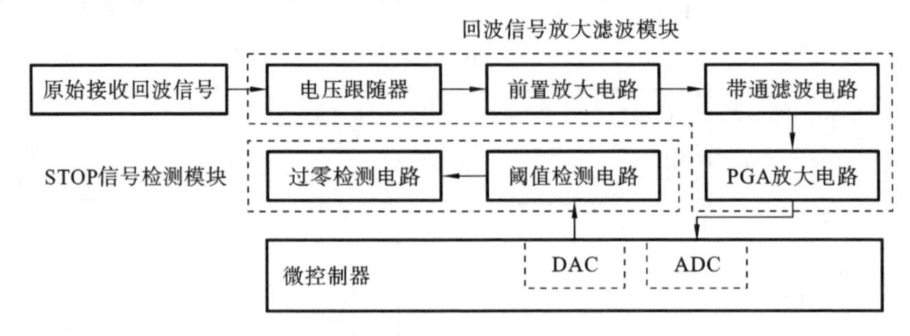

图8.6 回波信号处理电路框图

回波信号放大滤波模块包括电压跟随器、前置放大电路、带通滤波电路与PGA放大电路。该部分的核心器件为运算放大器(简称运放),选择合适的运放是保证信号放大不失真的前提,其主要的交流特性参数如下。

(1) 增益带宽积GBP:增益带宽积反映了运放的放大能力和频率响应特性,它是指运放的开环增益与频率响应之间的乘积,代表了运放在不同频率下的放大能力。在低频时,运放的开环增益可以非常高,但随着频率的增加,其增益会逐渐下降。当频率达到增益带宽积时,运放的开环增益下降至1。因此,增益带宽积限制了运放在不同频率下的最大增益和带宽。增益带宽积的单位为赫兹(Hz),代表了运放能够处理的信号频率范围。在电路设计中,为了保证输出信号的质量应对该参数的设置留有一定余量,常要求:$GBP \geqslant (10 \sim 100) \times gain \times f$。其中gain是运放的增益;$f$是信号的频率,单位为MHz。这个准则的意义是,为了保证输出信号的质量,运放的增益带宽积至少应该是增益与信号频率乘积的10至100倍。这样做可以确保在信号频率范围内,运放的增益不会下降到影响信号质量的程度。

(2) 压摆率SR:压摆率是指运放输出电压随时间变化而变化的最大速率,通常以伏特/微秒(V/μs)为单位。它反映了运放对快速变化信号的处理能力,即运放能够以多快的速率响应输入信号的变化。压摆率与增益带宽积成正比,因为增益带宽积越大，运放能够处理的频率范围就越广，从而能够更快速地响应输入信号的变化。因此，增益带宽积和压摆率两者在一定程度上相互关联，共同影响着运放的信号处理能力。在电路设计中常要求：$SR \geqslant 2\pi f \cdot V_{om}$，其中 V_{om} 为信号的最大峰值电压。

(3) 开环增益 OLG：开环增益是指在运放未加任何反馈的情况下，从运放输入端到输出端的电压放大倍数，它是运放在开环状态下的放大能力的度量，通常以电压增益(V/V)或分贝(单位为 dB)为单位。开环增益的高低直接影响着运放的放大能力，高开环增益意味着运放能够实现更大的电压放大，但也可能伴随着稳定性和噪声等方面问题的出现。因此，在实际应用中，设计人员需要综合考虑开环增益、稳定性和噪声等因素，选择合适的反馈网络来调节运放的放大性能。

(4) 电源纹波抑制比 PSRR：电源纹波抑制比是指运放在抑制电源纹波方面的性能。电源纹波是指叠加在直流电源上的交流信号，它可能来自电源本身的波动或其他干扰源。电源纹波抑制比的高低反映了运放对电源纹波的抑制能力，即其输出中所包含的电源纹波的程度。较高的电源纹波抑制比意味着运放能够更有效地抑制电源纹波，从而减少输出信号中的干扰成分。在实际应用中，电源纹波抑制比的高低对于系统的稳定性和性能至关重要，特别是在对电源质量要求较高的应用中。

(5) 噪声密度 V_n：噪声密度是指运放输出信号中噪声的功率谱密度，它是噪声在频率域上的分布特性。噪声密度的大小反映了运放输出信号中噪声成分的丰富程度，即输出信号中所包含的噪声功率与频率的关系。较低的噪声密度意味着运放的输出信号中噪声成分较少，其噪声性能较好。在实际应用中，噪声密度是评估运放性能的重要指标之一，特别是在对信号质量要求较高的精密仪器和通信系统中。

在本课题中，由于原始接收回波信号幅值极为微弱且信号频率较高，故对运放的噪声密度、增益带宽积、压摆率等参数有较为严格的要求，同时考虑到超声波燃气表为锂电池供电系统，运放的静态电流也是需要考虑的重点。根据各方面因素综合考量，最终选择 ADI 公司的低噪声双路精密运放 AD8606 作为信号处理电路的核心器件。该运放的单电源供电范围为 2.7～5.5 V，失调电压 V_{OS} 最大值为 65 μV，输入偏置电流 I_b 最大值为 1 pA，噪声密度 V_n 为 8 nV/$\sqrt{\text{Hz}}$，增益带宽积 GBP 为 10 MHz，压摆率 SR 为 5 V/μs，开环增益为 120 dB，共模信号抑制比 CMRR 为 100 dB，电源纹波抑制比 PSRR 为 95 dB，轨到轨的输入/输出方式为信号的输入/输出提供了更宽的电压范围。

在信号进入放大滤波电路处理之前需在其输入端接入电压跟随器，电压跟随器的输入阻抗高，一般为兆欧级，输出阻抗仅为几十欧姆，为避免前后级电路阻抗不匹配导致的信号能量损耗问题，常在运放前接入电压跟随器，以实现信号的缓冲与隔离，电压跟随器电路如图 8.7 所示。

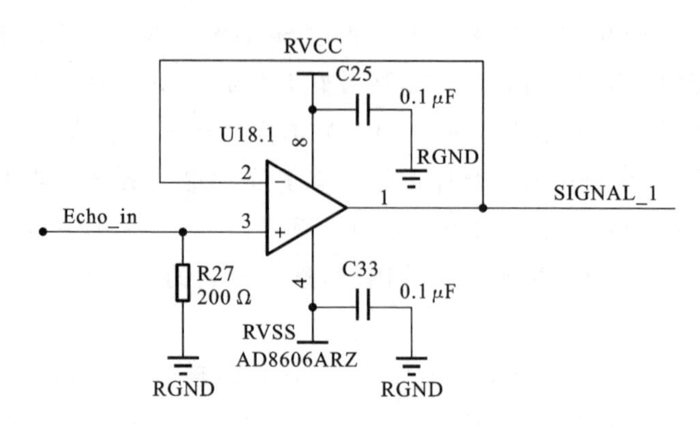

图 8.7　电压跟随器电路

本课题组设计的带通滤波器由前置放大器、低通滤波器与高通滤波器三部分组成，该部分电路如图 8.8 所示。电压跟随器后端的微弱回波信号与反向输入二阶低通滤波器相连，为实现前置放大功能，使得其固定信号增益 $G=-R_{20}/R_{23}$，R_{20} 为反馈电阻，与并联电容 C_{24} 构成低通滤波器，其通带截止频率 $f=1/2\pi C_{24}R_{20}$，以此提高初始回波信号幅值，滤除信号中的高频噪声。同时考虑到超声波燃气表使用的换能器谐振频率为 200 kHz，为抑制各频段噪声对回波信号信噪比的影响，还需采用高通滤波器电路来抑制中低频干扰信号，二阶切比雪夫高通滤波器在通带和阻带中都有较为陡峭的过渡区域，从而能够在频率选择性要求较高的情况下提供较好的性能，其幅频特性如图 8.9 所示，通过参数的合理调整可与前

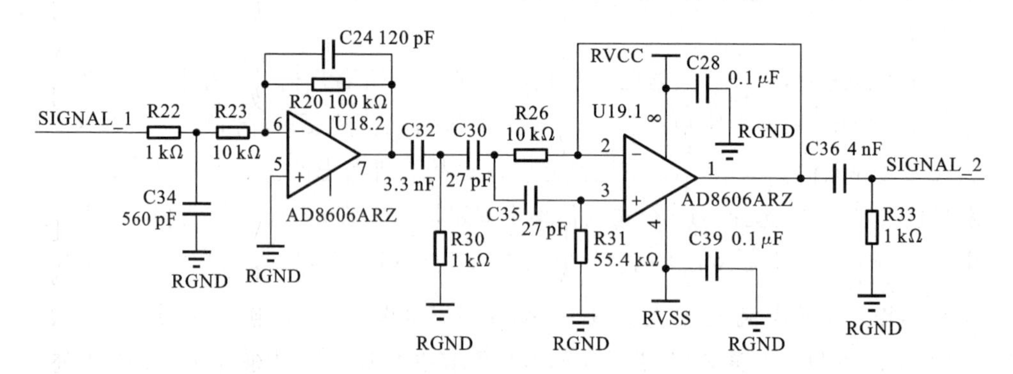

图 8.8　带通滤波器电路

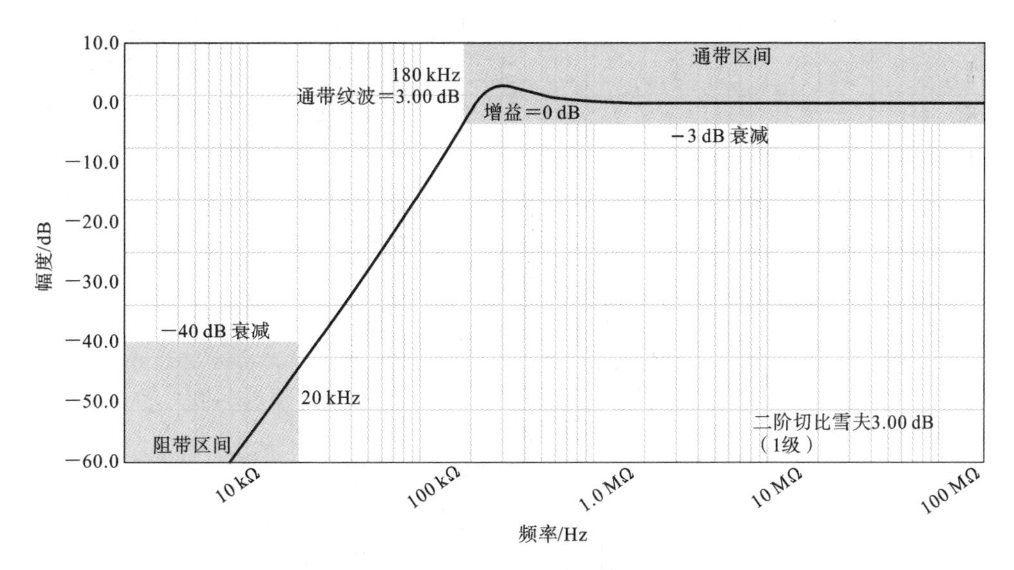

图 8.9 高通滤波电路幅频特性

级低通滤波器电路达到较好的滤波效果。

回波信号经过前级电路进行放大滤波处理后，其幅值与信噪比均得到相应提升，但此时回波信号的幅值仍无法满足后续电路处理需要，受增益带宽积与压摆率等参数限制，超过范围的信号放大倍数会导致输出信号频率响应衰减与波形截断，回波信号的严重失真导致系统无法正确识别特征波到达时间，影响流量计测量精度，故还需设计 PGA 放大电路对回波信号幅值进行处理，以达到测量电路对信号幅值的要求。PGA 放大电路如图 8.10 所示，MCP41100 数字电位器阻值为 100 kΩ，通过 SPI 通信改变抽头值，回波信号增益 $G=-R_B/R_A$。同时为满足主控芯片 ADC 模块的有效信号采集幅值范围，需对双极性回波信号进行电位抬升，使得回波信号整体均位于零电压之上并表现为单极性信号，放大后的输出回波信号经无源 RC 高通滤波电路处理后进入信号电位抬升电路输入端，回波信号进入 AD8605 正向输入端以此叠加在 1.1 V 的直流信号上，经回波处理电路后的信号幅值与信噪比大幅提升，是后续流量高精度测量的基础。

STOP 信号检测模块在 5.2 节已详细介绍，这里不再赘述。

STOP 信号检测模块电路设计如图 8.11 所示。其中，TLV3202 为双通道比较器，该器件的输入失调电压为 5 mV，传播延迟为 40 ns，每个通道的静态电流为 40 μA，具有轨到轨输入、低偏移电压、高输出驱动电流和快速响应等特性；SN74LV123AD 为双通道可再触发单稳态多谐振荡器，其传播延迟为 13 ns，静态电流为 5 μA，灌电流与拉电流均为 12 mA，其延时时间 $t_w=K\cdot R\cdot C$，由外部电容与定时电阻决定；SN74AUP2G08DCU 为双通道**与**门，其传播延迟为 5.9 ns，静

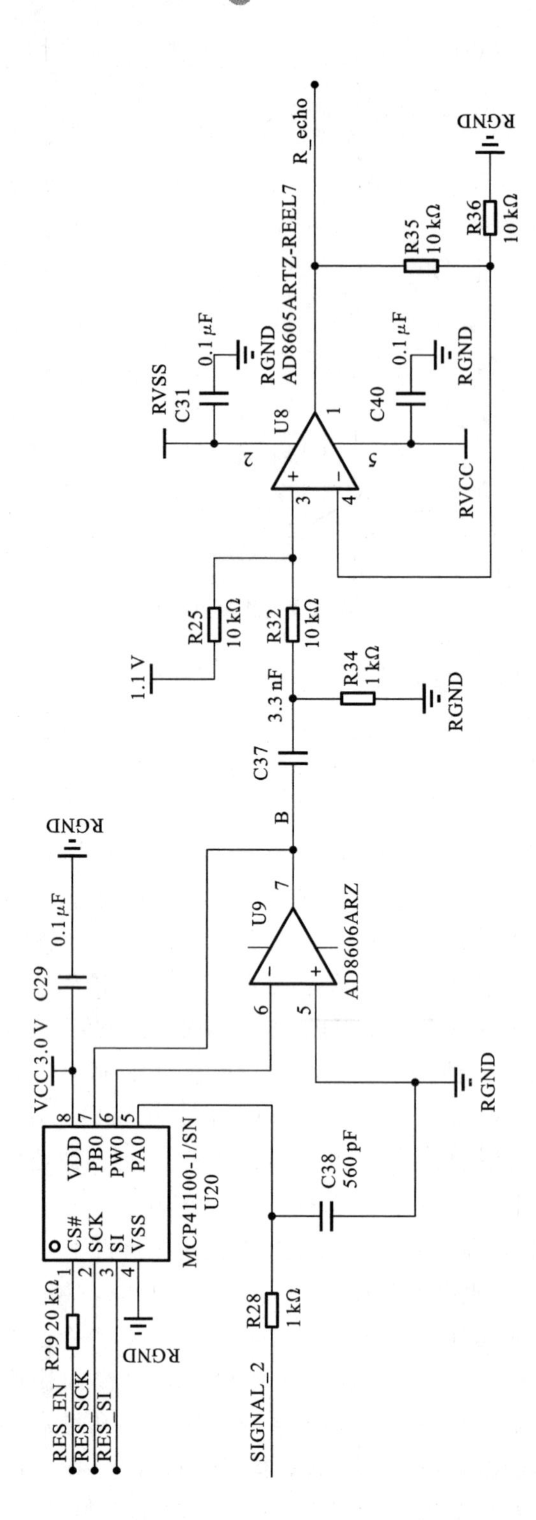

图 8.10　PGA 放大电路

态电流为 0.9 μA，具有低动态功耗、低输入电容与低噪声等特性，内置施密特触发器电路允许缓慢的输入转换与更高的开关噪声抗扰度。当进行测量时，将 START 信号接入多谐振荡器引脚 2，调节外部延时电路参数，使得在振荡器引脚 4 处输出经 160 μs 延时后的 Q 信号，用于后续回波信号有效成分的截取，从而屏蔽回波信号到达之前的随机干扰。随后将**与**门引脚 7 信号上升沿作为延时电平触发条件，得到 30 μs 高电平延时信号，与过零比较信号 Out2 相**与**，最终经处理输出 Out 信号，实现 STOP 信号与回波信号的相位对齐。

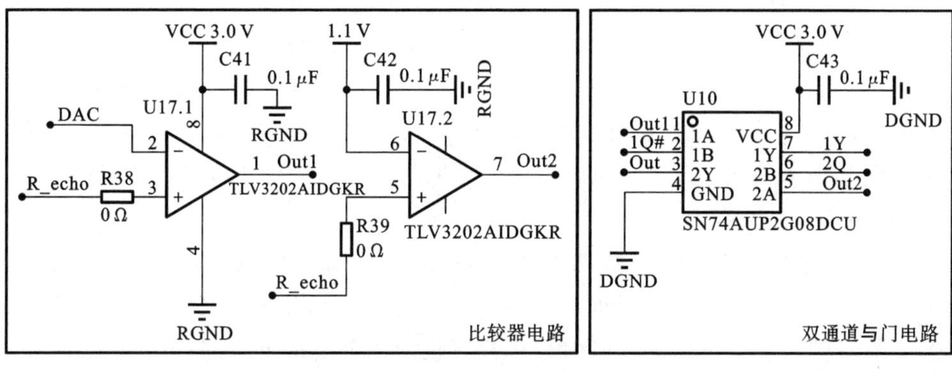

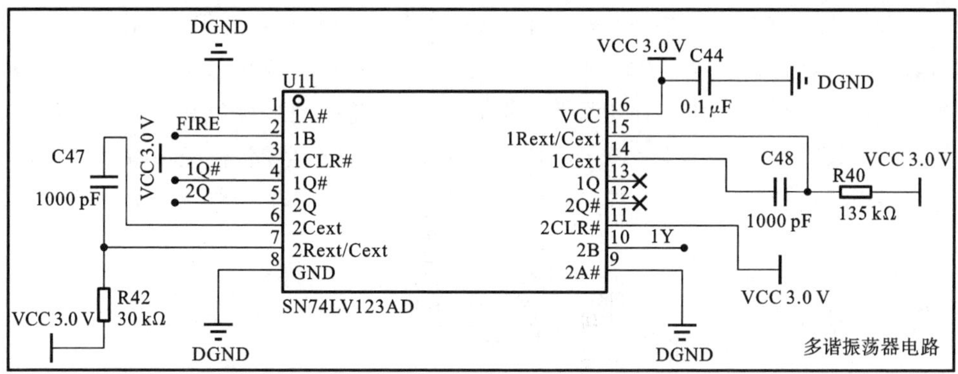

图 8.11 STOP 信号检测模块电路图

8.2.5 电源供电电路

电源是电路中至关重要的组成部分，它直接影响着电路中元件的工作状态和性能，在设计电路时，需要充分考虑电源的输出特性，以确保电路能够正常、稳定地工作。在该设计中电源供电可分为以下几部分：主控部分、激励信号调理部分、回波信号处理部分与渡越时间测量部分。其中，主控部分由微控制器、LCD 显示、存储、按键、实时时钟、内部 USB 虚拟串口通信等部分组成，属于系统通用模块部分，相较于微弱信号处理电路，该部分电路在电源供电波动范围、电磁干扰屏蔽、信号传输损耗等方面要求较低。激励信号调理部分能够对输入的低压激励信号进行处理，输出驱动能力更强的高压脉冲信号，这一过程中电压和电流会出现较大的突变，从而影响其供电电源与输出电压的稳定性。回波信号处理部分主要为微弱回波信号的放大滤波，电源输出电压的稳定性和抑制噪声性能直接影响着信号处理过程中的回波信号噪声比，性能优异的低噪声电源是有效提取与处理回波信号的保证。渡越时间测量部分是保证超声波燃气表流量计量精度的关键，该部分核心器件为时间数字转换芯片 TDC-GP22，其内部复杂的数字模拟混合结构能高效完成对微弱模拟信号的处理，高电容性、低电感性的电源在保证信号采样期间电压稳定性的同时，还满足了芯片在高速工作时快速响应电流的需求，从而实现超声波燃气表所需的高精度渡越时间测量。因此，对以上电路实施独立的电源供电模块，有效降低各模块间的电源耦合，从而最大限度地提高整个系统各模块的工作稳定性与兼容性。

各部分电源供电电路系统如图 8.12 所示，主控部分与激励信号调理部分采用 3.3 V 电源供电，回波信号处理部分中的回波信号放大滤波模块为±2.5 V 双电源供电，涉及数字电路的 STOP 信号检测模块与渡越时间测量部分均采用 3.0 V 电源供电。在本设计中，为满足超声波燃气表系统整体功耗规范，系统供电采用低功耗线性稳压芯片 TPS78001，该芯片输出电压稳定、输出效率高、噪声低；系统中的回波信号处理部分对电源噪声要求极高，故选择超低噪声和低静态电流信号芯片 FT531EA、TC1219/20 与 TPS72325 完成该部分电路，避免电源噪声对回波信号质量的影响；同时，为进一步保证系统低功耗，只有主控电源部分是始终提

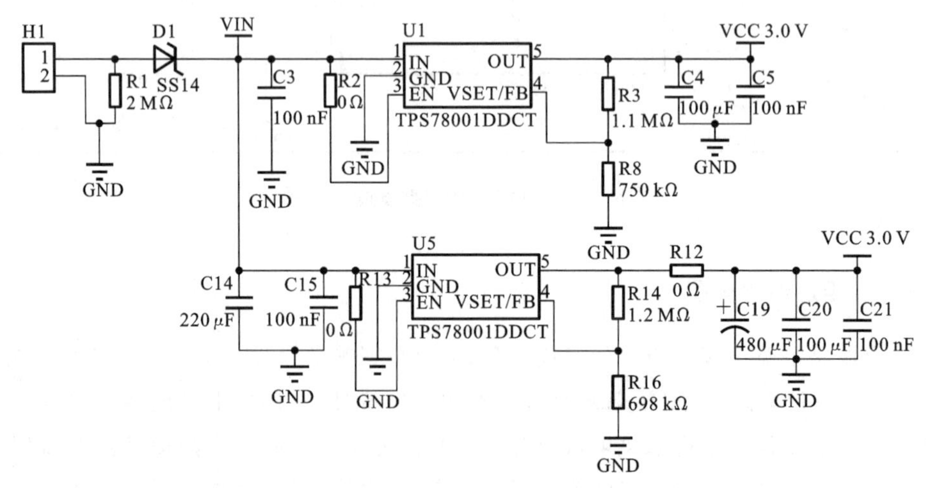

(a) 3.3 V与3.0 V供电电源

图 8.12 电源供电电路

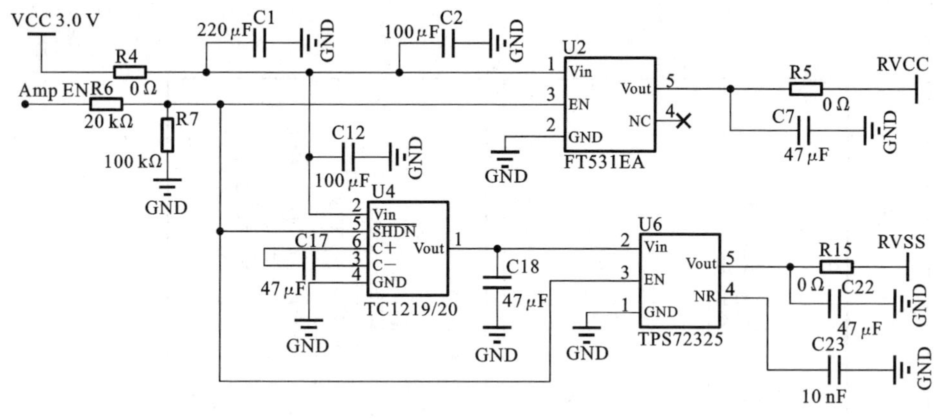

（b）回波信号处理电路供电

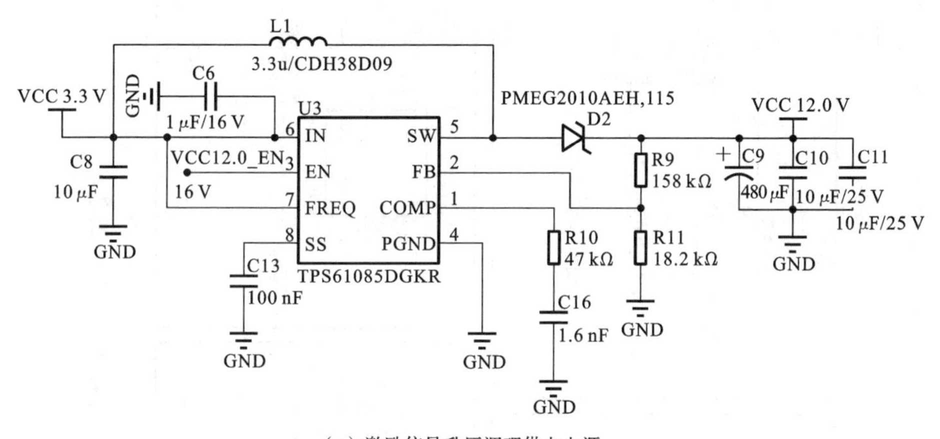

（c）激励信号升压调理供电电源

续图 8.12

供的，其他模块供电则以超声波燃气表工作流程为时序，完成各路模块的使能控制以降低系统整体功耗。

8.2.6　其他外围电路

超声波燃气表系统其他外围电路由内部 USB 虚拟串口通信模块、存储模块、LCD 显示模块、温压测量模块、RTC 实时时钟模块与按键等模块组成，电路设计如图 8.13 所示。其中，内部 USB 虚拟串口通信模块完成超声波燃气表系统的测量数据回传；存储模块用于当前系统运行参数的记录与历史流量测量数据的保存；LCD 显示模块使用内置 LCD 控制器，选择升压转换器供电方案，可通过软件实现对比度调节；温压测量模块采用 I^2C 通信协议，以数字输出信号上传环境温度、压力至主控芯片；RTC 实时时钟为 STM32 内部集成功能，外接备用电源实现

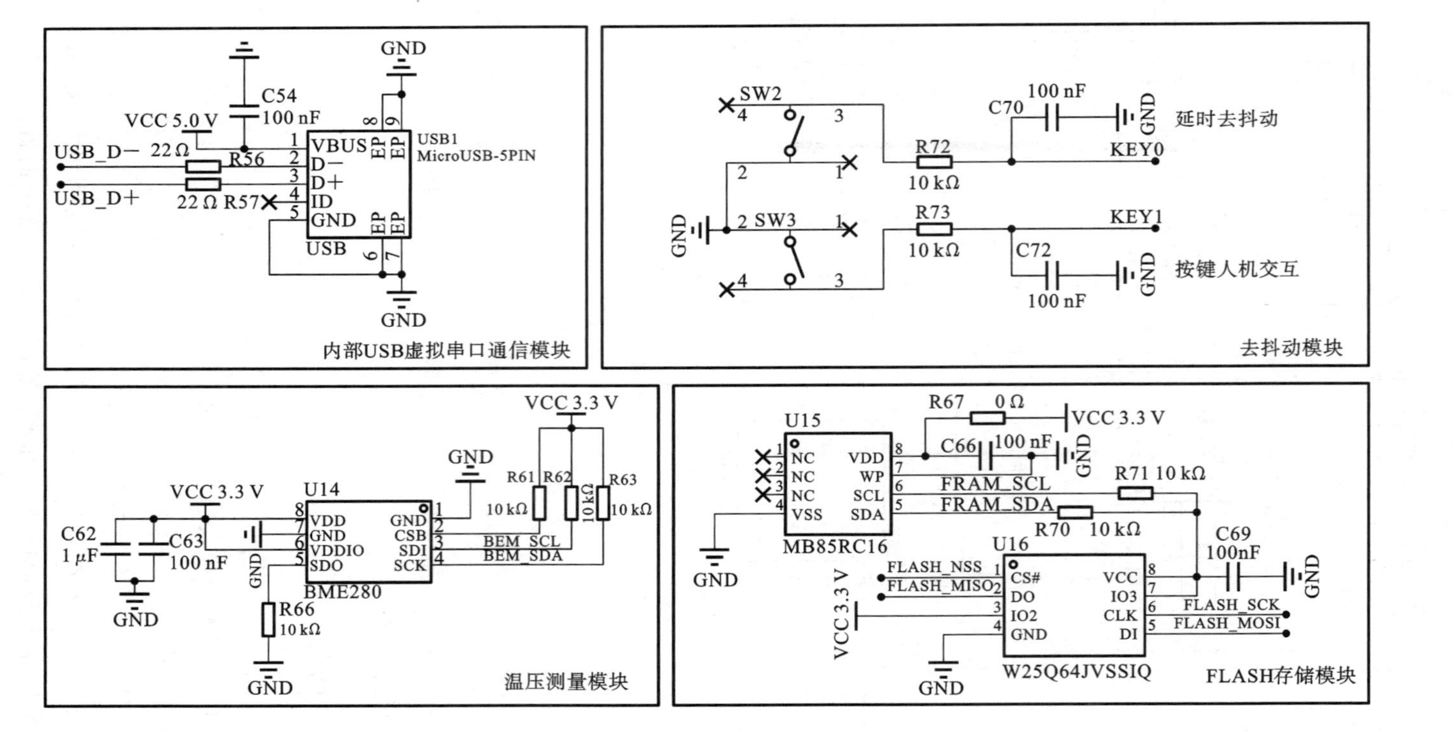
内部USB虚拟串口通信模块
USB1
MicroUSB-5PIN
VCC 5.0 V
USB_D−
USB_D+
C54
100 nF
R56
R57
22 Ω
VBUS
D−
D+
ID
GND
EP
USB
去抖动模块
延时去抖动
按键人机交互
SW2
SW3
KEY0
KEY1
C70
C72
R72
R73
10 kΩ
100 nF
GND
温压测量模块
U14
BME280
VDD
GND
VDDIO
SDO
CSB
SDI
SCK
VCC 3.3 V
C62
1 μF
C63
R61
R62
R63
R66
BEM_SCL
BEM_SDA
FLASH存储模块
U15
MB85RC16
NC
VSS
WP
SCL
SDA
U16
W25Q64JVSSIQ
CS#
DO
IO2
VCC
IO3
CLK
DI
R67
0 Ω
C66
C69
100nF
R70
R71
FRAM_SCL
FRAM_SDA
FLASH_NSS
FLASH_MISO
FLASH_SCK
FLASH_MOSI

图 8.13 其他外围电路

掉电时间数据保护,根据中断信号完成系统时间更新、单次流量测量等功能;人机交互按键采用延时去抖动设计,通过按键输出信号读取完成超声波燃气表功能选择与参数设定。

8.2.7 硬件实物图

基于上述硬件电路设计,完成超声波燃气表硬件实物安装,如图 8.14 所示。

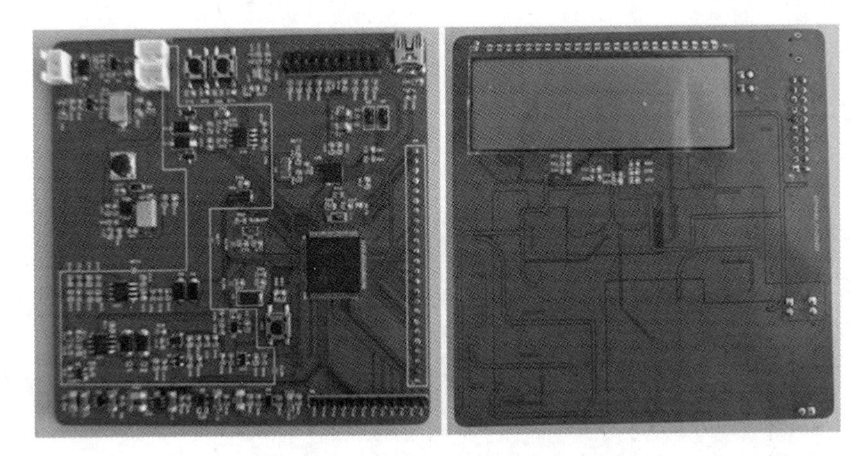

图 8.14 超声波燃气表硬件实物图

8.3 系统软件设计与实现

在 8.2 节完成的超声波燃气表系统,通过对低功耗微控制器、低功耗传感器等元件的选择,有效地在硬件层面实现了系统的低功耗设计。本节将基于以上硬件电路,在保证超声波燃气表测量精度与性能的前提下,实现系统低功耗软件设计。其软件设计主要可以分为:低功耗程序设计、回波信号特征点定位方法实现以及流量测量程序设计。

8.3.1 低功耗程序设计

本书设计的超声波燃气表使用场景为户用燃气测量,燃气使用多集中在早中晚三个时间段,依据这一特性将系统运行模式分为工作模式与低功耗模式。在工作模式下,燃气为正常使用阶段,该情况下系统一次完整的测量周期为 1 s,而在低功耗模式下,一次完整的测量周期为 4 s,两种模式的切换以 TDC-GP22 测量的顺流、逆流时差数据值为判断条件,当该值大于静态范围内回波信号传播时差设定值时,说明燃气管道内有气体通过,系统进入工作模式;反之,系统进入低功耗运行模式。

为提高超声波燃气表系统运行的稳定性、降低系统运行功耗，本书依据流量测量所需将系统软件划分为多个功能模块，以时序为依据完成各功能模块之间的调度。

本系统程序可依次划分为9个部分，具体功能如下。

(1) 系统测量初始化：配置系统测量所需的运行参数，开启主控模块电源供电。

(2) 回波信号采集：完成对换能器的激励，对接收到的回波信号完成数据采集。

(3) 回波信号处理：根据前文的离散信号相关性设定电压阈值，得到超声波信号传播时差值。

(4) 按键扫描：读取按键输入信号值完成仪表数据显示与工作模式切换。

(5) 流量数据显示：对瞬时流量数据进行滤波，并在LCD上显示累计流量值。

(6) 数据存储：记录系统运行参数与历史流量数据查询。

(7) 系统低功耗模式：关闭多余外设与部分电源使能，进入低功耗运行模式。

(8) 系统低功耗运行唤醒：使用RTC定时中断唤醒处于低功耗运行模式下的主控芯片，随即进入系统初始化，完成下阶段的流量测量任务。

(9) 电压余量检测：电源电压低于电源检测器所设阈值时，系统立即停止流量测量任务并进入复位状态。

系统低功耗软件设计流程图如图8.15所示，系统主程序与定时中断唤醒、外部中断源共同完成多模块任务调度工作。图8.15(a)所示的主流程在开启定时中断时，进入图8.15(b)所示的定时中断流程；定时中断流程到达外部中断时，进入图8.15(c)所示的外部中断流程。当外部中断流程中断返回时，则返回到定时中断流程；当定时中断流程中断返回时，则返回到主流程。

8.3.2 回波信号特征点定位方法实现

本书针对影响回波信号传播时间测量的因素进行了分析，同时为提高超声波燃气表系统的流量测量精度，需保证回波信号到达定位特征点的稳定选取，故提出了基于离散信号相关性的回波信号动态阈值研究方法，通过大量实验数据验证了该方法的可行性。依据回波信号检测方法的工作原理，其功能可划分为回波信号峰值提取、基于离散信号相关性的回波信号动态阈值设定，以及多路STOP信号过零检测。

本书采用STM32L443系列微控制器，设置采样频率为5.3 MHz，即在一个回波周期内完成26个数据点采集，并通过二次插值获取回波信号峰值。基于离

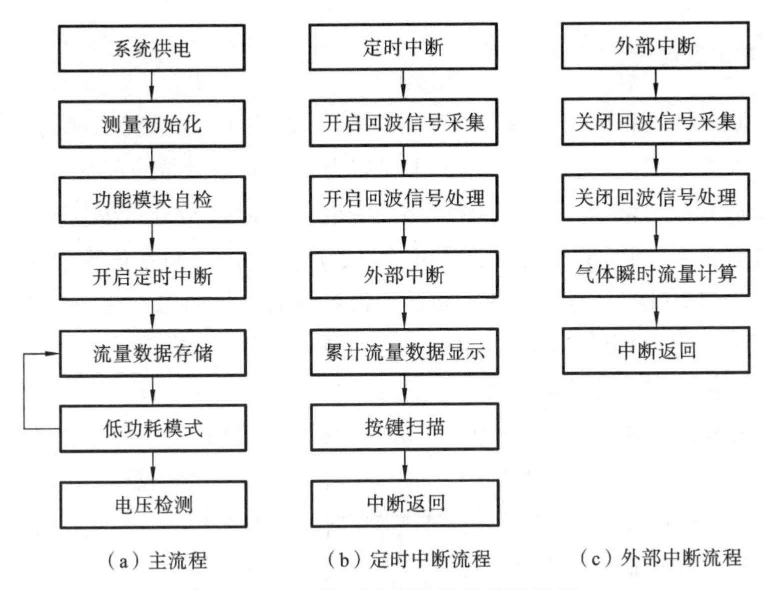

图 8.15 系统低功耗软件设计流程图

散信号相关性的回波信号动态阈值设定方法针对接收回波信号特性，选取了区分度较好的静态回波信号基准波峰组，其与动态回波信号波峰组波形的相关性表征了两者之间的匹配程度，动态阈值设定为动态回波信号对应波峰的中间电压值，并由 DAC 模块产生，最终接入双阈值检测电路，用于多路 STOP 信号的产生。多路 STOP 信号过零检测方式降低了系统测量功耗，在单次传播时间测量中增加了回波信号到达时刻测量次数，滤除了叠加在回波信号上的噪声对过零时刻的误触发，提高了系统的测时精度与稳定性。超声波燃气表的回波信号特征点定位方法流程图如图 8.16 所示。

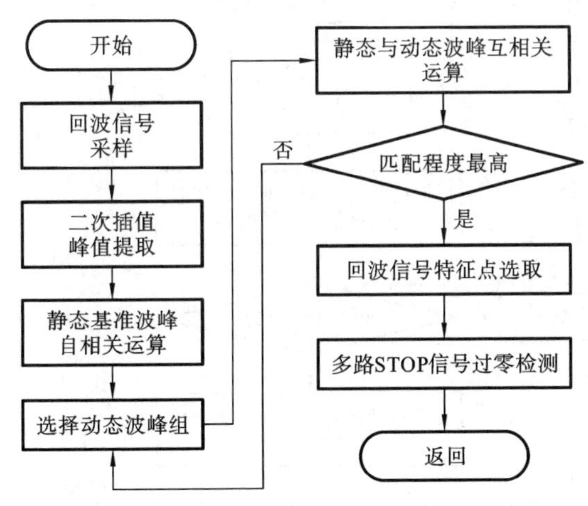

图 8.16 回波信号特征点定位方法流程图

8.3.3 流量测量程序设计

超声波燃气表系统流量测量流程图如图 8.17 所示，在系统完成初始化后，系统默认进入工作模式，一次完整的工作周期为 1 s，有效测量时间为 100 ms，进入定时中断后系统开启流量测量任务，该任务包括激励信号升压模块的使能、换能器驱动通道切换、回波信号接收通道切换与超声波传播时间差计算等。在系统的测量次数达到 20 次后，得到了单声道超声波燃气表管道内的 10 组回波信号顺流、逆流传播时间差，系统对以上 10 组数据进行滤波处理，完成管道内瞬时流量的计算。始动流量对应的传播时差约为 1.75 ns，将该值作为系统时差设定值，当对 10 组时差数据汇总处理后的值小于该值时，说明燃气使用量变化缓慢，系统进入低功耗运行模式，调整一次完整的工作周期为 20 s，完成数据汇总工作后，系统进入

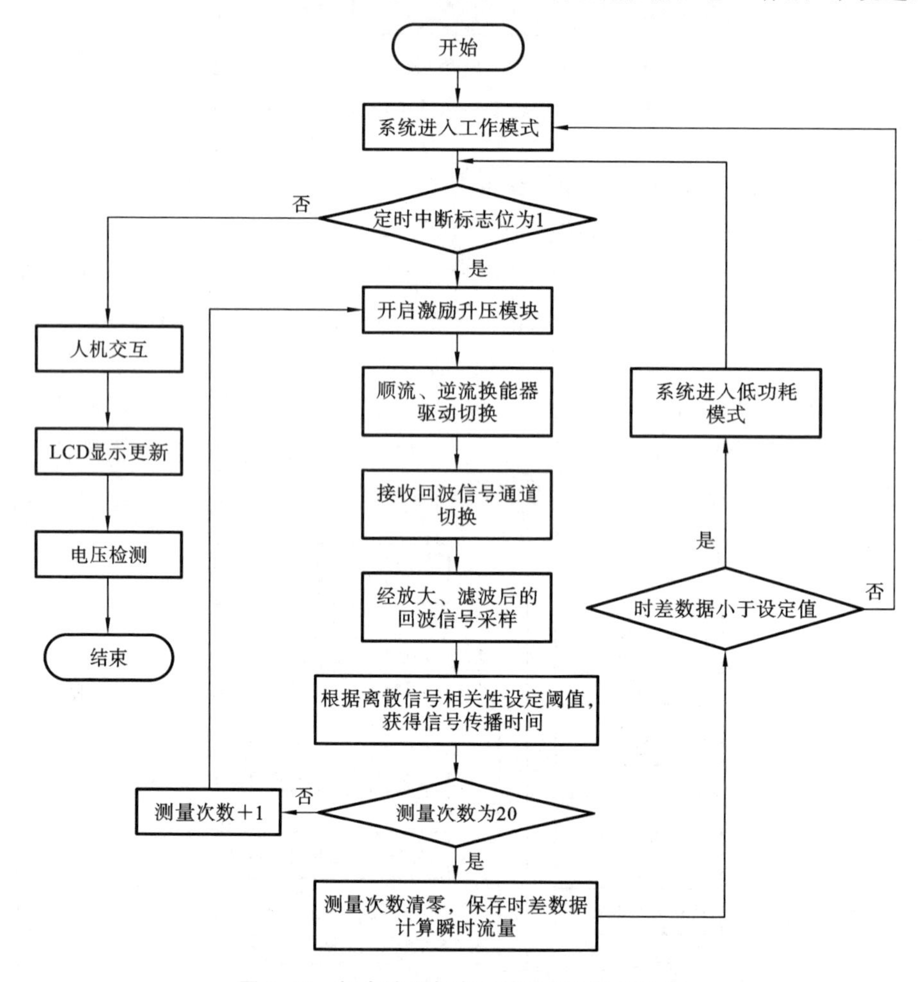

图 8.17 超声波燃气表系统流量测量流程图

休眠状态。在一次完整的工作周期中，系统的有效测量时间约为 100 ms，测量时的工作电流与静态电流分别约为 14 mA、20 μA。假设一天中系统处于工作模式的时长为 3 h，则该模式下的有效测量时间为 10800 s，低功耗模式下的有效测量时间为 378 s，休眠模式为 84942 s，一天的功耗约为 6.142 mA·h，系统使用 4 节碱性电池供电，总电池容量为 14 A·h，经计算系统的电池更换时间可超过 6 年，满足系统设计的低功耗要求。

8.4 超声波燃气表企业校准实验研究

8.4.1 检定要求

根据 G2.5 型超声波燃气表设计目标，其测量精度可达国标 1.5 级精度等级标准。《JJG 1190—2022　超声波燃气表检定规程》对国标 1.5 级精度等级超声波燃气表计量性能指标做出了明确规定，具体性能指标如表 8.1 所示。

表 8.1　国标 1.5 级精度等级超声波燃气表性能指标

性能指标	性能要求
量程范围	$0.025\ m^3/h(q_{min}) \leqslant q \leqslant 4\ m^3/h(q_{max})$
分界流量点	$q_t = 0.4\ m^3/h$
始动流量	$q_s = 0.00625\ m^3/h$
最大允许误差	$q_{min} \leqslant q \leqslant q_t$: ±3%　$q_t \leqslant q \leqslant q_{max}$: ±1.5%
重复性误差	$q_{min} \leqslant q \leqslant q_t$: 1%　$q_t \leqslant q \leqslant q_{max}$: 0.6%

表 8.1 中，q_{min} 为超声波燃气表的相对误差在小流量区间内满足性能指标的最小流量点；q_{max} 为超声波燃气表的相对误差在大流量区间内满足性能指标的最大流量点；q_t 为分界流量点，取值为 $0.1q_{max}$；q_s 为始动流量值，是允许超声波燃气表开始计量的最小流量点，只有当瞬时流量值超过始动流量值时，系统才会开启累计流量计量，从而有效避免了细微紊乱气流对计量结果的不利影响，其取值为 $0.25q_{min}$。

8.4.2 检定实验装置

本书采用钟罩式气体流量标准检定装置完成对超声波燃气表的性能测试，其精度等级为国标 0.1 级，标称容积为 100 L，最大检定流量为 6 m^3/h。检定实验装置主要由钟罩、风机、流量校验台、漫反射光电开关与上位机五部分组成，检定装置如图 8.18 所示。钟罩式气体流量标准检定装置的原理为：当装置开始检定时，根据超声波燃气表检测流量点的不同，上位机控制气体钟罩抬升到相应的标准气体容积刻度处，随即打开对应的流量点阀门，此时钟罩内气体以一定流速通过流量检验台流经超声波燃气表，上位机则通过漫反射开关的输出信号状态对钟罩起始位置与结束位置刻度进行编码，通过编码值可获取气体钟罩输出的标准气体流量值，比较该值与被检燃气表的流量测量值差异即可确定被检燃气表的性能指标。

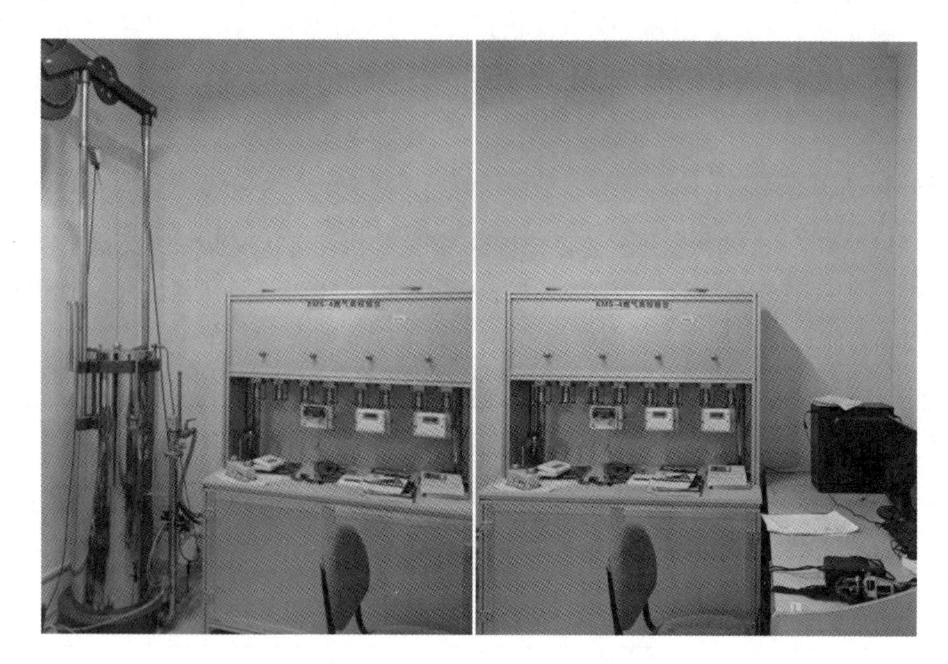

图 8.18 钟罩式气体流量标准装置

8.4.3 检定方法与流程

1. 检定方法

超声波燃气表系统受压电换能器安装效应、流体分布适应性、噪声信号干扰、工作环境温度与压力波动等因素影响，使得超声波燃气表系统测得的气体累计流量值与燃气实际消耗值会出现一定偏差，前文依靠理论分析与仿真实验对流量计算公式进行了优化，但依然无法达到所要求的流量测量精度。因此，需引入仪表流量修正系数来反映测量瞬时流量值与标准装置实际值之间的转换关系，可表示为

$$q_e = K \times q \tag{8.1}$$

式中：q 为被检表流量测量值；q_e 为标准装置实际流量输出值；K 为仪表修正系数。理论上应该在超声波燃气表的全量程范围内，对每个流量点进行标定实验，以获

取该点对应的仪表修正系数,然而这对检定装置的精度等级与气体输出稳定性要求极高,在实际应用中实现难度极大。结合超声波燃气表测量数据分析与检定规程要求可知,低流量区内的仪表流量修正系数波动大于高流量区,故因在低流量区选择较多流量点进行流量检定实验,流量点分布越密集,仪表流量修正系数分段拟合结果越接近真实值,为此选择 q_{min}、$2q_{min}$、$3q_{min}$、$4q_{min}$、$5q_{min}$、$7.2q_{min}$、$10q_{min}$、$12q_{min}$、q_t、$0.15q_{max}$、$0.2q_{max}$、$0.3q_{max}$、$0.4q_{max}$、$0.7q_{max}$、q_{max}这 15 个典型流量点进行流量测量实验,得到对应流量点仪表流量修正系数为

$$K_i=\frac{q_{ei}}{q_i} \tag{8.2}$$

式中:K_i 为第 i 个流量点对应的仪表流量修正系数;q_{ei} 为第 i 个流量点标准装置实际流量输出值;q_i 为第 i 个流量点被检表流量测量值。

再使用分段线性拟合法完成全流量测量范围内的仪表流量修正系数取值,以完成 K 值的修正,假设已完成检定流量点 q_b、q_c 的仪表流量修正系数 K_b、K_c 已知,q_a 介于上述两流量点之间,则其仪表流量修正系数 K_a 可表示为

$$K_a=K_{bc}\times(a-b)+K_b=\frac{K_c-K_b}{c-b}(a-b)+K_b \tag{8.3}$$

式中:K_{bc}为流量点 b、c 之间的仪表流量修正系数斜率。由此,超声波燃气表全流量测量范围内的仪表流量修正系数分段拟合完成,被检表流量测量值近似于标准装置输出流量值。根据《JJG—1190—2022 超声波燃气表检定规程》规定,超声波燃气表的相对示值误差为

$$E_i=\frac{1}{n}\sum_{j=1}^{n}E_{ij}=\frac{1}{n}\sum_{j=1}^{n}\frac{q_{ij}-(q_e)_{ij}}{(q_e)_{ij}}\times 100\% \tag{8.4}$$

式中:E_i 为检定第 i 个流量点时被检仪表总体相对示值误差;E_{ij} 为第 i 个检定流量点第 j 次检定时被检仪表单次相对示值误差;q_{ij} 为第 i 个检定流量点第 j 次检定时被检燃气表显示的瞬时流量值;$(q_e)_{ij}$ 为第 i 个检定流量点第 j 次检定时标准装置的输出流量值。

超声波燃气表的重复性误差为

$$(E_r)_i=\left[\frac{1}{(n-1)}\sum_{j=1}^{n}(E_{ij}-E_i)^2\right]^{\frac{1}{2}} \tag{8.5}$$

$$E_r=[(E_r)_i]_{max} \tag{8.6}$$

式中:$(E_r)_i$ 为第 i 个检定流量点的重复性误差。超声波燃气表的低流量区和高流量区重复性如式(8.6)所示,以上相对示值误差与重复性误差计算结果必须满足表 8.1 中对国标 1.5 级精度等级超声波燃气表计量性能指标要求。

2. 检定流程

依据《JJG—1190—2022 超声波燃气表检定规程》规定,利用钟罩式气体流量

标准装置完成超声波燃气表流量标定，该表的流量测量范围为 0.025～4 m³/h，选取 0.025 m³/h、0.05 m³/h、0.075 m³/h、0.1 m³/h、0.125 m³/h、0.18 m³/h、0.25 m³/h、0.3 m³/h、0.4 m³/h、0.6 m³/h、0.8 m³/h、1.2 m³/h、1.6 m³/h、2.8 m³/h、4.0 m³/h 共计 15 个流量标定点，完成燃气表相对示值误差与重复性误差测试，具体实验步骤如下。

(1) 将超声波燃气表安装在标准装置的流量校验台上，关闭入气口阀门后无气体通过，完成静态条件下超声波燃气表的抗干扰性能测试，可提高后期动态测试计量精度。

(2) 通过上位机控制流量检验台相应流量阀门开启，使得标准装置以最大检定流量 q_{max} 稳定运行一段时间后，开始对该流量点进行检定，标准装置每输出 80 L 气体就完成对一次大流量点的检定，每个流量点需进行 10 次检定工作，上位机自动保存该流量点的 10 组单次相对示值误差与被检表流量测量值，最后由式(8.2)求出该点的仪表流量修正系数 K_i。

(3) 将起始仪表流量修正系数 K_{Start} 应用到流量测量程序中，依次对 4.0 m³/h、2.8 m³/h、1.6 m³/h、1.2 m³/h、0.8 m³/h、0.6 m³/h、0.4 m³/h、0.3 m³/h、0.25 m³/h、0.18 m³/h、0.125 m³/h、0.1 m³/h、0.075 m³/h、0.05 m³/h、0.025 m³/h 等 15 个流量点各进行 10 次标定实验，绘制各点的示值误差曲线，并由式(8.2)与式(8.4)求出相应流量点的单次示值误差 $E_{i1}, E_{i2}, \cdots, E_{i10}$ 和仪表流量修正系数 $K_{i1}, K_{i2}, \cdots, K_{i10}$，取 10 次仪表流量修正系数平均值，作为该流量点的最终仪表流量修正系数 $K_i=(K_{i1}+K_{i2}+\cdots+K_{i10})/10$，由此得到全部流量标定点的仪表流量修正系数 $K_{4.0}, K_{2.8}, \cdots, K_{0.025}$。

(4) 将步骤(3)中计算得到的仪表流量修正系数 $K_{4.0}, K_{2.8}, \cdots, K_{0.025}$ 应用到流量测量程序中，重复步骤(3)中的检定流程对上述 15 个流量点进行测量，对每个检定流量点进行 3 次测量，分别记录 3 次测量实验的相对示值误差，由式(8.5)、式(8.6)计算各流量点的重复性误差 $(E_r)_{4.0}, (E_r)_{2.8}, \cdots, (E_r)_{0.025}$，对比相对示值误差、重复性误差与表 8.1 中的性能指标要求，对不合格的流量点进行再次修正。

8.4.4 超声波燃气表检定结果与分析

1. 仪表流量系数修正

根据 8.4.3 节中检定流程的步骤(3)，分别对 0.025 m³/h～4 m³/h 之间的 15 个检定流量点进行计量精度测试，记录每个流量点的 10 组示值误差数据与重复性误差数据，检定结果如表 8.2 所示。分析表中数据可知，在相对示值误差方面，其值与国标 1.5 级精度等级超声波燃气表性能指标要求相差甚远，特别是在

0.025 m^3/h 流量点的误差竟高达－16.514%。

表 8.2　未修正的超声波燃气表检定结果

检定流量点/(m^3/h)	相对示值误差 E_i/(%)
4	2.181
2.8	2.253
1.6	1.366
1.2	1.372
0.8	1.747
0.6	1.342
0.4	1.774
0.3	1.436
0.25	－1.202
0.18	－1.431
0.125	－3.319
0.1	－5.329
0.075	－8.592
0.05	－12.397
0.025	－16.514

以表 8.2 中未修正的超声波燃气表测试结果为依据，重复步骤(3)完成仪表流量系数修正，绘制 15 个检定流量点的仪表流量修正系数曲线如图 8.19 所示。

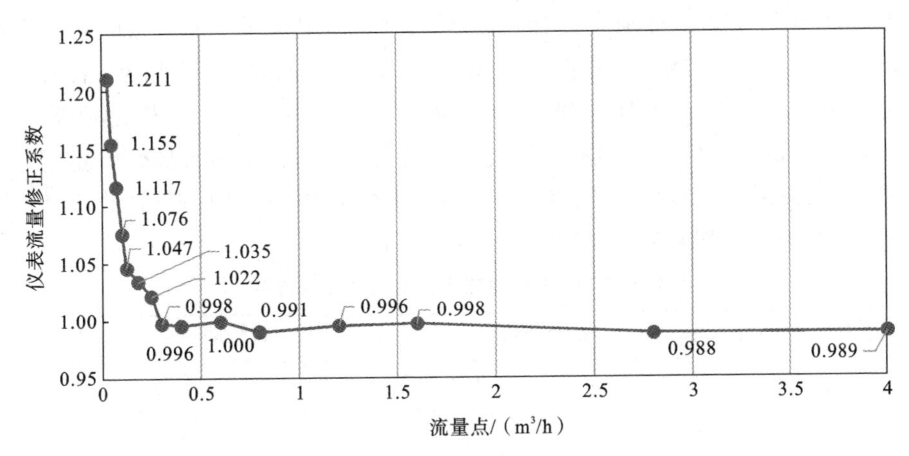

图 8.19　仪表流量修正系数曲线图

2. 相对示值误差与重复性测试

1）静态流量测试

依据《JJG—1190—2022 超声波燃气表检定规程》规定，当流过超声波燃气表管道内的流量未超过计量始动流量 q_s 时，仪表不会将该部分气体计入累计流量值，设置该超声波燃气表始动流量 $q_s=0.00625\ m^3/h$，选择同一日的 8:00、12:00 与 17:00 三个时间点，每点进行 3 次静态流量测试，实验结果如表 8.3 所示。

表 8.3 超声波燃气表静态流量测试结果

测量次数	标准装置输出流量/(m^3/h)	被检表测量流量/(m^3/h)
1	0	0
2	0.001	0
3	0.002	0
4	0.003	0
5	0.004	0
6	0.0045	0
7	0.005	0
8	0.0055	0

分析表 8.3 的数据可知，当标准装置输出流量小于设置的超声波燃气表始动流量时，被检表的流量测量值均为零，由此说明，本课题组研制的超声波燃气表有较强的零点漂移抑制性，可有效降低仪表的计量误差，进而满足相关设计要求。

2）动态流量

依据 8.4.3 节超声波燃气表检定流程，将 15 个流量检定点的仪表流量修正系数 $K_{4.0}$，$K_{2.8}$，…，$K_{0.025}$ 分别应用于流量测量程序中，记录每个流量点的 3 次测量结果如表 8.4 所示，当检定流量位于 0.4 ～4 m^3/h 之间时，超声波燃气表的最大相对示值误差与最大重复性误差分别为 1.345%、0.392%，当检定流量位于 0.025～0.3 m^3/h 之间时，超声波燃气表的最大相对示值误差与最大重复性误差分别为 2.213%、0.823%，对比表 8.1 中相关指标要求，本课题组研制的超声波燃气表符合国标 1.5 级精度等级要求对仪表的标准。

表 8.4 修正后的超声波燃气表检定结果

检定流量点/(m^3/h)	相对示值误差 E_i/(%)	重复性误差$(E_r)_i$/(%)
4	1.104	0.225
2.8	1.169	0.341
1.6	1.156	0.189

续表

检定流量点/(m^3/h)	相对示值误差 E_i/(%)	重复性误差$(E_r)_i$/(%)
1.2	1.209	0.247
0.8	1.345	0.316
0.6	1.324	0.392
0.4	1.329	0.329
0.3	1.134	0.443
0.25	1.021	0.468
0.18	0.931	0.608
0.125	1.503	0.627
0.1	2.124	0.734
0.075	1.993	0.691
0.05	2.197	0.786
0.025	2.213	0.823

8.5　本章小结

本章完成了以低功耗微控制器 STM32L443 为核心的超声波燃气表设计，从成本、功耗、设计规范等角度出发，对电子元件进行严格选型，完成了对时间测量电路、压电换能器激励电路、信号选通电路、回波信号处理等功能模块的设计。

同时，为降低系统运行功耗，以系统时差测量值作为判断依据，实现程序内时差测量的频率切换，设置系统进入低功耗的一次测量周期为 20 s，一天的功耗约为 6.142 mA・h，对整机功耗进行测试，数据表明超声波燃气表系统的电池使用时间可超过 6 年，满足系统性能设计要求。

本章介绍了本课题组研制的超声波燃气表需满足的性能指标，阐述了最大示值误差与重复性误差的相关定义；其次，完成仪表流量修正系数的分段线性拟合后，采用钟罩式气体流量标准检定装置进行仪表标定实验，结果表明本课题组研制的超声波燃气表相关性能指标均满足国标 1.5 级精度等级的要求。

参考文献

[1] 范德成,张修凡.基于PSO-BP神经网络模型的中国碳排放情景预测及低碳发展路径研究[J].中外能源,2021,26(8):11-19.

[2] 史新云.降低天然气管道交接计量误差的技术探讨[J].中国石油和化工标准与质量,2019,39(20):243-244.

[3] 常宏岗,段继芹.中国天然气计量技术及展望[J].天然气工业.2020,40(1):110-118.

[4] 刘丹丹.多声道超声波气体流量测量若干问题的研究[D].杭州:浙江大学,2017.

[5] AIE. Developing a natural gas trading hub in Asia[M]. Paris:International Energy Agency:2015.

[6] Honggang Chang,Jiqin Duan. Natural gas measurement technology system and its prospect in China[J]. Natural Gas Industry B,2020,7(4):370-379.

[7] Mahmood Farzaneh-Gord, Hamid Reza Rahbari. An intelligent approach for calculating natural gas compressibility factor and its application in ultrasonic flow meters[J]. Flow Measurement and Instrumentation,2020,76:101833.

[8] Mahmood Farzaneh-Gord, Ahmad Arabkoohsar, Ricardo N N Koury. Novel natural gas molecular weight calculator equation as a functional of only temperature, pressure and sound speed[J]. Journal of Natural Gas Science and Engineering,2016,30:195-204.

[9] Yuan Pingfan, Renjia, Hemin. The present traceability hierarchy of natural gas measurement in china and it's prospect[C]//Anon. International Conference on Flow Measurement: Proceedings of the 12th International Conference on Flow Measurement. S. L:China Institute of Measurement and Testing,2004,159-162.

[10] Ilea P E, Stoica A. Some aspects of quality and risk management in natural gas measurement[J]. IOP Conference Series: Materials Science and Engineering,2020,749:12-16.

[11] 郝长富,韩洁. 超声波流量计在天然气贸易结算的应用[J]. 煤气与热力,2010,30(8):31-33.

[12] 胡红亮. 超声传感精密测量方法及应用研究[D]. 杭州:浙江大学,2013.

[13] 李柏松. 相位差超声波流量计的研制[D]. 哈尔滨:哈尔滨工程大学,2009.

[14] 薛四敏,朱万美,李连星,等. 合理利用天然气的途径[J]. 煤气与热力,2006(9):27-30.

[15] 王中元,罗东坤,王刚,等. 中国天然气利用业务的发展规律与展望[J]. 天然气工业,2014,34(10):121-127.

[16] 北京市计量检测科学研究院,重庆市计量质量检测研究院,浙江省计量科学研究院. GB 55009—2021 燃气工程项目规范[S]. 北京:中国建筑工业出版社,2021.

[17] 叶朋,陶朝建,潘友艺,等. 城市天然气计量仪表选型及技术现状[J]. 城市燃气,2012(12):16-20.

[18] 梁国伟,蔡武昌. 流量测量技术及仪表[M]. 北京: 机械工业出版社, 2006: 13-23.

[19] American Gas Association. A. G. A. Report No. 9: measurement of gas by multipath ultrasonic meters[R]. Houston: American Gas Association, 1998.

[20] Anon. Measurement of fluid flow in closed conduits-methods using transit time ultrasonic flowmeters[R]. S. L. :ISO,1998.

[21] Marco Dell'Isola, Mauro Cannizzo, Matteo Diritti. Measurement of high pressure natural gas flow using ultrasonic flowmeters[J]. Measurement, 1997, 20 (2):75-89.

[22] 邱立存, 王汝琳. 超声波气体流量测量系统的实现[J]. 传感器与微系统, 2006, 25(1): 47-49.

[23] 彭汉立. 流量计的性能及发展现状[J]. 中国设备工程, 2006, (3): 12-14.

[24] 张琳. 韩国昌民技术有限公司多声道超声流量计应用服务在中国[J]. 石油化工自动化, 2003,(4):79-80.

[25] 武文辉. 浅析气体流量计在天然气工业中的应用前景[J]. 大众科技,2005(11):180-179.

[26] 季涛. 时差法多声道气体超声波流量计的研究[D]. 杭州:浙江大学,2017.

[27] 宋志函. 基于超声测量专用芯片的超声燃气表研制[D]. 成都:电子科技大学,2024.

[28] Svilainis L, Chaziachmetovas A, Dumbrava V. Half bridge topology 500 V pulser for ultrasonic transducer excitation[J]. Ultrasonics,2015,59: 79-85.

[29] 中国计量科学研究院，国家原油大流量计量站成都天然气流量分站. JJG 1030—2007 超声流量计检定规程 [S]. 北京：中国质检出版社，2007.

[30] 北京市计量检测科学研究院，重庆市计量质量检测研究院，浙江省计量科学研究院. JJG 1190—2022 超声燃气表检定规程[S]. 北京：中国标准出版社，2022.

[31] Sakhavi N, Nouri N M. Performance of novel multipath ultrasonic phased array flowmeter using Gaussian quadrature integration[J]. Applied Acoustics, 2022, 199: 109004.

[32] 聂建华. 压电换能器一致性筛选技术及隔声体设计方法研究[D]. 天津：天津大学，2009.

[33] Arnold F J, Battilana R B, Aranda M C. Dynamic frequencies correction in piezoelectric transducers using genetic algorithms[J]. Physics Procedia, 2015,70: 901-904.

[34] Ghasemi N, Abedi N, Mokhtari G. Real－time method for resonant frequency detection and excitation frequency tuning for piezoelectric ultrasonic transducers[C]//Anon. 2016 Australasian Universities Power Engineering Conference Proceedings: Proceedings of the Power Engineering Conference. Australasian Universities: IEEE, 2016: 1-5.

[35] 刘春龙. 压电式超声波换能器测试方法的研究与设计[D]. 哈尔滨：哈尔滨工业大学，2017.

[36] Passoni M, Petrini N, Sanvito S, et al. Real-time control of the resonance frequency of a piezoelectric micromachined ultrasonic transducer for airborne applications[C] //Anon. 2021 IEEE International Ultrasonics Symposium Proceedings: Proceeding of International Ultrasonics Symposium. S. L. IEEE, 2021: 1-4.

[37] 王刚，魏小源，黄玲，等. 钢轨检测压电超声换能器宽频阻抗匹配研究[J]. 电子测量技术，2023，46(1)：57-64.

[38] L C Lynnworth, Yi Liu. Ultrasonic flowmeters: half-century progress report, 1955—2005 [J]. Ultrasonics, 2006, 44, e1371-e1378.

[39] 陈思. 压电换能器动态性能仿真研究[D]. 杭州：浙江大学，2016.

[40] 张雨. 换能器幅相一致性测试系统[D]. 哈尔滨：哈尔滨工程大学，2018.

[41] 张伦. 面向耐高压换能器的低功耗气体超声波流量变送器研制[D]. 合肥：合肥工业大学，2020.

[42] 刘细宝，钟利民，郁涛，等. 流量计用超声波探头的研制[J]. 声学与电子工程，

2020(01):13-15.

[43] Luca A, Marchiano R, Chassaing J C. Numerical simulation of transit-time ultrasonic flowmeters by a direct approach[J]. IEEE Transactions on Ultrasonics, Ferroelectrics, and Frequency Control, 2016, 63(6): 886-897.

[44] Chen D, Cao H, Cui B. Study on flow field and measurement characteristics of a mall-bore ultrasonic gas flow meter[J]. Measurement and Control, 2021, 54(5-6): 554-564.

[45] Zhao H, Peng L, Stephane S A, et al. CFD aided investigation of multipath ultrasonic gas flow meter performance under complex flow profile [J]. IEEE Sensors Journal, 2013, 14(3): 897-907.

[46] Chen Guoyu, Liu Guixiong. Performance evaluation and analysis of a new flow conditioner based on CFD[C] // Anon. 2018 International Conference on Materials Science and Engineering:Proceedings of the IOP Conference. S. L. :IOP Publishing Ltd. , 2018, 394(3): 32-49.

[47] 金超,杨鸣. 超声波流量计关于矩形流道的研究设计[J]. 现代科学仪器, 2019 (4): 15-18.

[48] 厉胜男. 气体超声波流量计流场分析及整流器设计[D]. 成都:电子科技大学, 2021.

[49] Li Lei, Zheng Xiya, Gao Yang, et al. Experimental and numerical analysis of a novel flow conditioner for accuracy improvement of ultrasonic gas flowmeters[J]. IEEE Sensors Journal, 2022, 22(5): 4197-4206.

[50] Zhao Huichao, Peng Lihui, Takahashi Takahashi, et al. CFD-aided investigation of sound path position and orientation for a dual-path ultrasonic flowmeter with square pipe [J]. IEEE Sensors Journal, 2014, 15 (1): 128-137.

[51] Weissenbrunner A, Fiebach A, Schmelter S, et al. Simulation-based determination of systematic errors of flow meters due to uncertain inflow conditions[J]. Flow Measurement and Instrumentation, 2016, 52: 25-39.

[52] Mousavi S F, Hashemabadi S H, Jamali J. Calculation of geometric flow profile correction factor for ultrasonic flow meter using semi-3D simulation technique[J]. Ultrasonics, 2020, 106: 106165.

[53] 何明昊,杨鸣. 超声波燃气表矩形流道的雷诺修正系数仿真研究 [J]. 宁波大学学报(理工版),2021,34(2):25-30.

[54] Zheng Dandan, Mei Jianqiang, Mao Yang, et al. Signal processing method

for flight time measurement of gas ultrasonic flowmeter[C] //Anon. 2021 IEEE International Instrumentation and Measurement Technology Conference (I2MTC) Proceedings: Proceedings of International Instrumentation and Measurement Technology Conference. S. L. : IEEE, 2021: 1-6.

[55] Li Weihua, Chen Qiang, Wu Jiangtao. Double threshold ultrasonic distance measurement technique and its application[J]. Review of Scientific Instruments, 2014, 85(4):044905-044905-10.

[56] 汪伟，徐科军，方敏，等. 一种气体超声波流量计信号处理方法研究[J]. 电子测量与仪器学报，2015，29(9)：1365-1373.

[57] Fang Z, Hu L, Mao K, et al. Similarity judgment-based double-threshold method for time-of-flight determination in an ultrasonic gas flowmeter[J]. IEEE Transactions on Instrumentation and Measurement, 2017, 67(1): 24-32.

[58] Zheng D, Mei J, Mao Y, et al. Signal processing method for flight time measurement of gas ultrasonic flowmeter[C]//Anon. IEEE International Instrumentation and Measurement Technology Conference Proceedings: 2021 IEEE International Instrumentation and Measurement Technology Conference (I2MTC). S. L. IEEE:2021: 1-6.

[59] 马也驰，赵伟国，章圣意. 基于回波信号相似度的气体超声流量计动态阈值法研究[J]. 计量学报，2022，43(4)：482-488.

[60] 冯伦宇，张志君，李跃忠，等. 基于静态峰值分布的超声波回波信号检测方法研究[J]. 中国测试，2023，49(1)：43-49.

[61] 沈子文，徐科军，方敏，等. 基于能量变化率的气体超声波流量计信号处理方法[J]. 仪器仪表学报，2015，36(9)：2138-2144.

[62] Tian Lei, Xu Ke Jun, Mu Li Bu, et al. Energy peak fitting of echo based signal processing method for ultrasonic gas flow meter[J]. Measurement, 2018, 117: 41-48.

[63] Liu Bo, Xu Ke Jun, Mu Li Bin, et al. Echo energy integral based signal processing method for ultrasonic gas flow meter[J]. Sensors and Actuators A: Physical, 2018, 277: 181-189.

[64] 张伦，徐科军，穆立彬，等. 基于超声回波信号包络拟合的信号处理方法[J]. 电子测量与仪器学报，2019，33(8)：194-201.

[65] 马杰，徐科军，江圳，等. 基于超声回波能量峰值点拟合的气体超声波流量计信号处理方法[J]. 计量学报，2022，43(5)：597-602.

[66] 王森,杨鸣.超声波流量计精度的温压补偿[J].数据通信,2016(5):40-43.
[67] 李跃忠,程波,曾令源,等.基于 TDC7200 与 TDC1000 的超声波燃气表测量装置:中国,201721204073.8[P].2018-05-01.
[68] 穆立彬.基于回波包络拟合的气体超声波流量计信号处理方法的研究与实现[D].合肥:合肥工业大学,2019.
[69] 周胜阳.低功耗气体超声流量计设计与实现[D].成都:电子科技大学,2020.
[70] 祝飘霞.DN80 四声道气体超声波流量计设计与适应性研究[D].南昌:东华理工大学,2020.
[71] 张志君.基于组分补偿的气体超声波流量计研究[D].南昌:东华理工大学,2021.
[72] 冯伦宇.中高压低功耗多声道气体超声波流量计研制[D].南昌:东华理工大学,2022.
[73] M M Enayet, M M Gibson, A M K P Taylor, et al. Laser-Doppler measurements of Laminar and turbulent flow in a pipe bend[J]. Int. J. Heat&Fluid Flow,1982,3(4):213-219.
[74] 中国石油天然气股份有限公司西南油气田分公司天然气研究院,中国石油天然气股份有限公司西南油气田分公司,中国石油工程建设有限公司西南分公司,等. GB/T 18604—2023 用气体超声流量计测量天然气流量[S]. 北京:中国标准出版社, 2001.
[75] 鲍敏. 影响气体超声波流量计计量精度的主要因素研究[D]. 杭州: 浙江大学图书馆, 2004.
[76] Ki Won Lim, Myung Kyoon Chung. Numerical investigation on the installation effects of electromagnetic flowmeter downstream of a 90° elbow-laminar flow case[J]. Flow Measurement and Instrumentation, 1999, 10: 167-174.
[77] 李夏青,左丽.超声波流量计换能器的入射角及振荡频率对测量精度的影响[J].仪表技术与传感器, 2000(4): 28-29.
[78] 周利华,修吉平.时差式超声波气体流量计的研制[J].仪表技术与传感器, 2007, 74(6): 21-22.
[79] 李广峰,刘昉,高勇.时差法超声波流量计的研究[J].电测与仪表, 2000, 37(9): 13-17.
[80] 李芳,冯永葆,蒋涛等.超声波流量检测误差的流体力学修正研究[J]. 机床与液压, 2005, (8): 162-164.
[81] 王懋瑶.液压传动与控制教程[M].天津:天津大学出版社, 2001.

[82] 张也影. 流体力学[M]. 北京:高等教育出版社,1986.

[83] 陈学永. 超声波气体流量计[D]. 天津:天津大学, 2004.

[84] 鲍敏,傅新,陈鹰. 利用 CFD 获取超声流量计截面速度分析[J]. 工程设计,2002,9(2):101-103.

[85] M Willatzen. Ultrasonic flowmeters: temperature gradients and transducer geometry effects[J]. Ultrasonics, 2003,41:105-114.

[86] 黄南民,樊鑫瑞,向廷元. 管道煤气流量计量方法的研究[J]. 化工自动化及仪表,1996, 23(1): 47-49.

[87] 梁国伟,蔡武昌. 流量测量技术及仪表[M]. 北京:机械工业出版社, 2006.

[88] 川田裕郎,小宫勤一,山崎弘郎. 流量测量手册[M]. 罗秦,王金玉,谢纪绩,等,译. 北京:计量出版社, 1982.

[89] V Hamidulin. Dynamics of ultrasonic flowmeters[J]. IEEE Ultrasonics Symposium, 1995, 2: 1109-1113.

[90] T. T. Yeh, G. E. Mattingly. Computer simulation of ultrasonic flow meter performance in ideal and non-ideal pipeflows[C] //Anon. Fluids Engineering Division Summer Meeting:Proceedings of the 1997 ASME Fluids Engineering Division Summer Meeting. S. L. : ASME, 1997.

[91] Terrance A Grimley, Edgar B Bowles. Industry researchers evaluate ultrasonic meter performance[J]. Measure Report, 1998,81(12):35-42.

[92] Temperley Neil C, Behnia, Masud, et al. Flow patterns in ultrasonic liquid flow meter[J]. Flow Measurement and Instumentation, 2000, 11(1): 11-18.

[93] 林建忠. 湍动力学[M]. 杭州: 浙江大学出版社, 2000.

[94] 鲍敏,傅新,陈鹰. 弯管扭转切换区流场分析[J]. 化工学报,2003, 54(7): 891-895.

[95] Drenthen Jan G, de Boer Geeuwke. The manufacturing of ultrasonic gas flow meters[J]. Flow Measurement and Instrumentation, 2001,12(2): 89-99.

[96] Kevin L Warner. The structure of ultrasonic flowmeter is a key factor affecting its performance[J]. Foreign Oil Field Engineering, 1999(6):36-39.

[97] 贾林. 非接触式流量检测技术研究[J]. 西北大学学报(自然科学版), 1999, 29(2): 180-182.

[98] 莫乃榕. 工程流体力学[M]. 武汉:华中科技大学出版社, 2003.

[99] Dane H J. Ultrasonic measurement of unsteady gas flow[J]. Flow Meas-

urement and Instrumentation，1997，8(S3/4)：183-190.
[100] 李跃忠，李昌禧. 高精度超声流量传感器建模与仿真[J]. 传感器技术，2005，24(11)：24-26.
[101] 王艳霞，傅新，李正光等. 高精度超声波在线流量检测[J]. 计量学报，2003，24(3)：202-203.
[102] G. Buonanno. On field characteriterisation of static domestic gas flowmeters[J]. Measurement，2000，27：277-285.
[103] 刘九庆. 新型相位差精准测量电路的设计[J]. 沈阳工业大学学报，2004，26(3)：38-40.
[104] 吴艳. 旋转机械声发射检测与故障诊断系统的研究与实现[D]. 北京：北京机械工业学院，2006.
[105] 刘欣荣. 流量计[M]. 北京，水利电力出版社，1984.
[106] J Dane H J. Ultrasonic measurement of unsteady gas flow[J]. Flow Measurement and Instrumentation，1997，8(3-4)：183-190.
[107] Tang Huiqiang，Huang Weiyi，Li Ping，et al. Ultrasonic wind velocity measurement based on DSP[J]. Journal of Southeast University(English Edition)，2005，21(1)：20-23.
[108] 唐晓宇. 多声道超声波气体流量检测技术仿真与实验研究[D]. 杭州：浙江大学，2016.
[109] 张志君，祝飘霞，李跃忠，等. 超声气体流量计换能器安装角度对流量测量影响研究[J]. 电子测试，2020，(13)：53-55，46.
[110] 孙晓磊. 基于互相关法的外夹式超声波流量计设计与实现[D]. 太原：中北大学，2022.
[111] 马雪林，徐雅，谢代梁，等. 多声道超声波流量计内部流-声耦合特性仿真分析[J]. 中国测试，2021，47(5)：123-128.
[112] Rincón M J，Reclari M，Yang X I A，et al. Validating the design optimisation of ultrasonic flow meters using computational fluid dynamics and surrogate modelling[J]. International Journal of Heat and Fluid Flow，2023，100：109-112.
[113] 黄常龙. 超声波燃气表环境适应性研究[D]. 重庆：重庆大学，2018.
[114] Isola M D，Cannizzo M，Diritti M. Measurement of high-pressure natural gas flow using ultrasonic flowmeters[J]. Measurement，1997，20(2)：75-89.
[115] 李跃忠，李昌禧. 多声道超声气体流量计的建模与仿真[J]. 华中科技大学学

报(自然科学版),2006,34(4):39-41.

[116] Dane H J. Ultrasonic measurement of unsteady gas flow[J]. Flow Measurement and Instrumentation, 1997, 18(3/4): 183-190.

[117] Iooss B, Lhuillier C, Jeanneau H. Numerical simulation of transit-time ultrasonic flowmeters: uncertainties due to flow profile and fluid turbulence [J]. Ultrasonics, 2002, 40:1009-1015.

[118] 刘庆扬. 数值分析[M]. 北京:清华大学出版社,2001.

[119] Philip J Davis, Philip Rabinowitz. Methods of numerical integration[M]. 2nd ed. Beijing: High Education Press, 1986.

[120] Li Yuezhong, Li Changxi. Research of multipath ultrasonic gas flowmeters based on gauss-jacobi numercal integration[J]. Advances in Systems Science and Application,2005,(4):682-688.

[121] Wang Gang, Xu Hanzhen, Gu Wangming, et al. Numerical Schwarz-Christoffel transformation and numerical Gauss-Jacobi quadrature [J]. Journal of Naval University of Engineering, 2002, 67:25-33.

[122] Stanislaw Walus. The mathematical modeling of the velocity distribution in closed conduits[C]//Zhang Baoyu, Han Lide, Zhao Xiaona. Proceedings of the 8th International Conference on Flow Measurement, FLOMEKO'96: Proceedings of the 8th International Conference on Flow Measurement. Beijing: Standard Press of China, 1996, 474-479.

[123] Volker Skwarek, Harald Windorfer, Volker Hans. Measuring pulsating flow with ultrasound[J]. Measurement, 2001,29(3):225-236.

[124] Berrebi J, Martinsson P E, Willatzen M, et al. Ultrasonic flow metering errors due to pulsating flow[J]. Flow Measurement and Instrumentation, 2004, 15(3):179-185.

[125] Jan G. Drenthen, Geeuwke de Boer. The manufacturing of ultrasonic gas flowmeters[J]. Flow Measurement and Instrumentation, 2001,12(2): 89-99.

[126] 田景文. 人工神经网络算法研究及应用[M]. 北京:北京理工大学出版社, 2006.

[127] 李萌. 户用超声波燃气表研制[D]. 南昌:东华理工大学,2020.

[128] 魏煜秦,孔洁,杨海波,等. 基于FPGA的时间间隔测量设计与实现[J]. 原子能科学技术,2017,51(10):1893-1897.

[129] 罗鸣,黄亮. 基于FPGA的高精度时间间隔测量技术研究[J]. 光学与光电技

术,2020,18(1):86-90.

[130] Torres J, Aguilar A. Time-to-digital converter based on FPGA with multiple channel capability[J]. IEEE Transactions on Nuclear Science, 2014, 61(1): 107-114.

[131] Ugur C, Linev S, Michel J, et al. A novel approach for pulse width measurements with a high precision (8ps RMS) TDC in an FPGA[J]. Journal of Instrumentation, 2016, 11(1): 1-8.

[132] 任增强.多声道多普勒超声波污水流量测量技术研究[D].南昌:东华理工大学,2017.

[133] 张卫东,张圣乡.超声波换能器驱动电路的设计[J].仪表技术与传感器,1993(4):27-29.

[134] 高庆.超声多普勒流量计信号处理模块设计[D].成都:电子科技大学,2012.

[135] Texas Instruments. TS5A3359 数据手册[M]. 3 版. Texas Instruments,2016.

[136] Li Zhongyue, Liu Guoquan, Zhu Piaoxia, et al. A small flow point signal processing and measurement method for ultrasonic gas meter[J]. MAPAN,2022,37(2):1-9.

[137] 陈倩,李跃忠.基于离散信号相关性的超声波回波信号动态阈值研究[J].仪表技术与传感器,2023,(12):105-110.

[138] 曾令源.G2.5 型气体超声波流量计研制[D].南昌:东华理工大学,2018.

[139] 张剑.大功率半导体分立器件脉冲式测试技术的硬件实现[D].成都:电子科技大学,2011.

[140] Jean Carlos Fabiano dos Santos, Priscila Pagliari de Franca Pinheiro, Jose Alexandre de Franca. Recovering of corrupted ultrasonic waves, for determination of TOF using the zero-crossing detection technique[J]. IEEE Transactions on Instrumentation and Measurement, 2019, 68 (11): 4234-4241.

[141] 刘翠.科氏质量流量计数字信号处理方法改进与实现[D].合肥:合肥工业大学,2013.

[142] Hong Sangpyo, Quan Cheng-Hao, Shim Hyun-Min ,et al. Design and implementation of low-power neuromodulation S/W based on MSP430[J]. Journal of the Institute of Electronics and Information Engineers,2016,53(7):110-120.

[143] 沈子文.基于过零检测的多声道气体超声波流量计信号处理中关键技术研

究[D].安徽:合肥工业大学,2017.
[144] 姚平.复杂流场下气体超声波流量计测量精度提升方法[D].杭州:浙江大学,2018.
[145] 中国计量科学研究院,国家原油大流量计量站成都天然气流量分站.JJG 1030—2007 中华人民共和国国家计量检定规程超声波流量计[S].北京:中国质检出版社,2007.